广东科学技术学术专著项目资金资助出版

电子纸显示技术

周国富 等 著

科学出版社

北 京

内 容 简 介

本书在光电显示技术的基础上,首先详细介绍了电泳显示技术的原理、发展历史、制备和驱动等,然后对电润湿显示技术、IMOD 显示技术、反射式液晶显示技术和电致变色电子纸等显示技术的原理、结构、制作工艺、材料、彩色化等方面进行了详细的讨论和研究。同时,也指出了目前国内电子纸显示领域成果与产业化存在的问题和相应的解决措施,为相关高新技术企业的发展提供有益的参考。

本书适合电子信息类等相关专业的高校师生阅读,也可供从事电子显示技术研究的工程技术人员参考。

图书在版编目(CIP)数据

电子纸显示技术 / 周国富等著. —北京:科学出版社,2021.11
ISBN 978-7-03-070224-1

Ⅰ.①电… Ⅱ.①周… Ⅲ.①显示—教材 Ⅳ.①TN27

中国版本图书馆 CIP 数据核字(2021)第 215232 号

责任编辑:郭勇斌 邓新平 / 责任校对:杨聪敏
责任印制:赵 博 / 封面设计:众轩企划

科 学 出 版 社 出版
北京东黄城根北街 16 号
邮政编码:100717
http://www.sciencep.com
北京科印技术咨询服务有限公司数码印刷分部印刷
科学出版社发行 各地新华书店经销
*
2021 年 11 月第 一 版 开本:787×1092 1/16
2025 年 1 月第四次印刷 印张:14 1/2 插页:5
字数:332 000
定价:108.00 元
(如有印装质量问题,我社负责调换)

本书编委会

主编：周国富

参编：（按姓氏拼音排序）

陈旺桥　胡小文　姜　月

水玲玲　唐　彪　袁　冬

前　言

在《国务院关于加快培育和发展战略性新兴产业的决定》《中国制造 2025》等国家政策和规划中，明确指出将包括光电显示材料和技术在内的研究和发展列为核心战略之一。光电信息材料产业是广东省七大重点发展领域之一，在 2017 年，仅广东省光电信息显示相关的产业产值就接近 4 万亿元，超过全国总产值的四分之一。因此，发展光电显示技术在国家和地方层面上都具有非常重要的意义。

阴极射线管显示技术是实现最早、应用最为广泛的一种显示技术，伴随着 20 世纪电视机的出现，该项技术被人们广泛研究并熟练应用于各行各业，具有图像色彩丰富、清晰度高等特点。由于该项技术拥有成熟的生产工艺、较高的性价比而占据了显示市场最大的市场份额。21 世纪以来，人们对于显示技术的需求不断提高，包括液晶显示技术、有机发光二极管显示技术在内的新型显示技术不断涌现，平板显示技术得到快速发展。相较于阴极射线管显示技术，平板显示技术具有分辨率高、能耗低、无闪烁及易实现便携化等优点，但因其主动显示的技术特点，在户外条件下，尤其在强光条件下，显示器内部自带的光源与外界光源相互冲撞会使画面显示不佳，阅读舒适感不高。因此，人们对于电子纸显示技术的需求愈发强烈。电子纸显示技术依托反射外部光源，不需要额外的光源，更符合人们的阅读习惯，各种电子纸显示技术陆续得到研究发展。本书将集中介绍目前主流的电子纸显示技术，包括电泳显示技术、电润湿显示技术、微机电系统显示技术、胆甾相液晶显示技术、电致变色显示技术、光子晶体显示技术等。

2003 年，基于电泳显示的电子纸首次从实验室走向大规模量产，其通过控制含有黑白两色的电子墨水在电场下的移动来显示不同的颜色。经过十几年的发展，电泳电子纸发展为当前最成熟的电子纸，依据该类电子纸开发的相关产品 Kindle 目前也成为市场上最主要的电子纸产品，在本书的第 2 章将对该项电子纸显示技术进行详细的介绍，包括其原理、材料和驱动等。除了电泳显示技术，电润湿显示技术在最近 20 年也得到了长足发展，电润湿显示技术是利用电润湿力和液体界面张力的竞争控制有色油墨的收缩和铺展，从而实现像素开关及灰阶调控的效果。截至目前，全球范围内尚未有成熟的电润湿电子纸产品，但电润湿显示技术经过十余年的高速发展，相关基础理论的研究已经相对完善，正处于量产前的关键技术攻关阶段。周国富教授团队在该领域深耕二十余年，本书将在第 3 章对电润湿的原理、结构、制作工艺、材料、彩色化等各方面着重进行介绍。

微机电系统显示技术是一种基于微机电系统来调制光学性能的技术。胆甾相液晶显示技术是利用胆甾相液晶特有的螺旋结构对光线进行选择性反射的技术。光子晶体显示技术则是基于光子晶体的布拉格衍射特性，通过改变粒子（晶格）之间的距离或材料的折射率来调制光子晶体的散射光波长从而实现不同显示的技术。这三项显示技术都是通过不同程度地改变显示器内部构造或材料结构来对光学性能进行调节，而且干涉式调制器电子纸和光子晶体电子纸还可以实现显示屏的彩色显示。但对于像素的开关速度，光子晶体电子纸的刷新速率还有待进一步提高。这三项电子纸显示技术的具体内容将分别在第 4、5、7 章进行阐述。电致变色电子纸是一种将电致变色材料嵌入纸张中制备的变色器件，与其他技术相比，其对比度高、色彩丰富且几乎不存在视角限制，本书将在第 6 章对电致变色显示技术进行介绍。

本书第 1 章主要由唐彪执笔，第 2 章主要由陈旺桥、周国富执笔，第 3 章主要由袁冬、周国富执笔，第 4 章和第 7 章主要由水玲玲执笔，第 5 章主要由胡小文执笔，第 6 章主要由姜月执笔。全书由周国富统稿。

由于电视、平板计算机、手机等各类消费电子行业及车载、工控、医用显示器等终端行业的增长，新型显示技术和新型显示应用领域在未来必将获得持续的发展，希望读者能通过本书的介绍，对于这一重要领域有一个初步而全面的了解。

目　　录

第1章　光电显示技术基础

信息技术的发展，给人类带来了海量的信息资料。文字阅读的媒体需求越来越大，如果用传统的纸张印刷方法，将消耗掉地球上大量的森林资源，这意味着传统纸张可能最终无法满足网络时代信息阅读的需求。液晶显示器等传统显示器是纸张的一个替代方案，但是本身仍存在质量大、体积大、耗电高、携带不方便等缺点。信息技术的发展对显示技术提出了更高的要求，迫切需要具有类纸功能的新型显示器，在方便使用的同时，还希望其具有较大的显示面积，类似纸张的阅读性，超低的电量消耗，真正的轻薄轻便设计，等等。随着信息技术的发展和应用，一种新颖的具有超薄化、超低功耗、长寿命、类纸的显示技术——电子纸显示技术应运而生。这就是既能够利用电子装置显示，又具有像纸张一样的高可视性的"电子纸张"。这是一项早在约30年前就已经开始研究的"梦幻技术"，经过十余年的技术孕育，电子纸显示器终于从幕后走向台前。

1.1　电子纸显示技术基础

从1888年液晶的发现，到阴极射线管（cathode ray tube，CRT）的广泛应用，显示器已经经历了一百多年的发展。目前，显示技术在信息产业中具有非常重要的地位，被列为国家战略性新兴产业。新型平板显示技术逐步成为当今社会主流的人-机界面技术，并已经深入人们的日常生活中，与其相关的产业已经占到整个信息产业的三成以上，且深刻影响着电子信息产业的发展前景。在目前主流的平板显示技术中，依靠自身光源发光的显示技术，称为主动显示；而通过反射外界光源进行显示的技术，称为电子纸显示。所以，需要背光的液晶显示器（liquid crystal displayer，LCD）、依靠材料自身主动发光的有机发光二极管（organic light emission diode，OLED）均属于主动显示的范畴。在缺少外界光源的情况下，主动显示可以满足视觉需求。但是，在户外特别是强光环境下，随着外界光源强度的加强，显示器内部自带的光源与外界光源的相互冲撞，进入人眼的光强十分有限，使得信息显示效果不佳。另外，在主动显示机制中，需要持续提供电能才能满足显示器件的发光机制。特别是在便携式系统中，电池的电能供应十分有限，这大大限制了显示器的续航能力。所以，电子纸显示技术就应运而生，其通过反射自然界的光进行显示，不需要额外的光源，并且随着外界光源的加强，显示效果会随之改善。更为重要的是，这种显示技术的显示效果十分接近纸张，更加符合人类几千年的阅读习惯。目前，主流的电子纸显示技术有电泳显示（electrophoretic display，EPD）技术、电流体显示（electrofluidic display，EFD）技术或电润湿显示（electrowetting display，EWD）技术、微机电系统显示（microelectromechanical system，MEMS）技术、胆甾相液晶显示（cholesteric liquid crystal display，Ch-LCD）技术、电致变色显示（electrochromism display，ECD）技术、光子晶体显示技术（photonic crystal display，PCD）技术等。

　　电子纸显示是世界平板显示领域的重要研究方向之一。电子纸本身不发光，依靠反射环境光来实现显示。该原理决定了其功耗极低、视觉舒适、日光环境显示效果好，非常适合移动便携和户外显示领域。另外，不发光也易于与周围环境融合，符合"绿色显示"的未来发展趋势，引起行业巨头［如高通（Qualcomn）、三星、夏普等］的高度重视。2003 年，在飞利浦电子纸团队和美国 Eink 公司的联合攻关下，电子纸首次从实验室走向大规模量产，并在亚马逊电子纸阅读器的市场需求推动下，经历了多年高速增长，电子纸显示屏相关产业的产值已达 90 亿美元。随着未来高响应速度、高反射率的可显示视频和彩色的电子纸产品问世，电子纸的应用领域将大大拓展，并在对能耗要求苛刻、长时间阅读、户外应用较多的电子产品领域取代 LCD 成为主流。和现在的液晶显示器相比，电子墨水显示器具有许多独特的优点。

1.1.1　类似纸张的易读性

　　电子墨水显示器是反射式的，无论在明亮的日光下还是昏暗的环境中都能轻松阅读，事实上，从各个角度看它都和真正的纸张相似，可视角度广。为了定量说明电子墨水显示器像纸一样的易读性，可以拿电子墨水显示器和商品化的反射型 LCD 进行对比。在模拟办公室照明环境下和手持式显示器的日常观察条件下（即使用者可以决定直视位置），电子墨水显示器的反射率是 LCD 的 6 倍多，对比度是 LCD 的 2 倍。在阅读文字时，反射率和对比度是决定显示设备易读性的两个重要因素。反射率是从显示设备白色区域反射过来并进入人眼的光强与入射光强的比值。对比度是显示设备白色区域的反射率与黑色区域的反射率的比率，对比度使人眼可以很方便地区分黑色区域和白色区域。

1.1.2　超低能耗

　　与液晶显示器相比，电子墨水显示器的电量消耗大大减少。功耗低的两个主要原因是：它是完全反射的，不需要大功率的背光源；它固有的双稳性，一旦写入图像，就不需要消耗电量来维持图像，所以能保持图像很长时间。

1.1.3　便携性

　　电子墨水显示器模块比 LCD 模块更薄、更轻，也更加坚固。这些优点与电子墨水显示器的超低能耗将一起直接促进更薄、更轻的智能手持设备设计，从而实现真正的便携性。除了以上显著特点以外，电子墨水还可以涂在任何表面，制造可以适度弯曲、折叠的轻便显示载体。由它制造的电子书和电子报纸可以连接到互联网，下载文本或图像，以及信息的更新可由遥控自动改变。此外，电子墨水工艺和大规模生产工艺兼容、制造方便、成本低廉，易于大规模工业化生产且可循环利用，有利于环保。

1.2　电子纸显示技术发展和产业现状

索尼公司于 2004 年推出首款电泳显示电子书,直到 2007 年,电泳显示电子书基本上处于市场培育阶段。在这一段时间,逐渐有其他与显示产品相关的企业加入,进行相关技术和工艺研究,开发了与电泳显示有关的器件,如电泳显示控制器、电泳显示 TFT 专业基板,使得大批量生产电泳显示电子书的配套条件逐渐形成。

电泳显示技术在电子阅读器、电子报纸、媒介产品等领域有着巨大的应用空间,而上述的中间产品有着广阔的市场。2007 年底,亚马逊推出的 Kindle 电子书具有上网、收发电子邮件、订阅电子报纸和杂志、购买或下载电子版书籍等功能,销售强劲增长,获得巨大成功,开创了电子纸显示技术应用的新纪元。2008 年,亚马逊 Kindle 的销量达到 40 多万台,2009 年的销量超过 100 万台。2018 年,Kindle 在中国的累计销量已达到数百万台,目前在中国市场占据了超过 65%的市场份额。Kindle 中国用户总数提高 91 倍,付费电子书下载量和 Kindle 付费用户数分别较 2013 年增长了 10 倍和 12 倍。目前市场需求的电子纸显示屏幕绝大部分使用的是美国 Eink 公司的微胶囊电泳显示器(EPD)。美国 SiPix 公司发明了与微胶囊电泳显示器类似原理的微杯电泳显示(microcup EPD)。此外,EWD、快速响应电子粉流体显示器(quick response liquid powder display,QR-LPD)、MEMS、Ch-LCD 等多种新型电子纸显示技术正在日益取得突破。电子纸显示技术正处于百花齐放的状态。从表 1-1 可以看出,与包括目前占据垄断地位的黑白微胶囊电泳显示器等在内的电子纸显示技术相比,电润湿显示技术在各个显示指标方面都比较突出,其对比度、反射度均高于目前的微胶囊电泳显示技术,并可以实现真彩色显示效果,同时刷新速度可以达到 10 ms 以下,从而满足动态显示的最低刷新速度(20 ms)的要求。该技术获得突破后极有可能成为 LCD、OLED 显示技术的最佳替代方案。尤其是反射式显示技术极为节能,显示效果不受户外强光影响,非常适合移动电子产品。

表 1-1　各类电子纸显示技术对比表

显示技术	颜色	对比度	反射率/%	刷新速度/ms	驱动电压/V	技术代表
电泳	黑白灰	10	45	500	15	富士施乐(Fuji Xerox)和 PARC 研究中心的 Gyricon 旋转小球、Eink 的微胶囊、SiPix 的微杯
电润湿	黑白/彩色	15	60	10	>15	Liquavista 的油相油墨驱动、Adv. Disp. Tech. 的水滴驱动、NDL 等的电流体显示
胆甾相液晶	黑白灰	6	33	>50	—	Kent Display 公司、富士通(Fujitsu)公司
电致变色	彩色	5	>50	—	−1	NTERA 公司
液体颗粒	黑白/彩色	8	25~30	700	40~70	普利斯通(Bridgestone)公司
光子晶体	彩色	—	−50	1000	1~4	Nanobrick 公司
微机电系统(Mirasol)	彩色	—	—	0.01~0.1	—	高通公司

类纸显示面板有不少供货商，均是国外的企业，包括从事 Ch-LCD 制造的 Kent Display 和 Fujitsu，从事 QR-LPD 制造的普利司通，从事 EPD 制造的 Eink 和 SiPix，从事双稳态向列液晶制造的 Nemoptic 和 ZBD Dispalys，从事干涉调变器（interferometric modulator，IMOD）MEMS 显示器制造的高通等。

长期以来，国际上 EPD 显示模组的供应商是我国台湾地区的元太科技公司，其显示材料和薄膜来自美国的 Eink 公司，其出货对象包括索尼、宜锐、iRex Technologies、汉王、津科等。我国大陆采用有源 EPD 显示屏的电子书商品于 2006 年开始出现，如汉王、津科、宜锐等均有电泳显示电子书产品。通过两年的市场推广，EPD 慢慢被市场和人们接受，并开始进入增长期，随着功能及应用的开发，市场的规模将越来越大。在电子纸研发方面，广州奥翼电子科技有限公司取得了很大进步，并已部分实现了量产，在电子纸显示模组方面也取得了突破，并已向电子书厂家供应样品。

截至 2018 年，中国已成为全球最大的电子纸显示器制造和出口地区，约占电子纸显示器产量的 45%，中国台湾电子纸显示器（EPD）排名第二，产量约占 42%。在电子纸行业中，前四大厂商元太科技、奥翼、无锡威峰科技和龙亭新技占据了全球电子纸显示器营业额的 93.13%，其中元太科技约占了 56%的市场份额。据美国联合市场研究公司（Allied Market Research）的调研报告，全球电子纸市场预计到 2022 年将从 2015 年的 4.9 亿美元增长至 42.7 亿美元，2016～2022 年将保持 37.5%的复合年增长率。

1.3　电子纸显示技术未来的发展趋势

目前，电子纸的研究主要集中于高响应速度和高反射率（亮度）两项功能上。由于电泳显示采用的固态颗粒的电泳移动，颗粒移动速度较慢，在理论上无法达到可显示视频的响应速度。另外，微胶囊薄膜的存在，阻挡了部分光线，导致反射率降低，因此，研究者把目光聚焦于开发新显示原理的电子纸。其中，电润湿显示技术是解决电子纸"视频"和"彩色"显示关键性能的最佳路径之一。

在便携移动电子产品中，能耗是显示屏最重要的参数之一。显示屏的能耗所占比重较高，通常高达 40%。现在，人们越来越看重便携设备，但是由电池供电的各种便携设备都面临着续航时间短的问题。电子纸一般都采用功耗非常低的"双稳态显示技术"。所谓的双稳态显示器件（bistable display），就是像素都具有"亮"与"暗"两种稳定显示状态，且在没有外加电压时能保持其显示内容不变。通俗地讲，就是双稳态显示可以在低耗电或"零功耗"的情况下保持或"记忆"显示内容，只在更新显示内容时需要加载瞬间的驱动电压。电子纸的亮度和对比度是决定电子纸易读性的关键因素，所以高亮度和高对比度毫无疑问将是电子纸技术发展的重点。彩色显示具有更丰富、更逼真的视觉效果，高品质的彩色动态电子纸无疑具有更强的竞争力和更大的市场需求，众多的厂商和研究机构目前都在努力跨越电子纸彩色化显示的技术难关。动态显示是电子纸获得更广泛应用的前提，所以各种新型电子纸技术都在尽力突破响应速度的瓶颈，以实现视频的显示。

研究者们提出了多种反射式显示原理，包括：电润湿、胆甾相液晶、电致变色、光子晶体、微机电干扰调制系统（Mirasol）等技术，且很多已经做出了样品，但关键的彩色显示和视频播放功能无法满足需求，而且产品质量和量产工艺上也有待突破。如表 1-1 所示，能实现视频显示（画面切换时间＜20 ms）、高亮度和高对比度关键功能的仅有电润湿显示技术和 Mirasol 技术。高通的 Mirasol 采用 MEMS 技术，像素结构复杂，制造成本高且成品率低，难以实现较大屏幕的产品制造。电润湿显示器件的光反射率达到 60%，亮度比液晶高两倍。同时，电润湿显示器无需偏光片、无需极化，没有视角范围限制，所有可视角度皆表现稳定。因此，电润湿显示可能成为最有前途的反射式显示解决方案。

1.4　国际现有电子纸显示技术格局

在平板显示制造领域，东亚各国和地区具有很大的产业化优势，日本、韩国和中国台湾地区基本统治了液晶显示时代。电子纸显示技术的发展即将进入爆发前期，技术垄断壁垒尚未形成，市场远未被开发。面对下一代显示技术"电子纸显示时代"，日本的富士施乐、富士通、普利司通均在加大投入积极攻关电子纸显示技术。美国高通在积极发展微机电显示技术，已开发出 5.7 in①样品，与中国台湾正崴合资建设 Mirasol 显示屏生产线；韩国 LG 也一直在该领域积极发展自己的技术，韩国三星没有电子纸显示领域的技术和知识产权储备，但是，通过收购荷兰 Liquavista 公司，成功介入电润湿显示领域；中国台湾地区的企业也没有核心技术，但通过并购（2010 年元太并购 Eink 公司、2010 年友达光电控股了 SiPix 公司）的方式，将美国技术收入囊中；此外，中国台湾工业技术研究院组织数家企业与研究机构共同开发电润湿显示技术；中国大陆企业在电子纸显示领域的研究上才刚刚起步，无论在知识产权上还是生产技术上都没有一家具备与日本、韩国、中国台湾地区企业竞争的潜力。

1.5　国内电子纸显示领域成果转化与产业化现状、存在的问题及原因

国产黑白电子书是从 2007 年进入中国市场的，通过不断改进和提高，产品质量已接近国际水平。目前，国内电子书生产商的电子书配套仍然无法实现国产化。国内生产电子书的主要企业有汉王等，年生产能力在十万部以上，涉及高、中、低端各个市场，可满足我国电子书市场的需要，并有部分出口。汉王是国内电子书行业中的龙头企业，也是国内第一大电子书生产企业。

然而，大多数企业缺乏自主知识产权，技术含量较低，在价格方面缺乏竞争力。这表明我国黑白电子纸显示技术成果转化与产业化能力已不能满足产业发展的需求，尤其是电子纸显示模组的自主知识产权的原创产品的空缺。这主要有以下几方面的原因：

①企业研究基础较弱，发展后劲不足。除少数几家大型高新技术企业具有较强的研发实力外，大多数企业总体规模小，高新技术产品技术含量低，企业发展后劲不足。

---

① 1 in = 2.54 cm。

②相关创新技术人才匮乏，且结构不合理。我国在反射式电子纸及其相关材料与技术方面的科研人员和管理人员比例较低，且结构不合理。企业管理人才、工程技术人才大量缺乏，特别是懂技术、会管理的复合型人才较少，缺口很大。

③缺乏成果转化和技术交流促进机制。由于企业运行机制和管理机制的限制，企业在保护各自产品技术秘密的同时，也为企业间的技术交流特别是共性技术的交流设置了障碍。因此，如何在保护电子纸材料与技术企业知识产权的前提下，加强企业间的共性技术的交流，实现共同发展，成为当前亟待解决的问题。因此，建立一种长效的企业间的技术交流机制刻不容缓。

国内院校和科研机构拥有大量具有良好市场前景的科技成果，由于缺乏相应的成果转化平台，导致大部分成果依然停留在实验室，无法在市场应用。

要解决上述问题，必须从以下方面着手：

①继续加强高等学校科技创新能力建设，强化其社会服务功能，提高我国新型显示技术水平及行业核心竞争力。

②有步骤、有计划地加强工程技术研究与开发，并加速科技成果转化。

③培养和聚集高层次科技创新人才和管理人才，建立科技合作与交流的重要平台。

第2章 电泳显示技术

电子纸，又称数码纸、数字化纸，是一种超薄、超轻的显示屏，目前它最常见的应用是电子书阅读设备（如 Kindle）。我们现在所使用的智能手机和计算机的屏幕大都是液晶屏幕，具有色彩鲜艳、分辨率高的优点。但是，大部分的液晶屏幕都选用了背光显示器，在阳光下较难识别显示器上的信息且长时间注视液晶屏幕，人的眼睛会产生疲劳感。然而，电子纸却不同，它是通过反射外部光线而成像的显示器，在户外也能清晰地看到显示器上的信息。其视觉效果类似纸质书，阅读舒适度高，眼睛不易疲劳。同时它携带方便、能耗非常低。电泳电子纸显示技术是基于电泳原理开发出来的一种电子显示技术，其关键在于所采用的特殊电子墨水。所谓电子墨水就是将带正电、负电的诸多黑白粒子密封于微胶囊内，当施加不同的电场时，在显示器表面就会产生不同的聚集，从而呈现出黑白的效果。

2.1 电泳显示技术发展历史与现状

在直流电场作用下，溶液中带电粒子向与其电性相反的电极移动的现象称为电泳（electrophoresis）。1807 年，俄国莫斯科大学的 F. F. Reuss 首先发现了电泳现象。但直到 1937 年瑞典的 A. W. K. Tiselius 建立了分离蛋白质的界面电泳（boundary electrophoresis）之后，电泳技术才开始实现科研方面的应用扩展。20 世纪 60～70 年代，自滤纸、聚丙烯酰胺凝胶等介质相继引入电泳以来，电泳技术得到迅速发展。丰富多彩的电泳形式使其应用十分广泛。电泳技术已日益广泛地应用于分析化学、生物化学、临床化学、毒剂学、药理学、免疫学、微生物学、食品化学等各个领域，成为科学研究和工业发展的重要技术手段。

电泳显示技术诞生于 20 世纪 70 年代，是利用电泳原理在显示技术行业发展起来的一个时代创新。在 20 世纪 70 年代，日本松下公司首先发布了电泳显示技术。施乐公司当时也已经开始研究。然而最初研究出的普通电泳由于存在显示寿命短、不稳定、彩色化困难等诸多缺点，实验曾一度中断。其中，荷兰飞利浦公司在电子纸的研发方面，进行了持续 30 年以上的投入。20 世纪末，美国 Eink 公司利用电泳显示技术发明了微胶囊电子纸，结合飞利浦公司发明的驱动技术，极大地促进了该技术的商业化。在应用市场方面，索尼公司于 2004 年推出首款电泳显示电子书产品。2008 年，亚马逊 Kindle 的销量达到 40 多万台。到 2015 年，电纸书终端产品的年销量超过 1000 万台。在美国，每 4 个成年人就有一人拥有电纸书终端产品。到 2018 年，Kindle 在中国的累计销量已达到数百万台，目前在中国市场占据了超过 65%的市场份额。同时，近几年，索尼和 Eink 等公司也先后推出了具有大屏、柔性、彩色、高分辨等特点的电子纸产品。

有关电子纸的研究和发展，基本上可以分为以下几个阶段。

① 1975 年，施乐公司的 PARC 研究员 N.K.Sheridon 率先提出电子纸的概念。

② 1976～1977 年，诺贝尔化学奖的三位得主共同署名发表有关导电聚合物的重要论文，为实现电子纸显示提供了柔性基材。

③ 1996 年 4 月，MIT 的贝尔实验室成功制造出电子纸的原型。

④ 1997 年 4 月，Eink 公司成立，致力于电子纸商品化。1999 年 5 月，推出名为 Immedia 的用于户外广告的电子纸。

⑤ 2000 年 11 月，美国 Eink 和朗讯科技公司宣布成功开发第一张利用电子纸和塑料晶体管制成的可以卷曲的电子纸。

⑥ 2004 年，基于 Eink 的微胶囊电子墨水技术，索尼和飞利浦联合推出首台电子书阅读终端。

⑦ 2007 年 5 月，Eink 推出第一代 EPD 显示屏 Vizplex。

⑧ 2007 年 12 月，亚马逊推出 Kindle 系列电子书阅读终端，迅速带领全球进入电纸书时代。

⑨ 2010 年 6 月，Eink 推出第二代 EPD 显示屏 Pearl，大量装备电纸书终端。

⑩ 2010 年 11 月，Eink 基于 Vizplex 技术推出第三代 EPD 显示屏——彩色版 Triton。

⑪ 2013 年 1 月，Eink 推出第四代 EPD 显示屏 Carta。

⑫ 2016 年 4 月 27 日，广州奥翼电子科技有限公司与重庆墨希科技有限公司宣布成功研发出全球首款石墨烯电子纸，把电子纸的性能提升到一个新的高度，使柔性电子纸技术得到了进一步的发展，大大扩展了电子纸显示技术的应用范围。

⑬ 2016 年 5 月，Eink 在 SID 展会推出 Advanced Color ePaper（ACeP），32 000 色全彩电子纸，解析度为 1600×2500，在 2018 年量产。

⑭ 2018 年 6 月，索尼公司开发了机身尺寸为 13.3 英寸，显示屏分辨率为 1650×2200 的电子纸产品 DPT-RP1。之后，该公司又发布了显示屏为 10.3 英寸的电子纸产品 DPT-CP1，其分辨率达到了 1404×1872，拥有 16 级灰度，存储空间为 16 GB。

⑮ 2019 年 12 月，Eink 发布了印刷式彩色电子纸技术（Print-Color ePaper），在彩色电子纸领域又取得了一项突破性成果。其显示反应速度快，显示色彩柔和温润，较过去的玻璃彩色滤光片电子纸更加轻薄，而且具备较好的光学质量。

⑯ 2020 年 7 月，由小米科技、顺为基金和龙旗控股联合孵化的高新科技企业上海墨案智能科技有限公司发布了一款新品墨水屏阅读器 InkPad X，其分辨率为 1600×1200，内置 24 级冷暖双色温阅读灯，存储空间为 32 GB。

截至目前，可大量生产、运用的电子纸显示技术是微胶囊电泳显示技术。该技术除拥有电子纸的一般特性外，还有突出的双稳态、超薄性、可挠性、高对比度、无视角、高反射率。Eink 是该项技术的首创者和推动者，一直被当作行业引领者备受关注。国内广州奥翼电子科技有限公司的赛伦纸，采用与 Eink 类似的微胶囊电泳显示技术，也实现了大批量生产，拥有部分自主知识产权。

电泳显示技术具有几大优势。一是能耗低。由于具有良好的双稳态显示特性，在电源被关闭之后，可在显示器上将图像保留几个月甚至几年。二是利用电泳显示技术生产的显示器属于反射型，因此具有良好的日光可读性，同样也可以跟装在显示器前面或侧面的光源结合在一起，用于黑暗环境。三是具有低生产成本的潜力，由于该技术不需要严格的封装，并且可以采用溶液处理技术。四是电泳显示器对于基本材料要求较低，容许它们被制造在塑料、金属或玻璃表面上，所以它也是柔性显示技术的备用选择。电泳显示技术被动发光、节能的特点使其有效地填补了 LCD、OLED、PDP 等主流显示的市场盲区，其必将有强大的竞争优势。

就现实市场而言，电子纸已经开始在各类电子阅读器（如电子书）、电子教材教辅产品（如电子书包）、手机、穿戴式电子设备（手表、手环等）、超市电子价格标签、智能卡、工业仪表等领域得到应用，市场容量正在迅速扩大。据美国联合市场的调研报告，全球电子纸市场规模预计到 2022 年将从 2015 年的 4.9 亿美元增长至 42.7 亿美元，2016～2022 年将保持 37.5% 的复合年增长率。另外，电子纸是未来物联网系统最佳的显示界面，仅此一项应用就前途无量。在 5G 技术发展的加持下，物联网的设备数量在 2020 年预计会达到 260 亿个，市场规模将达 1.9 万亿美元（Gartner 公司预测数据），而显示屏是其中的核心部件之一。

总而言之，EPD 技术的大规模应用才刚刚开始，未来会有各种创新的应用不断涌现，服务人类社会。

2.2　电泳电子纸显示原理

电泳电子纸是一种双粒子系统的类纸显示器，其工作原理是依靠黑色粒子与白色粒子在电压的作用下发生电泳，用以控制两种颗粒在微小空间内的位置分布，进而在屏幕表面形成不同的灰阶。微胶囊和微杯的引入对于电泳电子纸的发展是一个重大的突破，它们将粒子的电泳运动限制在一个较小的空间范围内，使得每个微小单元能够在电压作用下的电泳运动更加统一，进而显示效果更加均匀。目前，微胶囊型与微杯型电泳电子纸均已产业化，微胶囊型电泳电子纸显示原理如图 2-1 所示。

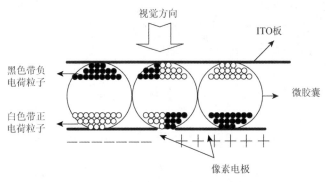

图 2-1　微胶囊型电泳电子纸显示原理

图 2-1 表明，在电泳显示单元中，黑色粒子与白色粒子分别携带不同种类的电荷。在两种粒子的空隙间充满电荷控制剂，用来防止粒子团聚或沉积，为两种带色粒子提供了良好的电泳特性。微杯型电泳电子纸显示原理如图 2-2 所示。

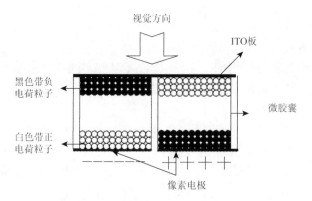

图 2-2 微杯型电泳电子纸显示原理

电荷控制剂可使带电粒子半径为 1 μm 时带的电荷为 50～100 个，所对应的电泳迁移率达到 $10^{-5}\sim10^{-4}$ cm^2/(V·s)，则响应时间 T 用公式表示为

$$T = \frac{6\pi d^2 \eta}{V \xi \varepsilon} \tag{2-1}$$

式中，d 表示像素电极和公共电极之间的距离；η 表示静电介质的黏度；V 表示像素电极两端的电压；ξ 表示带电粒子的电势；ε 表示电荷控制剂的介电常数。

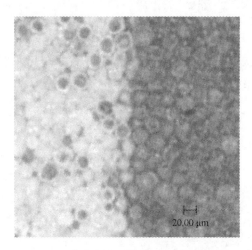

20.00 μm

图 2-3 微胶囊电泳显示屏的显微镜图像

当向像素电极施加正电压时，微胶囊里面包含的黑色粒子向像素电极移动，白色粒子向公共电极移动，从而显示白色。相反，当向像素电极施加负电压时，显示黑色。因此，在一定电压值的影响下，白色粒子和黑色粒子会向某固定的方向移动，从而可以通过改变像素电极上的电压值得到一系列灰阶。在显微镜下可以清晰地看到电泳电子纸的结构。如图 2-3 所示，EPD 的左半部分像素电极加正电压，白色粒子向公共电极移动，EPD 显示白色；右半部分像素电极加负电压，白色粒子向像素电极移动同时黑色粒子向公共电极移动，EPD 显示黑色。

2.3 电泳电子纸材料的制备

电泳液悬浮体系是一种多相分散系，在多相分散系中，不同成分相互作用，使得电泳颗粒可以在电压的控制下，在微空间的悬浊液中形成不同的分布，由此实现多级灰阶的显示。

2.3.1　电泳电子纸材料

电泳颗粒在电泳显示器中起着至关重要的作用，是决定图像质量的关键。因此，对电泳颗粒的性质有较高的要求，电泳颗粒至少具备以下要求：

①电泳颗粒在保证光学性能的前提下粒径尽可能小，粒径分布窄，形貌规则；

②电泳颗粒表面电荷丰富；

③电泳颗粒具有良好的光学性能，对比度高；

④电泳颗粒在电泳介质中具有化学稳定性、低溶解度，且无溶胀性；

⑤电泳颗粒对外加电压响应快，外壳透明度好；

⑥电泳颗粒的密度与电泳介质密度接近，在电泳介质中的分散稳定性良好。

电泳粒子的空间稳定性是决定图像质量的一个重要因素，可通过测量其 Zeta 电位来确定。因为 Zeta 电位是影响胶体体系电位稳定性的一个因素。如果悬浮液中的所有粒子都带有正电荷或负电荷，则这些粒子倾向于相互排斥，不表现出整合的趋势。具有相似电荷的粒子相互排斥的趋势与 Zeta 电位直接相关。一般来说，悬浮液的稳定和不稳定边界可由 Zeta 电位确定。含有 Zeta 电位大于 30 mV 或小于–30 mV 颗粒的悬浮液被认为是稳定的。

此外，可以使用有色染料或有机颜料作为有色电泳纳米粒子来制备彩色显示器。电子墨水中的染料或颜料应具有良好的光泽度、色强度和优异的耐光、耐热、耐溶剂性能。EPDs 中的电子墨水在电泳悬浮液中应可以获得长期的悬浮稳定性和较高的表面电荷。在 EPDs 应用中，一些纳米粒子可以被聚乙烯和十八胺等改性剂改性。为了精确控制图像和对外加电场的快速响应，颗粒应具有较高的表面电荷，使其迁移率在 $10^{-6}\sim10^{-5}\ \mathrm{cm}^2/(\mathrm{V\cdot s})$ 范围内，与溶剂的密度差小于 0.5 $\mathrm{g/cm}^3$，颗粒直径为 190～500 nm。

电子墨水是化学、物理和电子学结合的直接产物。用于电泳显示器的电子墨水的成分包含电泳粒子，例如，分散在介电环境中的带电有色材料或微胶囊及电荷控制剂。该技术的重要材料包括有色粒子（染料/颜料）、微胶囊壳、绝缘油墨及电荷控制剂和稳定剂。

2.3.2　染料/颜料作为核的有色颗粒

纳米或微米级的有色颗粒是评价电泳性能的关键材料。颜料需要满足几个要求：沉淀量低，密度与悬浮溶剂相容而溶解度足够低，亮度足够高以确保有效的光学性能，表面容易带电，色素具有良好的稳定性和易纯化性以保证大规模生产。当颗粒被封装到微胶囊或像素中时，必须避免颗粒在胶囊表面或像素中的吸收。电泳颗粒的化学组成可以是单向颜料和复合颜料（无机/无机复合、有机/无机复合、无机/聚合物复合、有机/聚合物复合颗粒）等；就光学性质可分为散射光颗粒、吸收光颗粒、反射光颗粒、电致发光颗粒、光致发光颗粒等。各种类型的材料已被用于 EPD 应用研究。TiO_2、炭黑、SiO_2、Al_2O_3、黄色颜料、红色颜料、铁红和镁紫是近年来备受关注的无机材料。甲苯胺红、酞菁蓝和酞菁绿也被作为有机粒子进行研究。一般来说，纳米大小的染料/颜料首先以原始状态分散在溶液中，然后涂上高分子材料形成核壳结构。含烷氧基、乙酰基或卤素的材料由于氢键的存在，是典型的长链有机材料。

在众多的白色颜料中，TiO_2 因其具有高折射率、高介电系数、在黑暗环境中优异的对比性能、洁白且易制成纳米颗粒、易吸附于有机物等特点，成为电泳颗粒中一种理想的白色颗粒材料，其缺点是密度太大，范德瓦耳斯力不足，导致聚集、快速沉降和对电场的响应缓慢。在过去的十年里，研究人员一直在努力解决这个问题，并提出了一些解决方案，如用空心纳米 TiO_2、改性剂修饰的 TiO_2 和聚合物涂覆的 TiO_2，具体方法主要包括分散聚合法、乳液聚合法、接枝法、凝聚法、喷雾法等。

分散聚合是沉降聚合反应的一种，属于均相成核反应。首先将单体、引发剂和分散剂均溶解在溶剂中，在反应开始后，随反应进行聚合物链增长，当链长达到临界值时，从介质中析出成核并逐渐长大。分散聚合法制备的颜料颗粒优势在于制备过程简便可控、产物形状规则，符合电泳颗粒所需的条件。因此，分散聚合法已经成为电泳颗粒修饰包覆的重要方法。Yu 等[1]采用二次聚合方法，以苯乙烯（St）为单体，二乙烯基苯（DVB）为交联剂，聚乙烯基吡咯烷酮（PVP）为分散剂，偶氮二异丁腈（AIBN）为引发剂，在甲醇中包覆 TiO_2 制备电泳颗粒。反应 6 h 后加入单体甲基丙烯酸（MAA）再反应 12 h，降至室温后通过离心从混合物中分离出 TiO_2/P[(St-co-DVB)-MAA]杂化复合粒子，最后经过洗涤干燥得到电泳颗粒。元素分析和 XPS 测试结果表明，TiO_2/P[(St-co-DVB)-MAA]复合粒子表面的共聚物与颗粒内部的共聚物相比，MAA 含量更多。TGA 显示颗粒包覆率可达 87.4%，颗粒密度可降低到 1.78~2.06 g/cm^3，包覆后粒径为 618~624 nm。该方法所包覆处理的粒径可以保证聚合物包覆层有一定厚度，从而降低电泳颗粒的密度，同时又可以使颗粒表面携带数量较多的电荷，为电泳显示打好基础。该方法是目前广泛采用的包覆流程之一。

Park 等[2]也开展了利用聚甲基丙烯酸甲酯（PMMA）对 TiO_2 纳米颗粒进行包覆的研究。如图 2-4 所示，首先将 TiO_2 纳米颗粒分散在不同 pH 的盐酸水溶液中，溶液的 pH 分别为 1.0、1.5 和 2.0。然后将处理后的颗粒分散在含有 MAA 和分散稳定剂 PVP 的甲醇中，以使 TiO_2 表面具有疏水性。最后在室温下将自由基引发剂 AIBN 添加到上步制备的 TiO_2 悬浮液中。将混合物加热至 60 ℃后，搅拌下将甲基丙烯酸甲酯（MMA）缓慢滴入溶液中，保持相同温度反应 12 h。反应结束后用甲醇洗涤，离心，最终得到粉末状的产物。该研究表明用于处理 TiO_2 颗粒的酸液的 pH 对包覆厚度影响很大，pH 越低包覆厚度越厚。通过调节 pH，最大包覆厚度可达 45.5 nm，此时电泳颗粒密度最小达 2.84 g/cm^3。

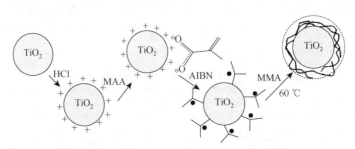

图 2-4　PMMA 纳米粒子包覆 TiO_2 的示意图

乳液聚合法是利用乳化剂和机械搅拌的作用，使单体在水或其他溶剂中分散成乳状液并聚合的方法。该方法的优势在于反应速率快、产物分子量大。该方法用于电泳颗粒制备取得了较好的效果。Cho 等[3]利用乳液聚合法，以苯乙烯为单体，聚乙二醇甲基丙烯酸酯（PEGMMA）为交联剂，月桂基硫酸钠（SLS）为乳化剂，在引发剂过硫酸钾（KPS）的作用下制备出了聚苯乙烯包覆 TiO_2 的电泳颗粒。具体步骤为：首先，通过搅拌和超声波，将 TiO_2 完全分散在苯乙烯单体中。其次，将月桂基硫酸钠溶解在去离子水中，通过搅拌和氮气鼓泡将聚乙二醇甲基丙烯酸甲酯缓慢添加到水溶液中。最后，将两种溶液混合并超声处理 10 min，在两种溶液的混合物中加入过硫酸钾的去离子水溶液，微乳液聚合开始。在 60 ℃下聚合 6 h 后，在 0 ℃冷浴中加入甲醇停止聚合。通过离心分离出不同粒径的聚苯乙烯包覆的 TiO_2 颗粒。

接枝法是一种无机颜料颗粒表面修饰技术。如图 2-5 所示，接枝法先将有机长链化合物颗粒表面的官能团键合形成功能化颜料颗粒，再对颗粒进行高聚物包覆[4]。具体步骤如下：首先，将 3-（三甲氧基甲硅烷基）丙基-2-甲基-2-丙烯酸酯（TPM）的乙醇溶液在室温强搅拌下滴入分散有二氧化硅微球的乙醇中。40 h 后，得到单分散接枝的二氧化硅纳米粒子。将接枝后的二氧化硅固体干燥、离心，再用乙醇重新分散。之后，采用乳液聚合法制备单分散核壳微球。将接枝的二氧化硅微球（直径 145 nm）通过超声波分散在乙醇中，十二烷基苯磺酸钠（SDBS）作为乳化剂，$NaHCO_3$ 作为缓冲剂，水作为分散介质，将引发剂 KPS 和苯乙烯放入四颈烧瓶中，进行机器搅拌。在 80 ℃的氮气氛围中聚合 10 h。在不进行任何后处理的情况下，制备了粒径为 330 nm 的单分散核壳微球。通过改变单体的用量可以改变壳的厚度，同时核壳微球的单分散性和粒径取决于接枝二氧化硅纳米粒子的粒径和乳化剂的浓度。通过有机长链化合物颗粒表面的官能团键合，可大大增强颗粒与聚合物间的亲和性，减少聚合物自成核现象。同时修饰到颗粒表面的有机长链化合物在颗粒间形成有效空间位阻，减少了颗粒聚集现象，从而降低多核包覆产生超大颗粒的概率。

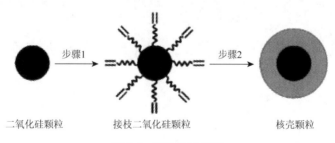

二氧化硅颗粒　　　　　接枝二氧化硅颗粒　　　　　核壳颗粒

图 2-5 接枝法示意图

Werts 等[5]使用接枝法成功制备出形状规则的白色电泳颗粒，具体步骤为：将 TiO_2 分散于乙醇中并进行超声处理，加入硅试剂 TPM 和氨水并在 50 ℃下搅拌反应。随后加入 PVP、水、苯乙烯、二乙烯基苯和 AIBN，并在 70 ℃下搅拌反应混合物。反应过程利用偶联剂 TPM 的 Si—O 键在氨水作用下缓慢水解并与—OH 发生反应的特点，将其偶联到 TiO_2 表面。再用分散聚合法在颗粒表面包覆聚苯乙烯，并将这种颗粒与不经接枝改性 TiO_2 直接分散聚合包覆得到的电泳颗粒进行了对比，发现接枝改性 TiO_2 进行包覆能得到形状更规则、分散性更好的电泳颗粒。Yang 等[6]采用溶胶凝胶法在 TiO$_2$ 颗粒表面通过流动基团接枝改性了包含乙烯基三乙氧基硅烷（VTES）的 TiO$_2$ 颗粒。在这项研究中，FTIR 的测试结果证实了位于 560 cm^{-1} 和 670 cm^{-1} 波长的新峰是由于 Ti—O—Ti 拉伸振动引起的，而 1020 cm^{-1} 和 1120 cm^{-1} 波长的两个峰则代表了 VTES 中 Si—O 键的拉伸振动。由此判断，VTES 被移植接枝到了 TiO$_2$ 表面。改性后的颗粒尺寸分布非常窄，尺寸范围为 100～200 nm。

凝聚法制备电泳颗粒实质属于物理化学过程。在 TiO$_2$ 颗粒存在下，将高聚物溶解在高挥发性疏水溶剂中形成高聚物溶液，倒入分散剂水溶液中，在搅拌力和分散剂共同作用下形成含 TiO$_2$ 颗粒的高聚物溶液油滴，待溶剂挥发完全后，高聚物会自动包覆到颗粒表面。Park 等[7]利用凝聚法成功制备出了甲基丙烯酸甲酯和甲基丙烯酸共聚物 [P（MMA-co-MAA）] 包覆 TiO$_2$ 的电泳颗粒，他们将 TiO$_2$ 颗粒均匀分散在 P（MMA-co-MAA）的氯仿溶液中，迅速将分散液倒入含稳定剂聚乙烯醇和乳化剂十二烷基硫酸钠的水溶液中，常温下搅拌使氯仿挥发完全后得到电泳颗粒。用凝聚法包覆后的电泳颗粒粒径在 1～5 μm，而包覆前的 TiO$_2$ 颗粒粒径在 200 nm 以下，如图 2-6 所示。用凝聚法制备的电泳颗粒粒径偏大、单分散性不佳，且包覆层和 TiO$_2$ 间靠物理吸附作用结合在一起，易导致电泳颗粒的机械强度低、耐溶剂性能差。

(a) 包覆前　　　　　　　　　　　　　　　　　　　(b) 包覆后

图 2-6　包覆前和包覆后 TiO$_2$ 颗粒的电泳颗粒的 SEM 照片

喷雾法是将要包裹的颜料颗粒均匀混合在熔融的聚合物中，然后将混合物高速喷出形成雾滴，雾滴喷出后遇冷凝固，形成包覆有颜料的聚合物颗粒。Comiskey 等[8]将金红石型 TiO$_2$ 颗粒加入到熔融的低分子量的聚乙烯中形成悬浊液，用喷雾法得到平均半径为 5 μm 的粉末，并且在其表面包覆聚乙烯层，从而使颗粒的相对密度减小到 1.5，与相对密度为 1.6 的分散介质（四氯乙烯和脂肪族烃的混合物）可很好地匹配。同时，通过在每个粒子的表面上物理引入聚合物吸附层提供强大的粒子间斥力以防止带有相反电荷的粒子发生凝结。当微胶囊电泳粒子放置在具有相反电荷的两个电极之间时，通过施加电流来定向带电粒子，如果不施加电流，则电流定向于具有相反电荷的电极。但喷雾法因为工艺的限制，雾滴尺寸难以达到微米以下，所以也不能获得令人满意的电泳颗粒。

通常来说，深色介电颗粒相对浅色颗粒更难制造，因此电泳微胶囊主要使用浅色颗粒。但为了获得更高对比度、更清晰精准的多级灰阶显示，还需要使用深色小球显示背景色。炭黑作为一种黑色颜料，由于其良好的电学性能、显著的黑度和易制得等特点，是最常用的黑色颜料。然而，炭黑有一个类似于葡萄束的固有团簇结构。由于形状不规则，尺寸不均匀，控制黑色颜料的特性变得比较困难。因此，在电子纸中炭黑的使用具有很大的局限性。长期以来，人们试图用表面改性的办法制备碳材料介电小球，取得了一些成果。Yin 等[9]利用炭黑表面羧基与共聚物中羟基或氨基的相互作用通过物理吸附法制备了四种基于炭黑/丙烯酸共聚物的杂化粒子：CB/P（HEA-LMA）、CB/P（HEA-EHA）、CB/P（DMA-LMA）和 CB/P（DMA-EHA）。通过 FTIR、TGA、TEM 和动态光散射等测试手段，研究了聚合物的化学结构、负载量、形貌、粒径、电泳迁移率和 Zeta 电位等性质。TGA 结果表明，共聚物在颗粒表面的固载量约为 10%（质量分数）。同时，丙烯酸共聚物的吸附可以提高炭黑粒子在四氯乙烯中的悬浮稳定性。悬浮在四氯乙烯中的 CB/P（HEA-LMA）和 CB/P（DMA-LMA）颗粒的粒径与贮存时间无关，而 P（HEA-EHA）和 P（DMA-EHA）处理的炭黑颗粒的粒径则随贮存时间的增加而增大，这可以归因于 P（LMA）在四氯乙烯中的延伸比 P（EHA）好，从而产生更有效的立体效应。当 DMA/LMA 比值为 3∶5 时，电泳迁移率和 Zeta 电位的最大值分别为 5.44×10^{-10} m²/(V·s) 和 32.5 mV。P（DMA-LMA）锚定的炭黑粒子可与带负电荷的 TiO_2 一起应用于双粒子电泳分散中，以显示黑白图像。

炭球具有类似炭黑的球形和化学及电学性质，是一种可能替代炭黑的颜料。Lee 等[10]采用水热法并通过调节不同的葡萄糖浓度和控制不同的反应时间合成了炭球。反应在 1.5 M 葡萄糖条件下进行 8 h 可以得到较高的产率和无团聚的形状，炭球的平均直径为 202 nm。通过两步接枝聚合，可以将 P（EHA）包覆在炭球表面。聚合后炭球在 TCE 中的分散性增强。为了改变炭球表面的电荷，在 TCE 中分别加入了酸性和碱性的电荷控制剂。结果发现加入酸性电荷控制剂的炭球迁移率最快。炭球和 TiO_2/聚乙烯（B∶W = 1∶2%（体积分数））体系的响应时间约为 540 ms，与传统炭黑材料相比，响应时间缩短。Meng 等[11]合成了球形炭-氧化铁微球黑色颜料（Carbon-Iron Oxide Microspheres' Black Pigments，CIOMBS）。以含氯化亚铁（$FeCl_2$）和葡萄糖的水溶液为原料，通过超声喷雾热解制备了黑色颜料。颗粒通过铁离子发生了氧化，通过增加 $FeCl_2$ 的浓度，颗粒的表面变得粗糙。电泳粒子分散性差会限制电泳粒子在 EPDs 中的应用，而水热条件下多糖脱水得到的球形炭粒子具有良好的分散能力。研究发现，表面上的许多官能团（如 OH、COOH、CH_2 等）使颗粒在不同溶剂中形成了良好的分散性。因此，CIOMBs 在极性溶剂（如水、甲醇和乙醇）和非极性溶剂（如四氯乙烯）中都可以得到很好地分散。

Eshkalak 等[12]制备了钴配合物与咪唑配体改性的石墨烯黑色颜料 GO-2-me-imi-Co 并证明其能够用作电泳显示器的电子墨水。具体步骤如图 2-7 所示，Eshkalak 等[12]首先用 hummers 法通过氧化天然石墨烯得到氧化石墨烯（GO），然后 GO 表面的羧基被二氯亚砜溶液酰化生成 GO-COCl。GO-COCl 再次和 2-甲基-咪唑反应得到 GO-2-me-imi，最后 GO-2-me-imi 和二氯化钴反应得到 GO-2-me-imi-Co。研究发现，Co^{3+} 和 Co^{1+} 的存在，特别是 Co^{3+} 的存在，以及咪唑基团的正电荷，导致合成的化合物中产生正电荷。此外，GO-2-me-imi-Co 颜料在四氯乙烯溶剂中的 Zeta 电位和电泳迁移率分别提高到 38.44 mV 和

1.0×10^{-5} cm^2/(V·s)。这种功能化粒子正电荷的增加证明了颜料在溶剂中的稳定性和石墨烯可以用于稳定电子墨水悬浮液的制备。

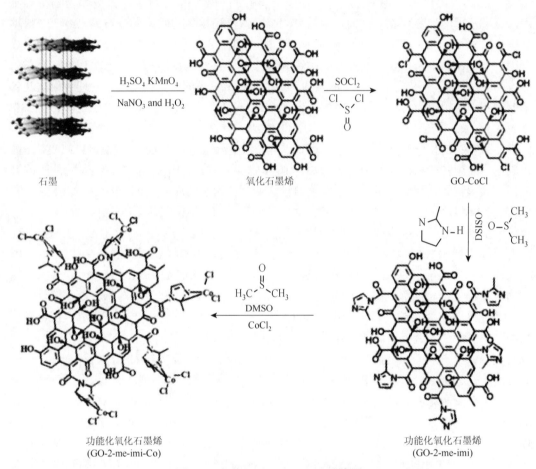

图 2-7　合成 GO-2-me-imi-Co 路线图

Eink 公司采用接枝结合分散聚合的方法修饰亚铬酸铜颗粒得到了黑色电泳颗粒，该方法分为三个步骤，第一步用硅酸钠活化亚铬酸铜颗粒表面，第二步用含双键的硅烷偶联剂在颜料表面接枝，第三步将甲基丙烯酸-2-乙基己酯单体聚合包覆到颗粒表面制得黑色电泳颗粒。经过该方法修饰而制备成的电泳颗粒符合要求，密度降低，分散性好，已经实现产业化[13]。

黑白电泳颗粒制备工艺的一步步提高，标志着电泳电子纸技术的日趋成熟。电子纸技术已经实现了产业化，电泳颗粒的制备技术仍然在不断发展。全彩显示（chromatic electrophoretic display，CEPD）可以通过将黑白 EPD 中的每个图像元素分割，并将水平彩色滤光片放置为 RGB（红、绿、蓝）和 CMY（青、品、黄）阵列来实现。然而，彩色滤光片吸收大量反射光，导致对比度和亮度较低。近年来，人们对彩色显示器用三色电泳粒子的制备进行了研究。将包封染料和改性颜料用于电泳粒子的合成。通过将有色材料放置到聚合物中，如聚苯乙烯、聚乙烯吡咯烷酮、聚甲基丙烯酸甲酯和其他一些共聚物中，可以制备有色油墨。然而，能见度低和光稳定性差等缺点限制了染料在 CEPD 中的使用。相比之下，具有超耐光性、较好稳定性和较高色强度的有机颜料更适合于 CEPD。

Wen 等[14]报道了用微乳液聚合法制备基于颜料 RGB 三色油墨颗粒的方法。如图 2-8 所示，将颜料分散在含有苯乙烯的烧杯中。然后将混合物与十二烷基苯磺酸钠（SDBS）、水和过硫酸钾（KPS）一起添加到三颈烧瓶中。混合物超声处理形成微乳液，然后在 70 ℃ 的氮气气氛下搅拌 12 h。聚合过程结束后，将所得反应混合物离心洗涤两次，然后在冷冻干燥机中干燥。在十二烷基苯磺酸钠的帮助下，可以得到窄粒径分布的油墨颗粒。它们的 Zeta 电位值介于 –40～–50 mV，显示其具有较大的表面带电量。通过漫反射光谱测定，所有油墨颗粒经聚苯乙烯包覆后，其色调与相应颜料一致。在人工加速老化试验（紫外线照射 56 h）中，制备的样品具有良好的紫外线耐久性，特别是与现有的染料油墨颗粒相比。最后，以 RGB 油墨颗粒在混合介质中的分散为对照，成功地制备了由三色亚基组成的彩色电泳显示器件。

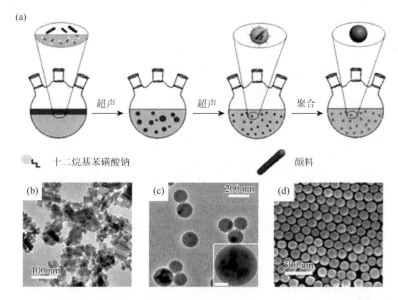

图 2-8　（a）油墨颗粒的合成过程、SEM 图像；（b）纯绿色颜料；（c）绿色油墨颗粒；（d）低倍下的绿色油墨颗粒

Badila 等[15]通过苯乙烯/苯二乙烯的分散聚合和甲基丙烯酸甲酯/丙烯酸的二次聚合，制备了适用于双粒子电子墨水的多层彩色电泳粒子，如图 2-9（a）所示。粒子表面的丙烯酸酯和丙烯酸基团使空间结构的接枝能够增强粒子在非极性溶剂中的稳定性。Badila 等[15]利用 OLOA 1200 的氨基对 PS/DVB-PMMA 进行了酰胺化改性，使其在电泳分散体系中不仅具有正电荷作用，而且还具有一定的空间稳定作用，如图 2-9（b）和 2-9（c）所示。通过与粒子表面接枝的 Kraton L-1203 羟基进行酯化反应，实现了 PS/DVB-PAA 带负电粒子的功能化过程，使其在电泳分散体系中也具有空间稳定性。具有对比色的酸性和碱性粒子的混合将导致质子从酸到碱的自发转移，从而不需要胶束来稳定反离子。因此，具有反电荷的双粒子将显著延长显示器的使用寿命并降低功耗。而有色颗粒可以通过两

种方法来制备得到：第一种是在超临界 CO_2 环境中苏丹红、苏丹黑和溶剂蓝 35 的粒子溶胀；第二种是黑松香存在下的分散聚合。超临界 CO_2 法受染料极性、体积和聚合物颗粒交联度的影响。在超临界 CO_2 中，只有 DVB 含量为 0.75%～1.5%（质量分数）的微交联颗粒才能膨胀，得到的彩色单分散颗粒在粒径、粒径分布和形貌上均未发生变化。在黑松香存在下进行分散聚合，得到的黑色单分散粒子具有更多的染料掺入量，但与无染料时获得的直径为 1.7 μm 的粒子相比，聚合粒径降低到 200～300 nm。通过彻底的粒子清洗以去除未结合的染料和任何未结合的表面活性剂之后，在 pH 为 6 的水中测量粒子的 Zeta 电位，PS/DVB-PAA 粒子的 Zeta 电位为–47.5 mV，而接枝 OLOA 的 PS/DVBPMMA 粒子的表面正电荷为 +16.1 mV。将合成的粒子用于制备基于 TiO_2 的白色多层核壳粒子的双粒子电子墨水。光学结果表明，电泳器件无电极吸附和颗粒聚集现象，在多次切换周期内器件颜色仍保持稳定，高对比度。电测量显示只有几毫安的极低剩余电流，因此，功耗也很低。

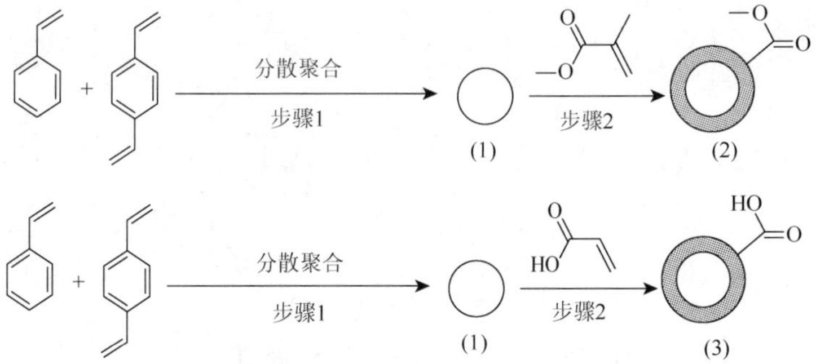

(a) 连续分散聚合法合成PS/DVB-PMMA和PS/DVB-PAA

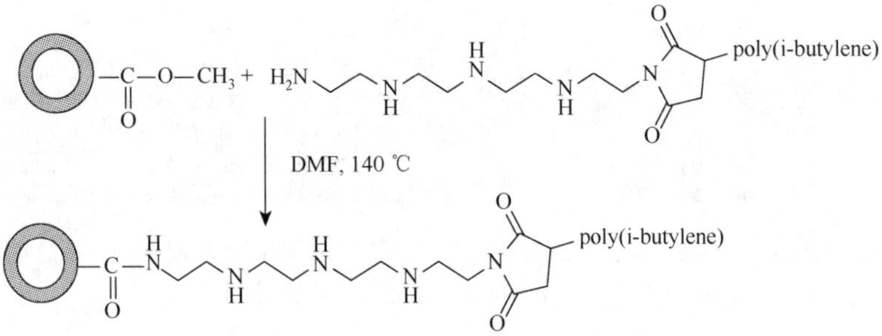

(b) 通过酰胺化反应在PS/DVB-PMMA颗粒上接枝稳定链OLOA1200

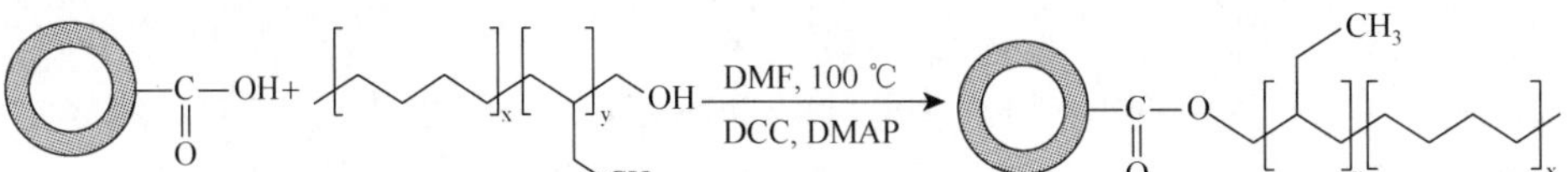

(c) 通过酯化反应在PS/DVB-PAA颗粒上接枝稳定链Kraton L-1203

图 2-9　连续分散聚合法、酰胺化反应及酯化反应

　　Yin 等[16]报道了基于二氧化硅涂层有机颜料的 CYM 和 RGB 彩色电子墨水。具体步骤如图 2-10（a）所示，第一步，在烧瓶中加入喷墨着色剂和去离子水，在室温下搅拌约 10 min，

然后加入聚二烯丙基二甲基氯化铵（PDADMAC）的水溶液。等待 PDADMAC 吸附 30 min 后，通过三次重复离心/洗涤循环去除多余的 PDADMAC。将所得的颜料 PDADMAC 复合物再分散到去离子水中形成悬浮液。第二步，采用溶胶凝胶法制备二氧化硅包覆颜料粒子。将乙醇、氨、水和四乙氧基硅烷（TEOS）混合在烧瓶中，以 400 r/min 的搅拌速度进行反应。在 TEOS 预水解 30 min 后，将制备的悬浮液快速加入 Stober 体系中，在室温下反应 24 h 后得到颜料-SiO$_2$ 复合粒子。

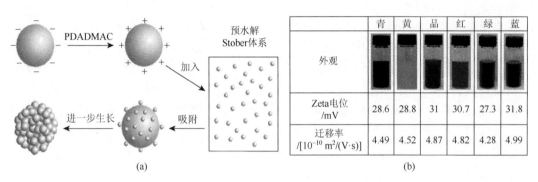

	青	黄	品	红	绿	蓝
外观						
Zeta 电位 /mV	28.6	28.8	31	30.7	27.3	31.8
迁移率 /[10^{-10} m^2/(V·s)]	4.49	4.52	4.87	4.82	4.28	4.99

(a)　　　　　　　　　　　　　　　　　　　(b)

图 2-10　二氧化硅包覆颜料复合粒子合成工艺示意图：（a）彩色电子墨水的外观；
（b）Zeta 电位和彩色电泳粒子的迁移率

在四氯乙烯（TCE）中，PLMA-b-PDMAEMA 在 Span 85 的作用下使粒子带正电荷，因此在颜料上涂上一层二氧化硅壳，不仅有利于复合粒子吸附到 PLMA-b-PDMAEMA 上，而且由于二氧化硅具有良好的散射特性，使粒子更加生动。六种不同颜色的电泳粒子在 TCE 中表现出相似的电泳行为，Zeta 电位和迁移率分别为 30 mV 和 $4×10^{-10}$～$5×10^{-10}$ m^2/(V·s)。含有 PLMA-b-PDMAEMA 处理过的颜料-SiO$_2$ 复合粒子和接枝到聚合物上的二氧化钛白色/彩色（CYM 和 RGB）双粒子电子墨水，在 0.15 V μm^{-1} 的直流电场下具有优异的性能和快速的响应。

Meng 等[17]制备了用于电子纸的单分散中空三色颜料颗粒，蓝色、绿色、红色颜料可以由金属离子掺杂空心二氧化钛制成。该反应包括通过混合溶剂法在 TiO$_2$ 核壳纳米粒子上初步形成 PS，然后与含有 PEG 的金属离子溶液混合，然后在大气中煅烧。所制备的空心颜料具有均匀的尺寸、明亮的颜色和可调的密度。

2.3.3　胶囊壳层材料

在微胶囊或微像素组成的电泳显示装置中，壳壁是非常重要的材料。外壳在电泳显示中的关键作用是将有色颗粒和介质包裹起来。为此，它不仅要求具有良好的透明度和低水平的导电性，而且还应与内部材料相容，同时需具有机械稳定性和柔韧性。因此，有机聚合物如多胺、聚氨酯、聚砜、聚乙烯酸、纤维素、明胶、阿拉伯树胶等被认为是最合适的选择。根据选择的材料，微胶囊的制备方法多种多样，包括甲醛和尿素原位聚合制备脲醛树脂，明胶和阿拉伯胶复合凝固制备复合膜。制备 Eink 微胶囊的壳层可以由天然的和合成的聚合物制备。聚合物材料可以通过削弱其绝缘性而增强其导电性。聚苯胺、聚缩醛、聚噻吩和聚吡咯等具有双键的聚合物可以通过氧化和还原处理而具有导电性。电活性聚合物（electro-active polymers，EAPs）作为壳材料，可以对电场做出快速响应。根据活化机理，EAPs 可分为两类：电子型和离子型。一般来说，电场和库仑力可以在电子 EAP 中受到电刺激，而离子 EAP 则受到离子运动和释放的影响。

2.3.4　电解质液体媒介

电泳显示装置的微胶囊内的液体介质中悬浮着有色颗粒。根据这些器件的要求，介质应包含几种特殊性质，包括热稳定性和化学稳定性、适当的绝缘性能（介电常数大于2）、与粒子几乎相同的反射率和密度，以及对其传输的低电阻及环境友好性。采用不同的单一有机溶剂或烷烃、芳香族/脂肪族烃、氧硅烷等配制溶剂，均能满足上述要求。最广泛使用的方法之一是 2-苯基丁烷-四氯乙烯、isobar-L-四氯乙烯和正己基-四氯乙烯的配方。高密度或低密度氟化溶剂和烃类的混合溶剂是适当调整密度的常用方法。表 2-1 是一些潜在的用于电子墨水电解质媒介的有机溶剂。

表 2-1　潜在的用于电子墨水有机溶剂的性能

溶剂	分子结构	ε/η	其他性质
正辛烷	C_8H_{18}	3.02	
正壬烷	C_9H_{20}	2.97	低 ε/η
正癸烷	$C_{10}H_{22}$	2.37	
正十一烷	$C_{11}H_{24}$	1.82	
正十二烷	$C_{12}H_{26}$	1.50	
正十三烷	$C_{13}H_{28}$	1.17	
正十四烷	$C_{14}H_{30}$	1.51	
正十六烷	$C_{16}H_{34}$	0.67	
苯	C_6H_6	3.78	有毒的
甲苯	C_7H_8	4.25	有毒的
环己酮	$C_6H_{10}O$	7.32	腐蚀性的
四氯乙烷	$C_2H_2Cl_4$	2.69	有毒的
二氯甲烷	CH_2Cl_2	21.62	有毒的

2.3.5　表面活性剂作为电荷控制剂和稳定剂

分散剂和电荷控制剂（CCA）等表面活性剂对颜料和染料的处理是提高其分散稳定性和电泳性能的有效方法。近年来，关于阴、阳离子和非离子表面活性剂对电子墨水的表面处理有许多报道，其中包括聚乙烯、十二烷基硫酸钠（SDBS）、聚乙烯吡咯烷酮（PVP）、十六烷基三甲基溴化铵（CTAB）、十八胺（ODA）、油酸钠超分散剂和最近发展的离子液体等。电泳速度与粒子 Zeta 电位的大小相关联，由于高电荷密度是快速显示响应的关键，因此在制造业中，向粒子引入电荷的步骤至关重要。非水介质的带电技术有：表面活性剂离解、溶剂中颗粒表面离解和利用摩擦极化或吸收离子。电荷控制剂的作用归因于胶体中的空间斥力和静电斥力，基于这两种现象，可以保持稳定的色散。

如前所述，微胶囊是一种在介质液体中带相反电荷颗粒的悬浮物，静电力倾向于把相反的带电粒子相互吸引。此外，悬浮液中还存在另外两种降解模式：颗粒间斥力不足引起的团聚和微胶囊内流体运动引起的团聚。由于任何类型的不稳定性都会破坏显示设备的功能和使用寿命，因此稳定剂的存在在这些系统中至关重要。聚合物涂层是在粒子间产生空间排斥的应用最广泛方法之一。与水溶液不同，低分子量的表面活性剂不能稳定非水溶液中的颗粒。一种通过离子对、氢键和范德瓦耳斯力对粒子和溶剂具有亲和力的超分散剂被合成出来。通过溶剂亲和部分的溶剂化形成聚合物链，可以实现粒子间的空间稳定。两相微胶囊的问题是稳定性差、对电场的响应性差、在包封过程中要防止挤压芯材从油相解离到水相以及颗粒在胶囊壳内表面的吸附。

有研究评估了聚乙烯膜对联苯胺黄色颜料的影响，其目的在于在其周围产生空间阻力从而防止黄色颜料颗粒积聚[18]。研究人员在研究颗粒尺寸及其在电场中响应行为的基础上，对颗粒的电运动进行了改性，并最终将其在环己烷中的脲醛微胶囊中进行了分散。结果发现，电子油墨的迁移率是未经修饰颗粒的 10 倍。2012 年，Hou 等[19]将 P.R.2（F2R）有机红色颜料用作彩色电泳粒子并在有机环境中对其进行表面改性以提高分散剂的表面电荷和稳定性。通过在介电环境中加入分散剂，粒子的大小和形状得到了改变，表面电荷增强。SEM 图像的分析结果表明，改性前原材料的粒径分布为 $100 \sim 1500$ nm，改性后的颗粒粒径则减小到 $80 \sim 220$ nm，平均尺寸为 105 nm，色散指数的分布也非常窄，为 0.068。作者同时试验了十二烷基硫酸钠（SDS）、十六烷基三甲基溴化铵（CTAB）、CH-6 和分散655（D-655）等改性剂。结果表明，最佳改性剂为商用分散剂 655（D-655）。在 12 天内，制备的颗粒在四氯乙烯中的沉降率小于 5%。为了在 EPD 中显示良好的对比度，红色颗粒与白色电泳颗粒一起使用，响应时间为 200 ms。

Guo 等[20]采用脲醛原位聚合法制备了含有响应电场带电粒子的微胶囊，悬浮液由绿色酞菁颜料（PPG）和四氯乙烯为原料制备而成。为了研究微胶囊中颗粒的堆积过程，作者考察了四氯乙烯中颗粒的分散能力、不同乳化剂对微胶囊形成的影响及合成微胶囊在电子油墨中的应用，同时对所有含有 2%、5% 和 8% 十八胺重量百分比的未改性和改性的颗粒进行了比较。由于十八胺对颗粒表面进行了改性，所有 PPG 颗粒的分散性和疏水范围都得到了改善。改性后的 PPG 颗粒与四氯乙烯的接触角增大，含 2% 十八胺改性后的PPG 颗粒对四氯乙烯的影响最大。脲醛前聚体使 C_2Cl_4 与水之间的表面张力由 43 mN/m降至 35 mN/m，表明该聚合物具有一定的表面活性。因此，由于水溶性乳化剂可以吸附在内相表面，防止脲醛树脂沉淀，因此对微胶囊化时间有显著的影响。扫描电子显微镜（SEM）和横截面的结果表明，相对光滑的微胶囊的平均厚度约为 4.5 μm。当采用转速分别为 600 r/min和 1000 r/min 的搅拌器来制备微胶囊，微胶囊的平均尺寸为 11 μm 和 155 μm。最后，为了显示粒子在电场中的迁移率，通入电流后粒子在胶囊中以几百毫秒的响应时间移动到正极。因此，可以优化各种组件形成具有更好质量图像的电泳显示器。

Kim 等[21]也对炭黑材料的油酸改性进行了研究，如图 2-11 所示，通过羟基化和随后的酯化反应成功地修饰了碳黑纳米粒子的表面，随后有效地用油酸覆盖了炭黑纳米粒子的表面。在低介电石蜡油基介质中加入 10%的电荷控制剂，提高了油墨改性的炭黑负电荷纳米粒子的分散稳定性。从测得的电子迁移率可以计算出改性后纳米颗粒的 Zeta 电位为–31 mV。

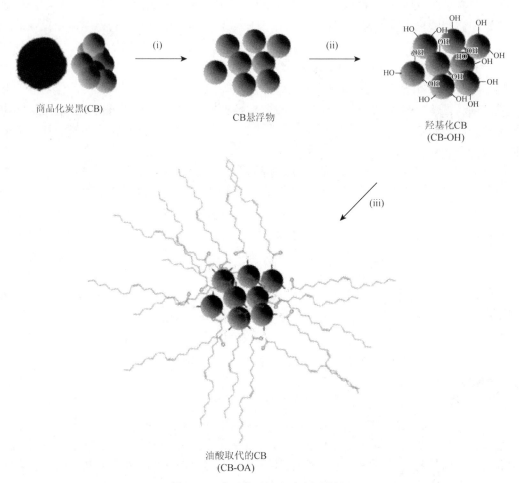

图 2-11　炭黑粒子的油酸表面改性

Zhang 等[22]制备了可以对电泳显示器快速响应的离子液体进行修饰的单分散二氧化硅纳米粒子。其合成步骤如图 2-12 所示，首先，将制备好的纳米二氧化硅加入含有 3-巯基丙基三甲氧基硅烷［MPTMS，10%（质量分数）］的甲苯溶液中，在 110 ℃的高压釜中旋转反应 24 h。产物用丙酮洗涤，真空干燥后，得到白色颗粒 MPS-SiO$_2$。然后，在高压釜中加入[ARIm][Br]和 MPS-SiO$_2$，以 AIBN 为引发剂，乙腈为溶剂，在 100 ℃下旋转加热反应器 24 h。反应结束后用乙醇洗涤，干燥后得到白色的[ARIm][Br]/SiO$_2$。表面改性前后的二氧化硅纳米粒子均为单分散、光滑的球形，同时还具有合适的密度和优良的色度。离子液体改性剂的结构对改性二氧化硅纳米粒子的表面性质和电泳性能有显著影响。改性后的二氧化硅纳米粒子具有良好的疏水性，有利于提升分散剂的分散稳定性和悬浮稳定性。改性二氧化硅纳米粒子的表面电荷性能取决于离子对与烷基离子液体之间的竞争配合，可以通过调节离子液体结构来调节。制作的 EPD 原型器件在 0.2 mm 厚的电泳显示器件中响应时间为 180~191 ms，比商用 EPD 的响应时间短。白色的 1-烯丙基-3-烷基咪唑溴化物[ARIm][Br]可通过 1-烯丙基咪唑和 n-烷基溴（R = n-己基，n-十二烷基，n-十六烷基）反应得到。

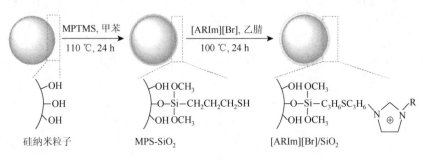

图 2-12　[ARIm][Br]/SiO$_2$ 颗粒合成示意图

2.3.6　微胶囊的制备

胶囊封装技术被认为是一种将固体、液体和气体材料封入小胶囊中的技术。根据被包覆粒径的大小，封装技术基本可归为三类：胶囊封装（粒径小于 1 μm）、微胶囊封装（粒径介于 1~1000 μm）和宏胶囊封装（粒径大于 1000 μm）。在这三类胶囊中，微胶囊应用较多，具体步骤是将具有特殊功能的小颗粒和液滴形成小胶囊。微胶囊技术的关键在于选择满足特性要求的包裹工艺和胶囊壁材料。微胶囊性能参数主要有：粒径分布，囊壁厚度，机械、扩散、电学和光学性能，与囊芯的化学相容性，等等。对颜料的要求有：应能减少沉淀量，密度必须与悬浮溶剂相容，在溶剂中的溶解度必须足够低，亮度必须足够高以保证有效的光学性能，表面必须容易带电，色素适当稳定及容易纯化以确保大规模的生产要求。当颗粒被封装到微胶囊或像素中时，必须避免颗粒在胶囊表面或像素中的吸收。囊壁在 EPD 中的关键作用是将有色颗粒包裹起来，并起到介质的作用。因此，囊壁应该具有低电导、透明、单分散、致密、与内部材料相容等性能。另外，囊壁也需保持灵活性和机械稳定性。因此，有机聚合物如多胺、聚氨酯、聚砜、聚乙烯酸、纤维素、明胶、阿拉伯树胶等被认为是比较合适的选择。微胶囊制备涉及多个学科，根据囊壁形成的机制和成囊条件，微胶囊化方法大致可分为三类，即化学法、物理法和物理化学法。根据微胶囊化时制备壳所用材料原料和聚合方式的不同，可以将化学反应法制备微胶囊的工艺分为界面聚合法、原位聚合法、复合凝聚法和电喷雾法。这些方法当中，在产业化方面更具优势的是利用合成高分子材料作为壳材料，以单体作为原料的界面聚合法和原位聚合法。

1. 界面聚合法

界面聚合法，也叫乳化聚合法，是在多相体系中，在相的界面处进行的缩聚反应。它是一种多相反应,同时属于扩散控制。通常将水及与水不混溶的有机溶剂作为液-液界面缩聚中的液体。乳化的目的是在乳化剂的帮助下,使水相和油相的混合液保持稳定。界面聚合有以下特点:

①多相反应。提高缩聚反应速率或降低扩散过程的速率总是有利于按界面缩聚机理反应,因此总是采用高活性单体和较小的分配系数。

②扩散控制过程。扩散速率决定了整个过程的总速率,单体向反应区域扩散的速率决定了反应区域中单体的浓度。

③界面具有重要作用。界面可为缩聚过程中的每个基元提供适宜条件,链的增长主要是靠增长链与单体的反应,界面能力提高可使相对分子质量增大。

④不可逆反应。界面聚合法可以将疏水材料的溶液或分散液微胶囊化,也可以将亲水材料的水溶液或分散液微胶囊化。例如:选取疏水性单体 A 为连续相,而亲水性单体 B 的水溶液为分散相,进而通过单体间的界面聚合反应完成分散相的微胶囊化。

界面聚合法制备微胶囊的工艺中,囊壁的制备是十分重要的环节,囊壁是通过两类单体的聚合反应形成的。参加反应的单体至少有两种,这些单体中必须包含油溶性的单体和水溶性的单体。油溶性的单体位于芯材液滴的内部,水溶性的单体位于芯材液滴的外部,两种单体在芯材液滴表面进行反应,形成聚合物薄膜。

由于聚合反应从液相进入固相相对更加容易,因此界面聚合法适合制备液体微胶囊。界面聚合时,在非均相溶液的相界面附近,两种或多种快速反应的中间体进行了不可逆聚合。界面聚合法制备微胶囊的过程如下:①通过符合特性的乳化剂形成油包水乳液和水包油乳液,使得水溶性反应物的水溶液或油溶性反应物的油溶液分散进入有机相或水相;②在油包水乳液中加入非水溶性反应物,或者在水包油乳液中加入水溶性反应物以引发聚合,在液滴表面形成聚合物膜;③将含油微胶囊或含水微胶囊从水相或油相中分离。

界面聚合所得微胶囊需要在几个方面进行特征评价,具体分为:粒子尺寸与分布、壳厚、交联密度、孔隙率和可膨胀性。

①影响粒度的因素。分散状态是影响界面聚合法制备的微胶囊,搅拌效果与乳化剂、分散剂、稳定剂的种类和用量,微胶囊的尺寸分布、囊壳厚度等影响都非常大。适当的分散与稳定体系,可以帮助产物不堆积,不结块,最终获得单个均匀的胶囊。

②影响性能的因素。在界面聚合反应过程中,某些缩聚反应会在形成聚酰胺或聚酯薄膜的同时,释放出盐酸,这对那些遇酸易变性材料的微胶囊化过程产生的影响是不可忽视的,可以采用加聚反应形成不释放强酸的聚氨酯的方式来包裹遇酸易变性的材料。

Fang 等[23]介绍了一种制备彩色聚(苯乙烯-丙烯酸)纳米球的简单方法,与以往难度较高的制备颜色均匀、纯度高的纳米球方法相比,该方法易于实现。采用无皂乳液聚合法合成了共聚物球形纳米粒子(AA-St),同时消除了活性表面的影响。用蓝色 56、红色 60 和黄色 64 三种染料制备了球形纳米分散体,使这些染料在高温下逐渐进入共聚物球形纳米颗粒(AA-St)中。然后通过加热沉淀、洗涤、染色等方法在球形纳米粒子中获得固定染料。根据透射电子显微镜获得的图像,每三种染料染色后的球形纳米粒子的平均尺寸为 23 nm。

2. 原位聚合法

原位聚合法与界面聚合法有着密切的关联，这项技术与界面聚合法的区别在于：它并不是把反应性单体分别加到芯材液滴和悬浮介质中，而是单体与引发剂全部加入分散相或连续相中，即单体成分及催化剂是全部位于芯材液滴的内部或外部。微胶囊化体系中，单体在单一相中是可溶的，而聚合物在整个体系中是不可溶的，所以聚合反应在芯材液滴的表面上发生。聚合单体产生相对分子质量较低的预聚体，预聚体尺寸逐渐增大后，沉积在芯材物质的表面，由于交联及聚合反应的不断进行，最终形成固体的胶囊外壳，所生成的聚合物薄膜可覆盖住芯材液滴的全部表面。该方法可采用水溶性或油溶性的单体或单体的混合物，亦可采用相对分子质量较低的聚合物或预聚物来代替单体，许多熟知的聚合反应均可应用该方法。研究发现，粒子性质和结构、不同流体、微胶囊结构上的不同活性物质及包封过程的搅拌速率都会对该方法产生影响。

由于具有良好的化学稳定性和机械强度，原位聚合法生成的微胶囊囊壁通常是氨基塑料材料。三聚氰胺-甲醛、脲醛、脲-三聚氰胺甲醛或间苯二酚改性三聚氰胺-甲醛聚合物等氨基塑料在原位聚合工艺中的应用近年来得到了广泛的关注。Guo 等[24]介绍了一种以尿素和甲醛为囊壁原材料通过原位聚合法制备微胶囊的方法。同时采用聚乙烯（PE）对色泽鲜艳、粒径小、比重低的颜料猩红粉进行改性，使其对四氯乙烯具有良好的亲和力，具体步骤如下。

（1）颗粒表面处理

将聚乙烯（比重为 0.94）溶解于环己烷（比重为 0.78，20 ℃）中，并在 80 ℃下搅拌。然后加入颜料猩红粉（比重为 1.91，直径约 1 μm）并超声处理几分钟。放置 24 h 后，混合物以 3000 r/min 左右的转速进行离心。然后用无水乙醇（比重为 0.79，20 ℃）洗涤并干燥，制备得到 PE 改性的颜料猩红粉颗粒。

（2）内相（电泳悬浮液）的制备

内相为含有聚乙烯改性的猩红粉颜料的悬浮液，四氯乙烯（比重为 1.62，20 ℃）为液体媒介，山梨醇酐单油酸酯（Span 80）为稳定剂。将改性颜料、四氯乙烯及 Span 80 超声几分钟，使其完全混合，混合物的黏度系数为 0.86 MPa/s。

（3）微囊化

以尿素和甲醛为壁材，采用原位聚合法制备微胶囊。首先，将尿素溶于等摩尔量的 37%（质量分数）甲醛水溶液中，用三乙醇胺将混合物调节 pH 至 7～8，并在 70～85 ℃下搅拌 1 h，然后冷却并用双倍体积的蒸馏水稀释，得到预聚物。将第二步得到的内相倒入预聚物和 3～5 体积蒸馏水的混合物中，在快速搅拌条件下搅拌约 5 min。乳液在室温下和中等搅拌条件下反应 1～1.5 h，通过滴加盐酸将 pH 保持在 2～4。最后，将浆料加热到 60 ℃左右并保持 1 h，得到含有色素和四氯乙烯的微胶囊。然后将所得胶囊浆料过滤、洗涤、干燥和筛分，得到一定尺寸的微胶囊（比重为 1.47，20 ℃）。

结果表明，聚乙烯在改性颜料表面的存在，提高了颜料颗粒的分散性和稳定性，并使颜料颗粒倾向于向负极移动。在本研究中，响应时间为 3.2 s。当微胶囊置于零电场下时，颜料随机分散在胶囊内。当施加 $E = 120$ V/mm 的直流电场时，它们迅速响应并向负极移动，反之在反向电场中被推回。

　　由于蓝色酞菁（PB15：3）亮度高且价格较低，Wang 等[25]使用 PB15：3 作为蓝色粒子来制备电子墨水。作为芯材料的改性粒子在四氯乙烯中制备得到，脲醛微胶囊采用原位聚合法制备。结果表明，最终制备的电子墨水微胶囊粒径均匀，表面光滑，透明性好，机械强度高，性能得到极大改善。同时，十八胺（ODA）改性后的颗粒对四氯乙烯的亲和力增强，分散度比未改性的颗粒提了 4 倍。在 0.1 V/μm 直流电场中，颗粒的响应时间由 2.6 s 缩短到 0.6 s。当 Span 80 在四氯乙烯中的浓度不低于 0.062 mmol/L 时，PB15：3 颗粒在壁内表面的吸附受到明显抑制。

　　2009 年，Oh 等[26]用苯乙烯和 4-乙烯基吡啶［聚（苯乙烯-4VP）］无自由基分散聚合法对三种有机染料进行封包并制备纳米级带电油墨粒子。他们以十二烷基硫酸钠（SDBS）为阴离子助剂，十六烷基三甲基溴化铵（CTAB）为阳离子助剂，以原位聚合法制备了三种含有酸性红 8、黄 76 和蓝 25 染料的聚苯乙烯-4VP 聚合物粒子。结果表明，通过将两种表面活性剂的浓度从 1%增加到 5%（按重量计），颗粒尺寸从 1.5 μm 减小到 800 nm。此外，通过增加浓度，油墨颗粒上有效电荷位点的数量也得到增加，从而致使颗粒电迁移率得到提高。

　　彩色电泳显示（CEPD）虽然有着广泛的研究，但仍需要制备表面电荷高、分散性好、光稳定性好的三色电泳粒子 RGB。Qin 等[27]通过原位聚合、苯乙烯-丙烯酸酯和共聚物溶液对 RGB 的三色颜料进行了改性，采用了不同的丙烯酸酯类单体，包括甲基丙烯酸硬脂酯（SMA）、间丙烯酸二甲氨基乙酯（DMA）和乙二醇二甲基丙烯酸酯（EGDMA）。在他们的研究中，EGDMA 引起了颜料表面共聚物的交联，这有助于防止颗粒在四氯乙烯非极性介质中的积聚及其稳定性。同时，少量 EGDMA 使 P（SMA-DMA-St）改性有色粒子的 Zeta 电位和迁移率增加，平均粒径减小了 16.7%。在 CEPD 样品器件中颜料的响应时间为 0.7～1 s，还需要进一步的改进。此外，RGB-E 油墨的光稳定性对 CEPD 的性能非常重要。为了评估这个影响，EPD 器件受到光强度为中午太阳光 14 倍的氙灯照射（500 W）。结果表明，经过 36 h 的光照，RGB 反射仍保持稳定。

3. 复合凝聚法

　　凝聚聚合发生在胶体体系中。复合凝聚法与界面聚合法相似，但该方法使用水溶性溶剂（如丙酮或乙醇）的混合物。溶液中含有两种或多种带有相反电荷的线性无规则聚合物材料时，将囊芯物质分散在聚合物的亲水胶体溶液中，在适当条件下，使相反电荷的高分子材料间发生静电作用。相反电荷的高分子材料互相吸引后，溶解度降低并产生了相分离，体系分离出的两相分别为稀释胶体相和凝聚胶体相，胶体自溶液中凝聚出来，这种凝聚现象称为复凝聚。在运用复合凝聚法制备时，由于微胶囊化需要在水溶液中进行，所以，囊芯材料必须是非水溶性的固体粉末或液体。

　　复合凝聚法的特点是使用两种带相反电荷的水溶性高分子电解质做成膜材料，由于相反电荷互相中和，会在两种胶体溶液混合时，引起成膜材料在溶液中凝聚产生凝聚相。这种方法效率高，产量高，而且具有实用价值。然而，这种方法受一系列因素的影响，包括电子墨水溶液浓度、温度、pH、横向键的形成浓度、电子墨水与溶剂的摩尔比和有机溶剂的加入率等。因此，用这种方法制备微胶囊需要设置多个参数。Sun 等[28]通过凝胶和阿拉伯胶之间的复合凝聚法制备了一种电泳液，该电泳液含有以 Isopar M 为分散介质改性的蓝白、红白和黄白颗粒。研究人员考察了胶囊材料与芯材的重量比、pH、分散时间和速度对微胶囊性能的影响。当囊壁材料与核心材料的比例为 1∶4，微胶囊壁在 pH 为 8.5，温度为 45 ℃时固化。同时，芯材与囊材的比例越高，粒径越小，微胶囊的合成效率可提高到 70%。当 pH 为 8.5 时，在最优条件下制备的微胶囊粒径为 30～60 μm，微胶囊的包封率为 83.88%。低 pH 的合成效率表明，明胶的一些氨基仍然以 NH_3^+ 存在。因此，当明胶的某些部分在高 pH 下被破坏时，它不能与甲酰基交联。

4. 电喷雾法

电流体力学（electrohydrodynamic，EHD）技术是利用静电力，通过带电流体的静电喷射，形成纳米级、微米级、不同形状的纤维或颗粒。静电纺丝和电喷雾是两种分别用于制备连续超细纤维和粒子的 EHD 技术。电喷雾被称为雾化电流体力学（electro hydro dynamic atomization，EHDA）或电雾化技术，是电流体力学的重要分支，主要原理是液体在高压电场下，受到的电流体作用力克服液体表面张力，导致液体破裂成细小液滴，进而形成雾化现象。电雾化技术具有沉积颗粒小、过程易于控制、单层沉积薄膜等特点，因而受到广泛关注。如何提高电雾化过程中的可控性，以获得理想的沉积结构，是利用此技术进行微纳制造的关键。不同形状和尺寸颗粒的恒定或连续射流受溶液浓度等参数，以及流量、外加电压等工艺参数的控制。2013 年，Zamani 等[29]展示了这些参数对电喷雾过程的影响，以及它们如何实现电喷雾和电纺丝之间的变化。结果表明，微胶囊的大小随施加于环电极的电位、流速、海藻酸钠浓度、喷嘴与凝胶浴表面的距离、喷嘴与环电极的距离等参数的增大而增大。同时，微胶囊的尺寸随着施加在喷嘴上的电位、$CaCl_2$ 浓度、喷嘴外径和搅拌器转速等参数的增加而减小。

微胶囊制备方法的选择会影响粒径及其分布。虽然化学合成方法可将染料置于聚合物中，但在某些情况下，由于单体之间的竞争反应和相分离，难以获得纯产物。同时，这些方法需要控制各种参数，如单体组成、反应条件、乳化剂类型等，此外还需要控制反应时间和复杂度等。因此，前几节所述方法尽管在将核心材料封装为微粒或纳米粒子时是常用的方法，然而，这些方法大多存在封装效率低、放大受限、相同粒径的颗粒分布不均匀、制备小颗粒（100 nm 以下）能力差等缺点。此外，在颗粒分散中使用的不同活性层材料不仅增加了成本，而且增加了制造工艺的复杂性，并且由于高剪切应力、高温和与有机溶液的交叉接触导致了芯材的破坏和失活。

电喷雾法的主要优点是：核心曝光效率高、颗粒尺寸分布均匀、易于合成等。此外，电喷雾不需要使用活性层和添加剂材料。由于非均匀颗粒具有不同的重量，它们在应用于显示器的电场中会产生不同的速度，因此，颗粒应该具有一个窄的粒径分布，而电喷雾方法很容易解决这个问题。化学成分、溶液物理性质、液体流速、喷嘴直径、喷嘴与集热器基底之间的距离和电位差被认为是影响颗粒直径及其性能的重要操作参数。通过选择合适的溶剂和设置不同的工艺参数，可以使分散的颗粒在尺寸大小上出现低的标准差。此外，通过仔细选择材料和工艺条件，以最佳的封装效率，可以实现保护电子墨水的目标。在核壳微粒的制备过程中，两个或两个以上的毛细管分别与有效物质和内衬聚合物在内外毛细管中流动的均匀电位相连。从针尖或喷嘴尖端发射的同轴液体带被转换成胶囊或多层液滴。

如图 2-13，Liu 等[30]对电喷雾法制备电泳墨水进行了创新。通过采用同轴射流，制备了具有窄粒径分布的电泳油墨微胶囊，其中白色和红色颗粒的平均粒径分别为 100 μm 和 200 μm。同时，通过调节壳、芯液和气体的流速，可以控制微胶囊的尺寸和壳厚。微胶囊直径和壳厚随不同流速（2～10 mL/h）的变化而变化。通过增加芯的流速，壳厚减小，微胶囊尺寸增大。研究采用三因素三水平正交试验法。在三个不同的水平上分别改变了芯流、壳程和气体三个因素。结果发现芯流、壳程和气体流速最佳值为 4 mL/h、6 mL/h 和 25 mL/h，涂布率为 90%。

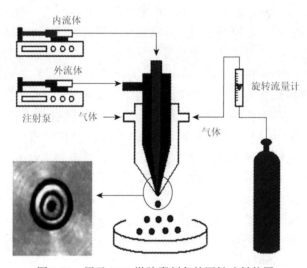

图 2-13　用于 EPD 微胶囊制备的同轴喷射装置

2.3.7　微杯的制备

微杯结构的制作方法有热压印法和纳米压印法。Martynova 等[31]采用热压印法，以聚甲基丙烯酸甲酯（PMMA）制作微流控通道；Wu 等[32]采用负型光刻胶（SU-8 胶）以掩模光刻方法制作模具，并以聚二甲基硅氧烷（PDMS）浇注成型，得到微通道后实施连接；SU-8 胶也可作为软光刻中硅橡胶的模具制作微结构，紫外压印法可以用来复制制作微结构。

在微杯结构的制造工艺方面，目前主要存在光蚀刻制杯工艺和高速全自动压模制杯工艺（roll-to-roll）两种相对成熟的无模具制杯工艺。另外，本书也会介绍一种金属模具制杯工艺。

1. 光蚀刻制杯工艺

在基板上涂布一层导电薄膜后，再涂布一层辐射固化材料，透过光掩模对其进行选择性紫外线（或者其他辐射形式，如可见光、红外线及电子束等）曝光固化，然后用可溶解辐射固化材料的溶剂将尚未固化的多余辐射固化材料清洗掉，形成所需要的微杯结构。合适的辐射固化材料包括丙烯酸酯、甲基丙烯酸酯和环氧化合物类聚合物。为了使得所制备的微杯具有饱和度和对比度及较好的机械强度，单个微杯的尺寸应符合以下要求，长（宽）为 50～300 μm，微杯深度为 10～50 μm。同时，还可在辐射固化材料中加入质量浓度为2%～10%的颜料或染料，将微杯壁着色，从而获得更高对比度的显示器件。

2. 高速全自动制杯工艺

如图 2-14 所示，在透明基板上涂布一层导电薄膜后再涂布一层热固性物质，然后在热固性物质的玻璃化相变温度之上用一个凸模对其进行滚动压膜制杯，最后经冷却或光照等方式固化。所用的热固性材料通常包括丙烯酸酯、甲基丙烯酸酯、乙烯基醚和环氧化合物类聚合物，其玻璃化相变温度应在–20～50 ℃。微杯底部的厚度应在 1 μm 以下，底部过厚不利于导电基板和电泳液之间的电子传输，会直接影响微杯的显示性能。经过光固化的微杯阵列虽然具有较好的电泳显示性能，但是由于微杯内部材料的相互交联与收缩，微杯结构容易碎裂。针对这一技术问题，可在热固塑料中加入质量浓度为 8%～15%的橡胶材料（如 SBR、PBR、NBR 等）改善微杯阵列的抗挠性。

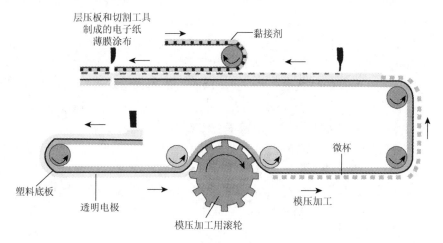

图 2-14　卷轴工艺方法制备微杯

3. 金属模具制杯工艺

无模具制杯工艺所制作的幅面受到了较大的限制，不利于工业化的应用。通过金属模具转移获得的电子纸微杯结构层，其所用金属模具的幅面决定了最终可获得的电子纸显示器的尺寸。电子纸微杯结构是一种典型的深纹（高宽比大于 1）结构，杯壁尺寸为 10～20 μm（厚度）、10～50 μm。在电子纸微杯结构中，杯壁主要起支撑和隔离的作用，实际上并不参与显示，因此不宜过厚。

传统的机械加工手段不能实现这样较为复杂的深纹微纳加工，而半导体工艺通过 ICP在硅基上的刻蚀一般只有数微米的深度，超过 10 μm 的情况属于 MEMS 工艺，因此，半导体工艺也不能直接用于电子纸微杯结构的制作。

最近，一种光刻电铸结合工艺制作微杯结构的金属模具被开发出来。在金属基材上涂覆一层光刻材料，采用无掩模图形化光刻获得深纹图形结构，采用电铸工艺制作微杯结构金属模具，通过模具转移工艺获得镍基材料的蜂窝微杯结构。该方法工艺步骤少且各步骤均适合向大尺寸方向发展，更有利于电子纸生产中的卷对卷生产工艺。

2.4 柔性电泳电子纸驱动

2.4.1 薄膜晶体管

薄膜晶体管（thin film transistor，TFT）作为电子开关被广泛应用于有源矩阵显示器件中，其作用是控制显示像素的开启和关断。通常情况下，基于硅材料的 TFT 主要采用非晶硅或多晶硅而很少采用单晶硅。首先，这是因为单晶硅的晶圆直径限制在 12 in 以内，难以用于制造较大尺寸的显示器件。其次，硅衬底还会吸收可见光，显然不适合用于透射式显示器的基板，但对于反射式的电泳电子纸显示器来说是没有影响的。最后，玻璃的熔点（600 ℃以下）远远低于硅的熔点（1200 ℃），这就使得在玻璃基底上外延生长单晶硅存在较大的技术难度。事实上，采用低温等离子体增强化学气相沉淀（PECVD）生长的非晶硅可以满足驱动的基本要求，均匀薄膜的面积可以到 2160 mm×2460 mm。采用准分子激光熔融和再结晶非晶硅薄膜所制备的多晶硅（p-Si）具有更大的晶粒尺寸，因而具有较高的载流子迁移率。载流子迁移率是指载流子（即电子和空穴）在单位电场作用下的平均漂移速度，表征的是载流子在电场作用下运动速度的快慢。在相同的电场强度下，载流子迁移率越高，载流子运动得越快，反之，载流子运动得越慢。载流子迁移率是衡量半导体导电性能的重要参数，迁移率决定着半导体材料的电导率，影响器件的响应速度。半导体材料的电导率（即电阻率的倒数）大小是由载流子的浓度和迁移率决定的，迁移率越高，其相应的电阻率越小，从而通过相同的电流时功耗越小，电流的承载能力也越强。载流子迁移率还会影响器件的工作频率。少数载流子渡越基区的时间是双极晶体管频率响应特性的最主要限制因素。迁移率越高，需要的渡越时间越短。晶体管的截止频率与基区材料的载流子迁移率成正比，所以提高载流子迁移率不仅可以降低功耗，提高器件的电流承载能力，还可以提高晶体管的开关转换速度。回到上文，因为具有较高的载流子迁移率，这就使得准分子激光熔融和再结晶非晶硅薄膜所制备的多晶硅适合制作系统集成面板。

虽然再结晶工艺能够生产出载流子迁移率较高的多晶硅薄膜，但是该生产工艺会造成薄膜的不均匀性和较大的表面粗糙度引起的高泄漏电流两大技术难题。在实际应用中，大多数 TFT 都是基于非晶硅及其相关工艺的。

Lee 等[33]研制了一种 14.3 in 柔性彩色电子纸显示器。这种显示器分辨率为 2560×1600 点（～216 dpi），单位亚像素尺寸为 120 μm，开口率约为 90%。在该显示器中，涂在塑料基板上的电泳材料居于金属箔上的 a-Si:H 薄膜晶体管（TFT）和彩色滤光片阵列（color filter array，CFA）之间，使显示器在弯曲后可恢复到原来的形状并产生彩色图像。同时 Lee 等提出了在柔性衬底上的 TFT 和 CFA 的低温工艺（<150 ℃），从而使面板变形最小，并防止了电路结构的变化。其具体组装如图 2-15 所示。

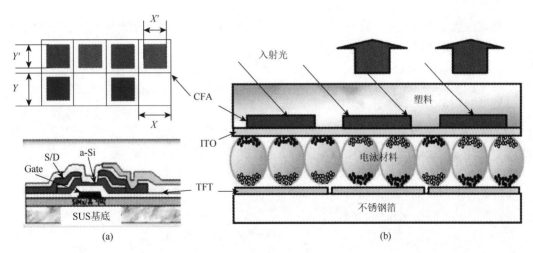

图 2-15　（a）底部：倒置交错式 a-Si:H TFT 的横截面图&顶部：R、G、B、W + 四种 CF 图案的俯视图；
　　　　　（b）柔性彩色电子纸的示意图横截面，白色和黑色颗粒封装在柔性 TFT 和柔性 CFA 之间

1. 不锈钢薄型基板上的 a-Si:H 薄膜晶体管

具有相对较好热稳定性和良好氧气、水汽阻隔性的不锈钢薄型（STS）基板使我们能够在不进行任何预处理的情况下制造晶体管，例如，使用传统 TFT 工艺进行预退火和封装。首先，Lee 等[33]开发了由有机层和 SiNx 组成的多势垒层，以降低 STS 的表面粗糙度，并将 TFT 阵列与之隔离，同时保护 STS 免受化学损伤和湿气影响。没有处理的 STS 的表面粗糙度均方根值（rms）在 1000 Å 左右，形成多个势垒后，表面粗糙度的均方根值降为 50 Å。其次，采用传统的五步光掩模工艺，在倒交错底栅 a-Si:H TFT 的 STS 上制作有源阵列。采用溅射沉积和阵列法通过第一次掩模工艺制备了掺杂钕和钼的铝栅电极。采用等离子体增强化学气相沉积法在 150 ℃连续生长 SiNx、a-Si:H 和掺杂磷的 a-Si:H。采用第二次掩模工艺制备了掺杂磷的 a-Si:H 和 a-Si:H 的活性层。采用溅射沉积和阵列法通过第三次掩模工艺沉积钼作为源极和漏极。用丙烯酸聚合物作为钝化层，通过第四次掩模工艺确定了接触孔。最后，采用第五次掩模工艺在 150 ℃溅射沉积铟锡氧化物为像素层。所制备的 a-Si:H TFT 如图 2-15（a）所示。

2. 塑料基板上的彩色滤光片阵列（CFA）

由于电泳材料具有反射性质，因此必须在透明塑料基板上开发 CF 工艺。首先，将厚度为 200 μm 的聚萘二甲酸乙二醇酯（PEN）基板在 200 ℃下预退火，以允许在 CF 工艺之前对其进行预压缩。其次，利用 SiNx 和有机层形成多势垒结构，以隔离空气水分和降低表面粗糙度。最后，涂上红色（R）、绿色（G）和蓝色（B）树脂，然后用光刻工艺制作白色加（W+）四种类型的图案，如图 2-15 所示。在这里，由于塑料基材的尺寸稳定性问题，需要将 CF 工艺和阻挡层的固化温度降低到 150 ℃以下。

3. 集成技术

为了实现柔性彩色 EPD，首先将电泳材料涂覆到 PEN 上的 CFA 上，然后将涂覆的

CFA 热层压到 STS 上的 TFT 阵列上,如图 2-15(b)所示。在热叠层过程中,CFA 和 TFT 的相对对准度得到了很好的调整,使得失调度小于 10 μm。

　　在多种类型的柔性显示器中,电子纸对 TFT 特性和阻气性的要求是最低的,实用化的门槛也是最低的。目前,电子纸的前板已经开始利用卷对卷(R2R)的方式进行生产,但背板的生产在某些方面还存在一定的技术问题。在日本新能源产业技术综合开发机构(NEDO)的项目中,凸版印刷公司确立了利用印刷电子技术实现柔性器件的印刷工艺,由此实现了薄型、轻量且可弯曲的柔性电子纸。在这种柔性的电子纸中,用于驱动 EPD 的柔性 TFT 是采用环保性较高的印刷技术在塑料基板上形成有机薄膜晶体管(OTFT)阵列而实现的。利用印刷工艺在塑料基板上形成 TFT 时,对于电极材料、绝缘材料和有机半导体材料等不同材料所采用的印刷方法也是不同的,针对各种材料的不同特性需要采用不同的方法。此外,高精度对准多个层之间的位置也是相当重要的。

2.4.2　有机晶体管薄膜

　　有机 TFT(OTFT)可采用低温沉积和溶解工艺制作,工艺没有传统的硅基技术那么复杂。另外,由于有机材料具有机械柔性,所以 OTFT 可以作为显示的骨干器件,这和有机材料的韧性、轻薄是分不开的。再加上可以采用卷轴工艺,OTFT 在成本上具有潜在的优势。当采用塑料基板取代玻璃基板制作柔性显示器时,基板的耐久性就必须纳入重点考虑的范围之内。

　　形成有机薄膜的方法有若干种。对于低分子量的有机材料,可以采用蒸发或升华工艺,在真空室中加热材料并在基板上沉积形成有机薄膜,通过控制沉积速率和基板温度等工艺参数控制晶粒的尺寸大小。通过控制分子堆砌结构、表面形貌和晶粒尺寸等多种工艺参数改变 OTFT 的载流子迁移率。此外,还可以在某些溶剂中溶解有机材料,这样就可采用旋涂、喷墨打印、压印等工艺把溶液涂覆在塑料基板上。当溶剂蒸发后,溶剂当中的有机材料就会在基板上形成薄膜结构。

　　由于 OTFT 是决定显示器质量的重要设备,因此应仔细选择要使用的打印技术,以最大限度地发挥 OTFT 每一层的独特功能。Ryu 等[34]采用印刷工艺制备了一种用于电泳显示的柔性 OTFT 背板。其制造工艺如图 2-16 所示。每一步都采用了一种特定的印刷技术:栅电极和扫描总线的丝网/反向胶印,栅绝缘体的旋涂,源极/漏极和数据总线的喷墨打印,TIPS-五并苯导体层喷墨打印,中间层采用旋涂,像素电极采用丝网印刷。其具体过程如下。

1. 栅电极和扫描总线的丝网/反向胶印

　　栅极电极的材料应具有很高的导电性,因为栅极电极与长扫描总线相连,所以应将由线路电阻引起的信号延迟减至最小。栅电极的厚度也应足够薄,以便随后的栅介质可以沉积在具有良好阶跃覆盖的栅电极上。首先,利用纳米银油墨通过丝网印刷将银膜均匀地沉积在聚碳酸酯基底上。然后在 200 ℃下固化 60 min,以去除有机成分,如溶剂和表面活性剂。随后,通过反向胶印将抗蚀剂(ER)印刷在 Ag 膜上,形成栅极图案。在对 Ag 膜进行化学刻蚀并剥离残余的 ER 层后,得到了 Ag 栅电极的最终形貌。使用 640 目/in 不锈钢织

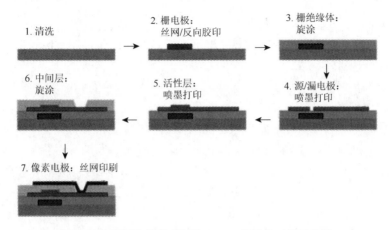

图 2-16　利用印刷技术制作 OTFT 背板的工艺示意图

物制成的屏蔽面罩，包括 5 μm 厚的乳胶层，通过调整 Ag 油墨的黏度，使 Ag 膜厚度小于 100 nm，实现了 PVP 栅介质对栅的良好阶跃覆盖。Ag 膜的厚度约为 70 nm，PVP 介电层可以很好地覆盖在栅电极上。与热蒸发铝电极的电极电阻率 1.5×10^{-5} Ω·cm 相比，Ag 电极电阻率只有 7.5×10^{-6} Ω·cm。此外，电阻率没有变化，甚至在 2500 次弯曲试验后也没有剥离。

2. 栅绝缘体的旋涂

PVP 被用作栅介质并通过旋涂法沉积得到。在 1 MHz 时，介电常数为 3.6 的 PVP 栅极绝缘体在 350 nm 处产生 9.1 nF/cm^2 的高电容密度。尽管 PC 基板有较大的均方根粗糙度（2.5 nm），但当在 0.004 cm^2 的接触面积上测量时，PVP 在 1 mV/cm 的外加电场下的泄漏电流密度小于 10 nA/cm^2。

3. 源极/漏极和数据总线的喷墨打印

采用 PEDOT：PSS 导电聚合物作为源极和漏极。添加 10%甘油可使 PEDOT：PSS 的高电阻率急剧降低到 3×10^{-3} Ω·cm，是原始 PEDOT：PSS 的 $\frac{1}{3000}$。通过丙三醇和 PEDOT 的相互作用，PEDOT 链的构象从卷曲变化到线形，可以实现电导率的提高。将甘油掺杂 PEDOT：PSS（G-PEDOT：PSS）的黏度调整为小于 20 cps，用于喷墨打印。G-PEDOT：PSS 墨水喷墨并被很好地限制在预先格式化的 S/D 电极区域内。在 $V_{GS} = -25$ V 时，蒸发的半导体五并苯的接触电阻为 30 kΩ·cm，与热蒸发金作为电极的接触电阻相当。G-PEDOT：PSS 的小接触电阻归因于 G-PEDOT：PSS 的小注入势垒能量（0.25 eV）。

4. TIPS-五并苯导体层喷墨打印

喷墨打印是一种节省昂贵有机半导体材料的方法，因为它只能在特定的区域喷射液滴。采用 TIPS-五并苯油墨作为半导体材料并将其溶解在苯甲醚溶剂中。通常，TIPS-五并苯的液滴干燥后在液滴接触线上会产生咖啡色斑。这是因为在干燥过程中，当接触线固定时，分子不断从中心移动到接触线上。由于大部分分子聚集在咖啡色斑上，液滴中间的分子数量不足，从而导致性能下降。去除咖啡污渍的一种方法是在干燥过程中加热液滴，使接触线在干燥过程中不断向中心移动，在干燥后形成均匀的一层，整个区域的厚度为 45 nm。其形貌与温度有关，通过改变温度并在每个温度下检查 TIPS-五并苯的形态，确定最终合适的温度为 46 ℃。

5. 旋涂夹层及丝网印刷像素电极

旋涂夹层起到将 OTFT 背平面和电压显示板（层压在 OTFT 背板上）隔离的作用，这样，电信号仅通过漏极提供给 EPD 板。中间层采用两层体系的水溶性聚乙烯醇（PVA）和光致丙烯醇（photoacryl）。首先，由于 PVA 等水溶性材料对有机半导体的损伤最小，所以 PVA 被旋涂在端部五并苯上。其次，沉积并光刻光致丙烯醇使其阵列化以形成像素电极的通孔。最后，在中间层用银膏对像素电极进行丝网印刷。

采用上述印刷工艺制作的柔性 OTFT 背板，在 8 in 基板上制作了 1/4 的视频图形阵列（QVGA），像素为 190×152。在背板上不同位置 36 个 OTFTs 的平均迁移率为 (0.44 ± 0.08) cm^2/(V·s)。带有 OTFT 背板的电泳显示面板成功地显示了一些模式。

Yoneya 等[35]开发了一种柔性 OTFT 背板，使用溶液处理的有机半导体 PXX 衍生物，其移动性为 0.5 cm^2/(V·s)。同时开发了一种处理塑料基板的可扩展方法。该方法在 OTFT 背板集成过程中，叠加精度小于 0.5 μm，并能够在塑料基板上制作出 13.3 in 分辨率为 150 dpi 的电泳显示器。由于背板是由柔软的有机材料和金属制成，因此当弯曲半径为 5 mm 时，显示器仍可以工作。

很多 OTFT 对环境中的水和氧气等物质相当敏感，但实际应用中显示器都是暴露在空气中的。所以，要获得相对稳定的器件还需做进一步的处理。通常在制作过程中，在有机材料形成薄膜结构之后紧接着实施钝化处理，其主要目的就是避免环境因素对 OTFT 产生不良影响。

对于小分子的有机材料，由于其分子量较小，容易升华，所以通常采用在高真空条件下热蒸发有机材料，然后沉积在基板上形成薄膜，有机层和阴极材料一次沉积在图形化 ITO 玻璃基板上。由于薄膜沉积形成后不允许使用湿法工艺，所以有机层和金属的图案由荫罩板定义，荫罩板放置在基板附近。所谓荫罩板，就是一个带孔的金属板，从热源出来的有机蒸汽穿过该孔沉积在基板上。通常情况下，基板处于室温环境中，这就意味着蒸发的有机分子没有足够的动能穿过小孔然后到达基板上，结果就是以无序的方式随机分布在基板上。沉积速率由蒸发温度控制，较高的蒸发温度可以获得较高的沉积速率，从而得到较高的产量。同时，器件的效率和使用寿命也依赖于沉积速率。然而，当蒸发温度达到一定的阈值后，有机材料开始分解，这就会导致有机材料的退化和器件的失效。为了得到较为均匀的薄膜，基板和有机蒸汽源之间应该留有足够的空间，大部分的有机材料会依附在真空腔壁上，只有很少一部分按照预期沉积在基板上，这样就不可避免地浪费了部分有机材料，降低了有机材料的利用率，也限制了器件的尺寸。对于这一局限性，改进方法是使用线型蒸发源，即使用多个蒸发源排列成一条直线代替原有单个蒸发源，这样可以有效减小真空室尺寸，提高了有机材料的利用率和产量，增大了可生产的基板尺寸。

当前电泳电子纸的主要技术突破方向集中于实现柔性显示，丰富灰度，达到可应用于动态图像显示的响应速度,实现更好的彩色显示及更加方便和廉价的产业化生产方式等。其中作为类纸显示器的关键技术就是柔性显示的实现。目前,电泳电子纸的显示面板已经具备了柔性的物理特性,因此,实现柔性显示器的主要问题就集中在了如何制造出具有柔性的驱动背板。

2.4.3　驱动方式

当前显示器的驱动方式主要包括有源矩阵(active matrix,AM)和无源矩阵(passive matrix,PM)两种驱动方式。由于 PM 驱动方式的外围 IC 比较大而且是刚性的,又必须镶嵌在面板周围,因此柔性显示必须采用 AM 驱动方式。目前制作柔性 TFT 的主要思路是沿用已经成熟的技术,采用在刚性基板上制作传统硅薄膜晶体管的工艺,这样开发出来的新工艺有利于通过改进现有的生产线来生产柔性 TFT 背板,从而达到快速量产、节约成本的目的,同时也能在性能上满足人们对于刚性 TFT 基板的要求。但问题是普通的柔性 TFT 衬底无法承受传统制作工艺的高温。因为过高的温度会使得自由形态下的塑料基板收缩变形,这样一来,塑料基板的生产工艺最高温度就被限制在 150 ℃,该温度显然难以满足传统 TFT 制作工艺对于温度的要求。针对于该问题,解决办法的方向也是十分明确的。要么采用可以承受高温的柔性材料作为 TFT 基板,要么固定塑料基板,防止基板在高温时变形,要么对现有的制作工艺进行改进,使得塑料基板避开 TFT 制作过程中的最高温度。基于上述思路,目前柔性 TFT 的制作方法主要采用金属基板技术、塑料基板固定技术和基于塑料基板的 TFT 转移技术。

2.4.4　柔性 TFT 基板

金属基板技术采用柔性金属薄片作为 TFT 衬底,利用金属薄片的耐高温特性有效解决了制作工艺中最高温度受限的问题。金属基板制作 TFT 的第一个工艺是减小金属表面的粗糙度。首先需要对金属进行抛光处理,使得金属表面形成多势垒结构,其表面的均方根粗糙度可以从几百纳米降低到几纳米。通过减少金属表面的粗糙度清洁金属表面,不仅可以使得光刻相对容易,增加金属的弯曲性,形成的多势垒结构还可以有效防止金属基底和栅极金属之间产生寄生电容。在抛光处理之后的金属表面上就可以利用如图 2-17(a)所示的传统层压封层工艺制作 TFT 阵列[36]。TFT 阵列完成之后就可以压覆上电泳显示前板,完成金属基板的电子墨水显示器件的制作。

利用金属基板制作柔性 TFT 的优点在于:①没有复杂的工艺步骤,除去前期需要对金属表面进行抛光处理之外,不需要在传统的 TFT 制作工艺上做过多的修改。②由于金属的耐高温特性,不需要考虑在传统的 TFT 制作工艺中的高温,适用于标准的 TFT 生产工艺。③与塑料基板上的柔性显示器件相比,金属基板更加耐用,具有更加稳定的化学性质,不会出现塑料基板的变形和老化等问题,这些性质会大幅度地延长显示器件的使用寿命。另外,基于金属基板的柔性 TFT 与塑料基板相比也存在一定的差距,因为在透明度方面明显低于塑料基板,所以不适用于透射式显示器件的制作。

如图 2-17（b）所示，塑料基板固定技术是先将塑料基板固定在刚性基板上，待 TFT 制作完成之后再将塑料基板取下来。这种工艺有效防止了温度过高时塑料基板的变形和收缩。该工艺的典型代表是由 Philips 开发的激光释放塑基电子技术（EPLaR）。该技术的基本思路是防止塑料基板在遇到高温时收缩，将其固定在刚性基板上保持形状，等到 TFT 阵列制作完成之后再与刚性基板分离。一种可行的直接在塑料基板上制作 p-Si TFTs 阵列的技术方案是利用脉冲激光退火，先在塑料基底和 a-Si:H 之间沉积一层很薄的 SiO_2 绝热层，然后通过有效控制脉冲激光的功率和宽度，使得 a-Si:H 在极其短的时间内获得足够的结晶时间，而脉冲激光所产生的热量又不足以传递到下层的塑料基板上，从而避免了传统工艺中高温对塑料基底的影响。

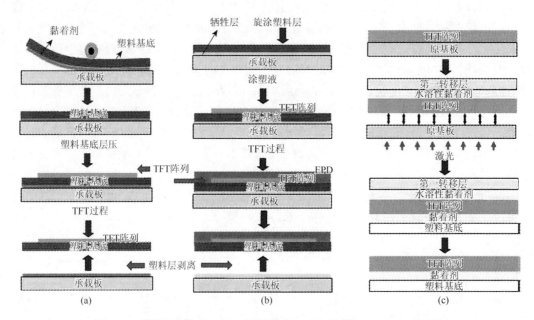

图 2-17　塑料处理方法：（a）层压/分层；（b）涂塑；（c）TFT 转移法

基于塑料基底的柔性 TFT 背板，EPLaR 工艺制作的电子墨水显示器件比起金属基板的电子墨水显示器件具有更好的柔性。尽管如此，EPLaR 工艺也存在一些问题。一是固定在玻璃基板上的塑料层虽然在受到高温时和玻璃的膨胀程度一致，基本解决了塑料基底的变形收缩问题，但是工艺温度依然受到了限制，仍然不能采用过高的温度。这就导致可以选取的塑基材料十分有限。二是由于在光刻工艺中，塑料基板还是会不可避免地受热发生一定程度的形变，所以传统的 TFT 单元尺寸设计并不适用于 EPLaR 工艺，必须要相应地有一些修补措施来弥补由于基板变形所引起的器件性能下降。另外，如何才能更好地将塑料基底固定在玻璃基板上也是一个值得深究和发掘的方向，更多新的工艺尚在研究中。

TFT 转移技术则是将 TFT 通过传统工艺制作在刚性基板上，然后利用激光技术将制作完成的 TFT 取下来，再粘贴到柔性的塑料基板上。该工艺沿用了传统的刚性基板的制作工艺，同时保持了塑料基板良好的柔性，由于避开了传统制作工艺中的高温，从而避免了传统工艺这种塑料基板遇高温变形收缩的问题。TFT 转移工艺的典型代表是由精工 EPSON 开发的激光退火表面释放技术（SUFTLA）。如图 2-17（c）所示，该技术需要先在刚性基板上采用传统工艺制作 TFT，然后将制作完成的 TFT 取下来再粘贴到柔性基板上制作成柔性的 TFT 背板。由于塑料基板在整个过程中都不会接触到高温工艺，有效解决了塑料基板受热收缩变形的问题。SUFTLA 工艺利用两次 TFT 转移（第一次是将 TFT 从原始玻璃基板上取下来粘贴到塑料基板上，第二次是将 TFT 从临时玻璃基板上取下），十分巧妙地使塑料基板避开了受热变形。与 EPLaR 工艺相比，激光退火表面释放技术大大增加了同样作为基底的塑料材料的可选择范围，同时不需要为了弥补基板形变而特别设计 TFT 单元的结构尺寸。但是该工艺的不足之处也很明显，一是因为加入了两道 TFT 的转移工序，需要对传统的刚性基板工艺做出较大的改变，增加了一定的成本。二是将 TFT 从玻璃基板上转移到塑料基板的过程中，TFT 阵列非常容易受到破坏，这样一来就大大降低了成品率。

另外一个较好的解决方案是直接放弃传统工艺中的无机材料，采用有机半导体材料制作 TFT。其优点是有机半导体在制作 TFT 时所需要的工艺温度并不高，不会出现塑料基底遇高温受热变形的问题，因此可以直接在塑料基板上制作 TFT。另外，有机半导体的物理性质和塑料的物理性质更加接近，具有更好的柔性，更适合作为制作柔性显示器驱动背板的材料。有机材料制作电子纸柔性 TFT 的过程中没有很高的工艺温度，那么就可以采用多种塑料基板代替原有的玻璃基板。由于有机半导体 TFT 的力学性质和塑料基底的力学性质吻合度较高，不仅大大增加了电子纸显示器的柔性，使器件更加牢固，也减轻了器件的重量。

有机 TFT 基板一般要选择化学性质稳定、物理性能优良的塑料，如常用的 PEN 和 PET。这些材料不仅透光性能好，而且坚固廉价，表面粗糙度小，有一定的耐热性，在制作 TFT 的过程中不容易与其他化学试剂产生反应，制作完成的成品在普通环境下使用时也具有很好的稳定性。在制作有机 TFT 的过程中，由于塑料基板的厚度只有几十微米，材料过于柔软导致操作起来比较困难，所以需要事先将塑基材料压覆在刚性基板上，以便匀胶和光刻等成熟的工艺都可以用于有机 TFT 阵列的制作。

作为柔性显示器的驱动背板，OTFT 技术有着诸多的优点，但在材料和工艺两个方面都需要加以改进。材料方面主要是由于有机材料的性质不够稳定，温度过高或适应时间过长都会导致器件的性能下降，OTFT 在空气中暴露容易出现钝化，开态电流会随着时间快速衰减，器件性能会受到很大影响。除此之外，有机半导体的电学特性也亟待改善，需要开发载流子迁移率和电流开关比更高的有源层材料来制作高品质柔性显示器的驱动背板。在工艺方面，制作 OTFT 有源层的一般方法是采用掩模工艺，但是掩模工艺制作的显示器分辨率较低，所以该工艺不适用于高分辨率显示器的制作。为了减少制作 OTFT 所使用的材料数量以节约成本，又引进喷墨工艺，但是喷墨工艺制作的 OTFT 迁移率过低，不足以驱动高分辨率显示器。还有一种选择就是生长工艺，但在表面控制方面难度较高。综合上述特点，目前掩模工艺应用最为广泛，但需要研发新的工艺以满足高分辨率显示器的要求。

2.5　电泳电子纸驱动算法设计原理

2.5.1　多级灰阶的驱动波形的设计

在电泳显示器的应用中，灰阶的数量与稳定性是衡量驱动波形优劣的一个主要因素。由于电泳粒子运动速度较慢，驱动电压较高，在 LCD 驱动中的电阻网络并不适用于电泳显示器中。在灰阶图像的显示过程中，图像信息较为复杂，因此，需要一种能够形成多级灰阶的驱动波形，同时该驱动波形能够实现清晰的显示。传统中，这种驱动波形被分为三个阶段：原始图像擦除阶段、粒子激活阶段、新灰阶刷新阶段，具体过程如图 2-18 所示。在任何一个阶段，都需要数个 TFT 扫描周期，传统驱动波形需要消耗 500 ms 左右的时间。另外，商业化的电子纸对于显示屏响应时间有较高的要求，每个阶段的时间也因此被限制，在第三阶段，为了得到多级灰阶，往往采用三种驱动电压值相组合的方式，进行灰阶的刷新。

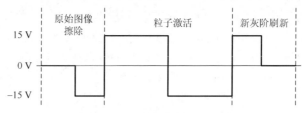

图 2-18　传统驱动波形示例

2.5.2　二级灰阶图像的驱动波形

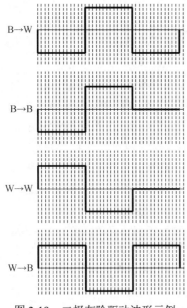

图 2-19　二级灰阶驱动波形示例

在二级灰阶图像中，图像所包含的细节信息较为简单，对应于电子纸微胶囊系统中的粒子空间位置，只有置公共电极一侧或置像素电极一侧的两种状态。当电泳粒子位于公共电极或像素电极端时，显示器只有处于黑色或白色的两种状态，而在这种状态时，灰阶的显示较为稳定，所以，在灰阶形成的驱动波形第三阶段，则只由单一的电压数值组成。另外，即使图像的灰阶只有二级，但是粒子激活阶段仍不可少，由于放置时间的不同，粒子活性也不尽相同，还需要一个占空比为 50% 的方波激活粒子。图 2-19 即为一个二级灰阶的驱动波形，B 代表黑色灰阶，W 代表白色灰阶。在擦除图像的过程中，传统的驱动波形是将原始灰阶擦除到一个较为稳定的灰阶，但是在二级灰阶驱动波形中，驱动波形各个阶段的结束点均会形成一个稳定的黑色或白色灰阶，所以，二级灰阶驱动波形不需要原始图像擦除阶段。

2.5.3　基于负极性电压补偿的多级灰阶驱动波形

在显示器的应用中，显示器帧速率是固定的，即驱动波形的最小单位时间是固定的。由于驱动波形长度的限制，在驱动波形的第三阶段，不可能由单一的电压值组合形成不同的灰阶值。利用正电压与负电压相互补偿的方式可以形成不同的灰阶。

在微胶囊系统中，电泳颗粒可能受到各种力的作用。电场力必须克服其他力驱动粒子，用以显示灰阶。然而，粒子运动的阻力会随着粒子运动速度的增加变得更大。这种阻碍粒子的电泳运动力，可以是电泳液的黏性阻力，颗粒间的碰撞，与微胶囊壁碰撞，以及粒子间的库仑力，等等。当阻力大于电场的驱动力时，粒子会降低电泳速度，特别是当粒子与微胶囊壁发生碰撞时，会向电场力相反的方向运动。粒子受力情况如式（2-2）所示：

$$\frac{U}{d}q - \left(\sum F_i(p) + \sum F_j(v) + C\right) = ma \tag{2-2}$$

式中，U 为在应用公共电极和像素电极之间的电压；d 为两个电极之间的距离；q 为一个粒子的电荷量；$\sum F_i(p)$ 为与粒子的空间位置相关的阻力；$\sum F_j(v)$ 为与粒子速度相关的阻力；C 为粒子本身物理特性阻力，如重力；m 为一个粒子的质量；a 为一个粒子的加速度。在一定的停留时间后，粒子已经达到稳定状态，这时粒子的所受到的力达到平衡。然而，颗粒的电泳活性远低于已经激活的颗粒。因此，若需要得到相同反射率的目的灰阶，相较具有粒子激活阶段的驱动波形，在同一电压值驱动的情况下，必须设计较长时间的驱动电压才能满足驱动需求。因此，在驱动波形的设计过程中，一般有一个激活粒子的阶段。这个激活粒子的过程设计在刷新灰阶之前，其形态为在电子纸的白色灰阶和黑色灰阶之间刷新一次或数次。

负电压驱动的白色粒子向公共电极运动，电子纸屏幕显示白色。正电压驱动黑色粒子向公共电极运动，而白色粒子移动到像素电极。图 2-20 显示了电子纸驱动波形中粒子激活的效果对比结果。

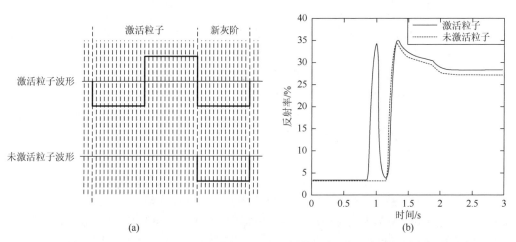

图 2-20　激活过程在驱动波形设计中的作用：（a）具备激活过程与没有激活过程的驱动波形；
（b）两种驱动波形的驱动效果对比

从图 2-20 可以看出，粒子在激活状态更易达到目的灰阶，而没有激活阶段的驱动波形，在相同的刷写新灰阶波形形态下，其所形成的目的灰阶反射率较低。所以，在电子纸驱动波形设计中，一个优异的粒子激活阶段的设计，能够提高电泳电子纸的显示性能。

当采用的 TFT 帧扫描频率为 50 Hz 时，对应 20 ms 为一个基本时间，这个时间也是许多 LCD 刷新一帧所需要的时间，具有一定的实用意义。然而，基本时间的确立就意味着在特定的一种电压驱动下，不可以形成具有任意反射率的灰阶，这也就限制了电泳显示器的灰阶等级数量。当显示器原始灰阶为白色时，20 ms 整数倍的正电压所形成的灰阶反射率如图 2-21（a）所示。当显示器原始灰阶为黑色时，20 ms 整数倍的负电压所形成的灰阶反射率如图 2-21（b）所示。

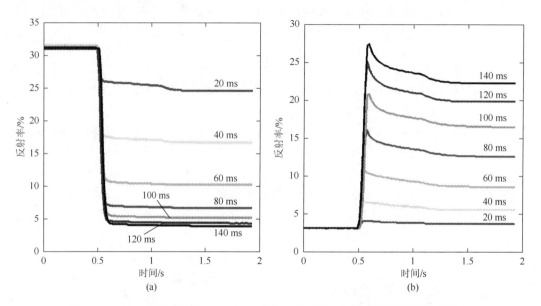

图 2-21　20 ms 整数倍的正（a）、负（b）电压所形成的电泳显示屏灰阶反射率

从图 2-21 中可以看出，白色粒子与黑色粒子对于电压时间长度的响应也是非线性的。用单一电压进行电子纸的驱动，会损失较多的灰阶。但是，电泳电子纸的灰阶显示对于图像显示具有非常重要的实际意义。然而，在微胶囊系统中，白色粒子与黑色粒子对于电压的响应并不相同。所以，针对时间步长的限制，可以利用两种电压组合的方式实现电子纸多级灰阶显示。首先，负电压可以用来驱动 EPD 接近目标灰阶，这种驱动方式可以获得快速的响应速度。其次，正电压可以作为一个调节器，可以调节 EPD 显示目标灰阶的准确性。

在粒子撞击到微胶囊壁时，电泳运动阻力大于电场力，粒子加速度降低，甚至改变原来的运动方向。在图 2-22（a）中，电泳显示器的反射率先增大后减小，然而，反射率曲线和驱动波形之间的时间关系，并不能从图中直接得到。因此，利用小波包变换的方法确定驱动波形的起始时间和结束时间。Haar 小波作为小波包基，小波包进行了五层小波包分解。节点的小波包分解系数（5，1）可以很好地反映出反射率曲线的奇异点。图 2-22（b）

是节点（5，1）的反射率曲线的小波分解系数重构曲线。在图 2-22（a）中，驱动波形的开始点和结束点可由奇异点表示。然后，我们便可以得到反射率曲线和驱动波形的时间关系。图 2-22（a）中，由于驱动波形的形态是确定的，驱动波形的起点具有 180 ms 负电压设计，其余时间的电压为 0 V，是驱动波形的等待时间，所以驱动波形电压的形态如图 2-22（a）所示。

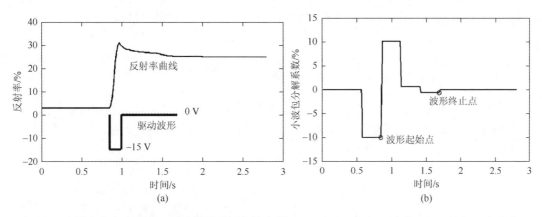

图 2-22　小波变换在电泳显示屏反射率分析中的应用：（a）电泳显示器驱动波形与反射率对应关系；（b）节点（5，1）的反射率曲线的小波分解系数重构曲线

　　在图 2-22（a）中，随着电压驱动的开始，电泳显示器的反射率值越来越大，当驱动电压值减为 0 V 时，反射率值开始下降。这种反射率值的下降也是一个多级灰阶的实现方式，并且这种方法没有延长驱动波形的时间长度。

　　在初步刷新的灰阶之后，负电压用来进行灰度补偿，实现精确的目标灰阶。但是，在补偿过程中，补偿起点与初步刷新结束点之间的距离，对于补偿的效果具有非常重要的意义。在图 2-23 中，驱动波形利用 40 ms 的负电压进行灰度补偿，一种模式是在初步刷新之后立即进行补偿，另一种模式在初步刷新 360 ms 后进行灰阶补偿。从图 2-23 中不难发现，后者具有更高的反射率值。在设计驱动波形的过程中，应尽量控制驱动波形的时间长度，所以，这样的等待时间不可能太长，否则，它会增加驱动波形的长度。这种方法可以有效增加灰阶的级数。

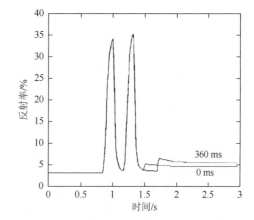

图 2-23　两种补偿模式下的反射率变化过程

　　根据以上分析，驱动波形在激活粒子阶段，电子纸最终会写入白色灰度，并会以白色灰阶作为参考灰阶。在第三阶段中，正向电压应用于初步刷写新的灰阶，然后，负电压用于灰度补偿，并伴随一定的等待时间，用以微调灰阶的反射率。驱动波形的一个例子如图 2-24 所示。

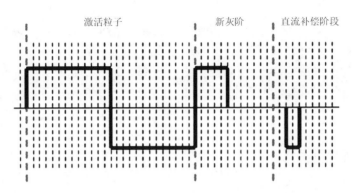

图 2-24　基于灰阶补偿的驱动波形示例

根据上述原理，可以设计一套具有多级灰阶的驱动波形，然后将波形数据下载到商业化的 Eink 电子纸控制器的波形查找表中。试验结果表明，驱动波形在 Eink 电子纸中可以实现多级灰阶的显示。反射率和驱动波形灰阶之间的关系如图 2-25 所示。

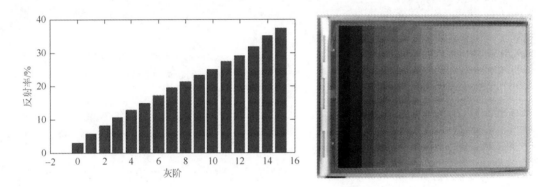

图 2-25　16 级灰阶的反射率值和图像实物图

在灰阶显示过程中，由于电泳粒子的灰阶显示没有固定阈值，导致电子纸的灰阶表现不是很稳定，相同的驱动波形需要不同的时间来刷新显示，所形成的灰阶反射率也有一定的误差。然而，这并不影响 16 级灰阶的显示，在图 2-25 中，我们可以轻易区分 16 级灰阶，这种性能对于电子书的应用已经足够。

2.5.4　基于 0 V 电压补偿的多级灰阶驱动波形

在驱动波形的灰阶形成阶段，0 V、+15 V 与−15 V 三种电压均可用来驱动形成灰阶。但是，+15 V、−15 V 的驱动需要消耗过多的功率，因此，为了节能环保，在能够满足驱动灰阶的情况下，0 V 是最优的驱动电压。因此可以设计一种基于 0 V 电压补偿的多级灰阶驱动波形方法。

在驱动粒子的过程中，电子纸不会直接将粒子驱动到目标灰阶。在传统的驱动波形中，一个准确的白色参考灰阶在粒子激活后形成。新的灰阶则是通过使用参考灰度在第三阶段进行刷写。在驱动波形的设计过程中，直流平衡是一个必须考虑的因素。在传统的驱动波形中，正电压和负电压的时间是相等的，以满足直流平衡原理。图 2-26 为一个传统的驱动波形，中间粒子激活阶段由复位至黑色状态和清除到白色阶段组成，这个过程的正、负电压时间长度是相等的，所以它对直流平衡没有影响。为了满足直流平衡的要求，t_e、t_w、t_c 之间的关系表现为式（2-3）：

$$t_e = t_w - t_c \tag{2-3}$$

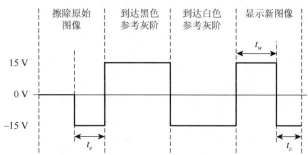

图 2-26　传统驱动波形的结构组成

在驱动波形的第三个阶段，电子纸的灰阶显示需要从白色参考灰阶向黑色状态驱动。但是，在白色灰阶形成后，由于粒子与微胶囊壁的碰撞，电子纸反射率有一个下降的过程，这个过程可以充分利用到驱动波形设计当中。因此，0 V 等待时间的设计便应运而生。新的驱动波形实例如图 2-27 所示。根据直流平衡原理，图 2-27 中的 t_e、t_w、t_c 之间的关系，也必须满足式（2-3）。不同长度的 t_x 可以形成不同反射率的灰阶，所以等待时间 t_x 的长度必须由目标灰度确定。显示屏反射率与等待时间之间的关系，可以通过使用根据最小二乘法多项式拟合。多项式拟合曲线表现为式（2-4）。在式（2-4）中，p_i 是多项式系数。

$$y = \sum_{i=1}^{n} p_i x^{n-i+1} + p^{n+1} \tag{2-4}$$

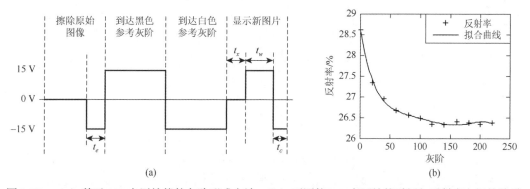

图 2-27　（a）基于 0 V 电压补偿的灰阶形成方法；（b）不同的 0 V 电压补偿时间与反射率之间的关系

在图 2-27（b）中，拟合曲线非常接近所有离散的反射率值，这为驱动波形的设计提供了一种方便计算目标灰阶的方法。然而，当等待时间大于 100 ms 时，这种等待时间

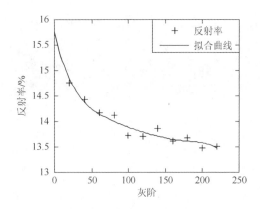

图 2-28 刷写新灰阶为 60 ms 正电压时
的 0 V 电泳补偿效果

对于反射率的影响十分微弱，实用意义相应减弱。在设计驱动波形的过程，拟合曲线会随着灰阶形成阶段所施加的正电压长度而改变。例如，当刷写新灰阶阶段为 60 ms 正电压时，电泳补偿效果如图 2-28 所示。

在图 2-28 中，若需要形成一个反射率为 14.5%的灰阶，则只需要在刷写新灰阶阶段添加 40 ms 的等待时间，而基于负电压补偿的措施则不需要应用到设计当中。根据以上分析，上述驱动波形设计方法可以很好地解决反射率值相近的相邻灰阶驱动波形。更重要的是，这种驱动波形设计方法具备直流平衡特性。由于这种驱动波形的灰阶反射率可以通过算法自动模拟，解决了驱动波形自动设计的部分难题。同时，这种驱动波形设计方法比传统的设计方法在驱动显示的过程中更为节能。

2.5.5 驱动电压对于驱动波形的设计影响

在电子纸微胶囊系统中，由于粒子所携带的电荷数量固定，当施加在像素的电压越大时，粒子所受的电场力也就越大，粒子电泳速度也就越快。但是，当粒子在加速电泳的过程中，粒子所受电荷控制剂的黏滞阻力也随之加大，同时，粒子之间所产生的碰撞阻力也越来越大。当粒子阻力逐步增大时，所消耗掉的电能也在增加，所以，寻找一个合适的驱动电压，对于电泳电子纸的应用具有非常重要的意义。

在操作过程中，TFT 的扫描频率被设定为 50 Hz。因此，在设计驱动波形的过程中，任一阶段的时间长度必须为 20 ms 的整数倍。为了测量最优的驱动电压值，设计了一系列不同长度的驱动波形，在这些驱动波形中，要么仅有正电压，要么只有负电压，然后将它们分别下载到波形查找表中，并通过反射率的测量试验装置进行观测。在这一过程中，驱动波形的长度设置为 20 ms，40 ms，60 ms，…，260 ms。电压的绝对值由 10 V 逐渐提高至 25 V，并使用相同的驱动波形进行电子纸的驱动，同时利用相机记录电子纸反射率的变化情况，相机的帧速率设置为 100 帧/s。在不同长度的驱动波形驱动下，电压与反射率的关系曲线如图 2-29 所示。

2.5.6 短时四级灰阶驱动波形

从图 2-29 中，我们可以看到，当驱动电压的绝对值升高时，低阶的灰度分辨率会降低。另外，由于黑色的碳粒较多，在 EPD 系统中，屏幕比较容易从白色变成黑色，而从黑色转换成白色时，则需要消耗较长的时间。例如，在驱动电压绝对值为 20 V 时，电子纸显示屏必须花费 160 ms 从黑色转换为白色，但只需要 100 ms 就能从白色状态转换到全黑状态。因此，在驱动波形的设计中，白色状态常被作为参考灰度，以减少刷写新灰阶时

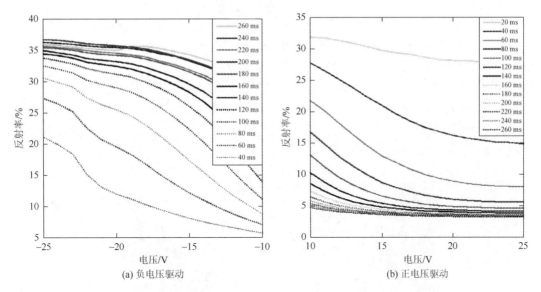

图 2-29 在不同长度的驱动波形下，驱动电压与反射率的关系（后附彩图）

所需要消耗的时间，所以，我们必须使用正电压来刷写新的灰阶。图 2-29（b）中，当驱动电压为 21 V 时，电子纸形成了均匀的四级灰阶，所对应的驱动波形长度分别为 20 ms、40 ms 和 100 ms 的正电压。此时，上述三种不同长度的驱动波形分别对应了电子纸的浅灰色（LG）状态，深灰色（DG）和黑色（B）的状态。

根据以上的分析，驱动波形的三种电压值可以被设置为 21 V、–21 V 或 0 V。图 2-30 是驱动波形的一个例子，两虚线之间的距离是一个最小时间单位，时间的长度是 $\frac{1}{50} \times 1000 = 20$ ms，其中帧速率为 50 帧/s，图 2-30 中的驱动波形各个阶段只能设置为 20 ms 的整数倍。驱动波形的第一个阶段设置为负电压补偿阶段，后面两个阶段仍是激活粒子阶段和刷写新的灰阶。在驱动波形的第一阶段，负电压来实现直流平衡。例如，当刷写新灰阶的时间为 40 ms 时，驱动波形必须把使用负电压的时间设计为 40 ms，才能达到直流平衡补偿。第二阶段所设计的方波的占空比为 50%，正和负电压的时间长度是相等的，所以这一阶段对直流平衡没有影响。在图 2-30 的驱动波形实例中，白色灰阶被用作参考灰

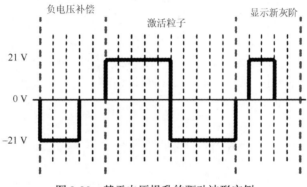

图 2-30 基于电压提升的驱动波形实例

阶，所以，第二阶段的方波必须由正电压转向负电压，以保证将白色灰阶刷写出来。在第三阶段中，正向电压以适当的长度来刷写新的灰度。

根据以上分析，在驱动波形中的电压值设置为 21 V、–21 V 或 0 V 时，一个电泳电子纸的响应时间可以缩短至 400 ms。因此，可以设计一套四级灰阶驱动波形。在操作中，上述驱动波形的数量为 16 个。然后，将波形数据下载到电子纸控制器驱动波形查找表中。结果表明该驱动波形可以实现四级灰阶的显示，比传统的 EPD 的驱动波形具有更快的响应速度，所提出的驱动波形性能如图 2-31 所示。

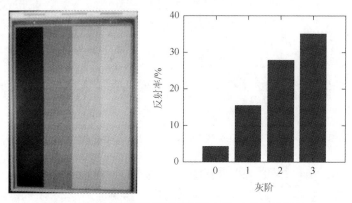

图 2-31　驱动波形实际效果图及灰阶对应的反射率

综上所述，当前多级灰阶的显示已经成为显示器的一个基本需求，灰阶的级数决定了图像显示的质量。在电泳显示屏中，灰阶的显示对于驱动电压没有固定的阈值，在驱动时间可控的情况下，任意强度的驱动电压均可形成所需要的灰阶，这也是区别于 LCD 的主要特征。然而，电泳显示屏的驱动硬件借鉴了 TFT-LCD 的设计模式，基于数字信号传输的硬件系统限定了最小单位的驱动时间，而驱动电压的种类由于没有电阻网络，也限定在了 3 种（+15 V、–15 V、0 V）之内选择。在这种情况下，为了在电泳显示屏中显示多级灰阶，往往是通过利用驱动波形形成一个稳定的灰阶状态（白色灰阶或黑色灰阶），然后再依据参考灰阶进行目标灰阶的刷写。

另外，在驱动时间的限制下，驱动波形的长度需要控制在一个可接受的范围内。所以，在只利用一种电压进行目标灰阶刷写的情况下，所形成的灰阶级数数量非常有限。通过利用–15 V 电压补偿与 0 V 电压补偿的多级灰阶形成方法，电泳显示器可以实现 16 级灰阶的显示，这是由于微胶囊系统的稳定性较差。若实现 16 级以上的灰阶显示，则灰阶的反射率之间相互交错，使得这种设计失去意义。但是，在粒子经过一系列的激活过程之后，粒子的活性达到了峰值，参考灰阶也实现了稳定的输出，此时结合灰阶设计方法，则可以实现 16 级以上的灰阶显示。但是，这种显示是以牺牲响应时间为代价的。一般说来，对于电子书阅读器、电子报栏等应用，16 级灰阶的电泳显示已经足够。

2.6　闪烁的形成与优化

在电泳显示屏中，特定灰阶的显示没有固定的阈值电压，所以，需要利用驱动波形进行驱动像素显示灰阶。这个灰阶显示的过程，也是电场力驱动粒子电泳运动的过程。电泳粒子是电泳显示器的一个重要组成部分，在电泳显示的过程中，施加电压时，带电的黑色粒子与白色粒子发生电泳效应，但对于所施加的电压时间长度，这种电泳效应是非线性的。因此，为了实现灰度的正确显示，必须选择一种恰当的驱动波形来驱动电泳粒子。典型的驱动波形包含三个阶段：擦除原始图像、激活电泳粒子和刷写新灰阶。第二阶段结束时，就产生了反射率值相对稳定的白色灰阶，并以其作为参考灰阶，进一步驱动粒子形成目标灰阶。无论如何，这个驱动过程由于电压的转变，驱动粒子在微胶囊中不断更换电泳方向，并造成屏幕反射率的高、低转变，这种现象反映到人眼中，便是闪烁，对视觉的舒适性产生了不良的影响。所以，改善电泳显示屏驱动过程中的闪烁，对于电泳显示屏的应用具有积极意义。

2.6.1　基于驱动波形过程整合的闪烁改善

通常来说，驱动波形应当可以快速地消除原始图像的影响并显示新图像。如果直流是不平衡的，则驱动会对显示屏造成损害，因此必须在驱动波形过程中保持直流平衡。在传统的驱动波形中，需要有三个阶段：原始图像擦除阶段、粒子激活阶段（重置为黑色的状态并再次清除为白色状态）、新灰阶刷新阶段。第二阶段占空比为 50%。因此，这个阶段不会导致直流残留。只有其他两个阶段会导致直流不平衡，这两个阶段的驱动波形必须相互配合达到直流平衡的原理要求。在图 2-32 中，若帧率为 50 帧/s，则单位时间是 $\frac{1}{50} \times 1000 = 20$ ms，三个阶段的每一个波形持续时间必须是 20 ms 的整数倍。若要达到直流平衡，则 t_e 和 t_w 必须满足方程（2-5）的要求。在驱动波形中的每个电压状态可以设置电压为 15 V、0 V 或–15 V。

$$t_e = t_w \tag{2-5}$$

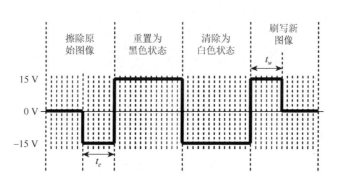

图 2-32　一个传统的驱动波形结构

一般来说，在频率很低的时候，黑色状态和白色状态之间的切换会产生闪烁，传统驱动波形的驱动过程如图 2-32 所示。闪烁便发生在两个图像之间的切换过程中，因画面切换频率低于 25 Hz，所以这种闪烁可以为人眼所感知。在图 2-33 中，传统的驱动波形切换过程有 4 次闪烁，严重影响了阅读的舒适性。

| 原始图像 | 擦除原始图像 | 重置为黑色状态 | 清除为白色状态 | 刷写新图像 |

图 2-33 由传统驱动波形所形成的电泳显示屏切换过程

根据以上分析，可以采用一种新型驱动波形来减少闪烁的次数。在新型驱动波形中，第一阶段必须重置 EPD 使其为黑色状态，然后清除 EPD 为白色状态，同时，这个过程也可以作为粒子激活的过程。此外，在第二阶段后，使用负电压让其达到直流平衡。最后，在第四阶段重新刷写灰阶。图 2-34 为一个新型驱动波形的例子。为了满足直流平衡原理，直流平衡补偿的持续时间与刷新灰阶的时间是相等的，如式（2-6）所示。

$$t_c = t_w \qquad (2\text{-}6)$$

在图 2-34 中，白色的状态形成于第二阶段，其被用作参考灰阶。所以，在白色状态形成后，利用负电压驱动的直流平衡补偿阶段则不会改变参考灰阶。在新的驱动波形中，-15 V、+15 V 之间的转换有两次，而传统的驱动波形有三次转换，所以新的驱动波形可以减少 1 次闪烁。

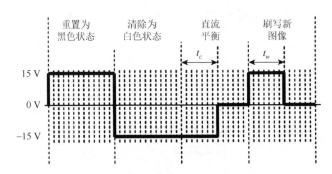

图 2-34 基于闪烁次数减少的驱动波形设计

根据伽马校正的原理，人类的眼睛在亮度低时对亮度转换比较敏感。在显示屏反射率变化过程中，驱动电压持续时间其实是一个非线性变化关系。所以，在刷写均匀的灰阶过程中，刷写新灰阶阶段的负电压持续时间并不能呈现线性缩短。

根据这一原则，一个四级灰阶的一部分灰阶驱动波形实例如图 2-35 所示。图中，B 代表黑色灰阶，DG 代表深灰色灰阶，LG 代表浅灰色灰阶，W 代表白色灰阶。

将驱动波形二进制文件下载到 EPD 控制器驱动波形查找表中，并利用测试装置实时记录电泳显示屏的变化情况。在驱动过程中，EPD 的图像转换过程如图 2-36 所示。闪烁的次数减少到了 3 次，所以，这种新型驱动波形可以改善 EPD 的阅读舒适性。

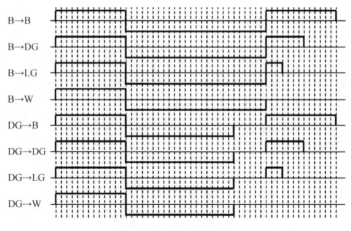

图 2-35　一组基于减少闪烁的四级灰阶驱动波形

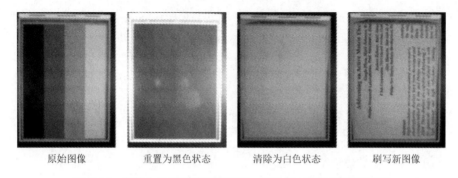

| 原始图像 | 重置为黑色状态 | 清除为白色状态 | 刷写新图像 |

图 2-36　在整合的驱动波形驱动下，电泳显示屏画面更新过程

2.6.2　基于优化激活过程的闪烁弱化设计

在电泳显示系统中，粒子的活性至关重要，由于受到电泳悬浮液的影响，在静置一段时间后，驱动性能逐步降低。在传统的驱动波形，粒子激活的过程对于驱动形成新灰阶具有非常重要的意义，使得新灰阶的刷写变得相对容易。然而，在传统的驱动波形中，激活粒子阶段是均固定为一个占空比为 50%的方波，激活粒子的实际效果均没有考虑在驱动波形设计当中。因此，可以采用一种优化的粒子激活方法来弱化闪烁。首先，测试不同时间长度的粒子激活效果，并根据目标灰阶的不同，设计不同形态的粒子激活阶段。其次，根据驱动波形设计原理，可以设计一套四级灰阶的驱动波形，并将驱动波形数据下载到 EPD 控制器驱动波形查找表中。最后，利用测试装置来测量记录电子纸反射率的变化情况。相较传统的驱动波形，新的驱动波形可以将粒子活性提高到一个更高的水平。在驱动波形设计中，缩短了粒子激活的时间，降低了屏幕闪烁的强度，并可以降低驱动功率。同时，直流平衡原理引入新的驱动波形设计中，所以该驱动波形可以避免直流残留。

在驱动波形中，激活粒子的持续时间由驱动 EPD 显示新图像的第三阶段确定。图 2-37（a）为在不同驱动波形的作用下，电子纸显示屏的反射率变化过程。在图中，驱动波形粒子激活阶段由 40 ms 逐渐提高到 480 ms，电子纸的初始状态均为黑色灰阶，第三阶段的驱动电压均为单一的–15 V 电压。所以，在电子纸灰阶形成过程中是将白色粒子驱动向公共电极，而将黑色粒子驱动向像素电极。然而，由于粒子激活时间的不同，电子纸的最终反射率出现了较大的差异。在图 2-37（b）中，纵轴代表电子纸的反射率，横轴代表粒子激活时间，从图中可以看出，最终形成的反射率最大值不是由粒子激活时间最长的驱动波形所形成，而形成这个反射率最大值的驱动波形则为最优者。所以，当激活粒子的时间过长或过短时，都得不到最优的激活效果。同时，驱动波形所形成的闪烁强度也会随着激活时间的延长而变得更为强烈。

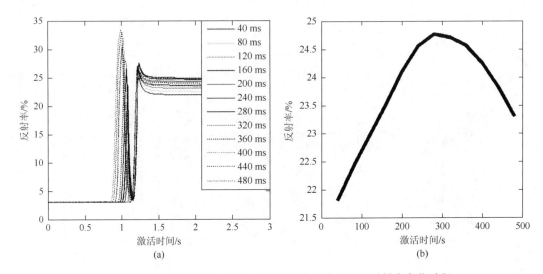

图 2-37　（a）不同的激活时间长度所驱动的电泳显示屏反射率变化过程；
（b）激活时间长度与电泳显示屏反射率的关系（后附彩图）

　　在商业化的 Eink 显示屏中，激活阶段的最佳时间长度是不固定的，驱动波形的刷写新灰阶阶段对于粒子的激活时间长度有非常重要的影响。图 2-38（a）中，刷写新灰阶的是 20 ms 的负电压，但是最佳激活阶段持续时间为 160 ms。然而，当刷写新灰阶时间为 160 ms 的负电压时，最佳激活阶段的时间长度为 440 ms，如图 2-38（b）所示。由于 Eink 显示屏刷黑的速度比刷白的速度快得多，EPD 从白色灰阶刷新到黑色灰阶需要 150 ms，然而，从黑色灰阶刷新到白色灰阶需要 250 ms。所以，在驱动时间不足的情况下，一定时间的+15 V 电压驱动显示屏从白色转变为黑色，而再施加同样时间长度的–15 V 电压时，显示屏却不能恢复到初始的白色状态。因此，黑色灰阶被用作参考灰阶。激活粒子阶段必须先将显示屏复位到白色状态，然后清除到黑色状态。

　　根据以上分析，一种新的驱动波形可以被设计使用。同传统驱动波形一样，其由三个阶段组成。但是，激活粒子阶段则由目标灰阶决定，并且黑色灰阶被用作参考灰阶，而在驱动波形的第一阶段，原始图像则需要擦除到黑色状态。这种改进的驱动波形中，激活粒子阶段仍为方波，占空比为 50%。图 2-39 即是一个新型驱动波形实例，t'_w 是显示前一幅图像时驱动波形的第三阶段的负电压时间长度，t_e 是驱动显示新灰阶时驱动波形的第一阶段正电压时间长度，二者满足：

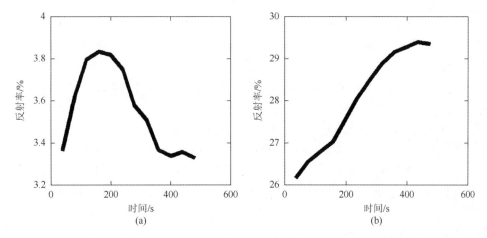

图 2-38　不同时间长度的刷写新灰阶阶段下，不同激活时间所形成的驱动结果：
（a）刷写阶段为 20 ms 负电压；（b）刷写阶段为 180 ms 负电压

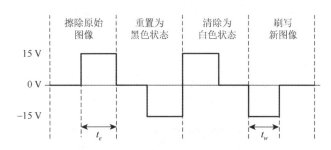

图 2-39　基于优化激活过程的驱动波形示例

$$t'_w = t_e \tag{2-7}$$

　　在这种驱动波形中，利用灰阶转换循环来实现直流平衡。这种驱动波形设计原理既缩短了激活粒子阶段，提高了电泳粒子的活性，降低了驱动功率，也减弱了驱动过程中闪烁的强度。

　　利用该驱动波形设计原理用以验证驱动效果。由于驱动波形完全符合直流平衡原理，可以防止直流残留的产生。驱动波形在 Eink 显示屏上运行良好，所生产的一幅四级灰阶图像如图 2-40 所示。由于改进了粒子激活过程，其驱动电压的时间长度得以缩短，所以，在驱动过程中所产生的闪烁感也得以减弱。

2.6.3　基于双参考灰阶的驱动波形

　　在电泳显示系统中，黑色灰阶与白色灰阶为两个较为稳定的灰阶状态，均可考虑用其作

图 2-40　基于优化激活过程的驱动波形在 Eink 显示屏中的运行效果

为参考灰阶。因此,可以采用具有两个参考灰度的新的驱动波形来减少驱动时间并减少闪烁的次数,同时缩短了驱动波形时间长度。在新的驱动波形中,黑色灰阶和白色灰阶同时被用作参考灰阶,刷写新灰阶时,根据灰度值就近原则,选择合适的参考灰阶。试验结果表明,该驱动波形可以应用在 Eink 显示屏中。另外,相较传统的驱动波形,此波形可以减少 12.5%的驱动时间。

通常来说,驱动波形应该可以有效擦除原始图像并快速刷写出新灰阶。同时也必须遵循直流平衡的原理,否则直流不平衡所形成的直流残留将导致显示被损坏。在传统的驱动波形中,形成一个驱动波形需要三个阶段:擦除原始图像、激活粒子和刷写新灰阶。激活粒子的过程是一个正负电压时间相等的方波,因此,这个阶段不可能导致直流残留,而驱动波形第一阶段必须根据原始灰度设计。例如,驱动 EPD 显示新灰度的驱动波形的第一阶段的负电压持续时间,必须与第三阶段驱动 EPD 显示原始灰度的驱动波形的正电压持续时间相同。在图 2-41 中,如果式(2-8)成立,则可以达到直流平衡的要求。在式(2-8)中,t'_w 是驱动 EPD 显示原始灰阶的驱动波形的正电压持续时间。t_e 是驱动 EPD 显示新灰度的驱动波形的负电压持续时间。每个点的电压状态可以设置为 15 V、0 V、−15 V。

$$t_e = t'_w \qquad (2\text{-}8)$$

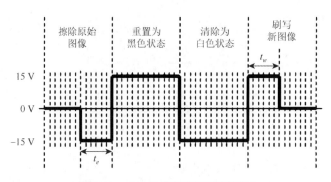

图 2-41　一个传统的驱动波形示例

在图 2-41 中,当要显示不同的灰阶时,t_e 和 t_w 的持续时间必须要随之改变以满足驱动需求,在第二阶段结束时要形成一个统一的白色参考灰阶。然而,这种驱动波形可能需要一个很长的驱动时间,往往达到 500 ms。因此,改进可以驱动波形以减少驱动时间。这个驱动波形的例子如图 2-42 所示。

在图 2-42 中,驱动波形为了实现直流平衡,t_w、t_r、t_c 之间的关系如式(2-9)所示。

$$t_w + t_r = t_c \qquad (2\text{-}9)$$

其中,t_w 是驱动 EPD 显示原始灰阶的驱动波形的第三个阶段的正电压的持续时间长度。在这个驱动波形中,正电压的持续时间和负电压的持续时间相同,因此驱动波形满足了直流平衡原理。然而,这种方法也存在一些缺点,在第二个阶段结束时,形成了一个白色参考灰阶,并且 EPD 需要从白色灰阶再次驱动到其他灰阶以形成目标灰阶。所以,如果需要显示一个黑色灰阶则要一个很长的驱动时间。为了提高显示速度,参考灰阶应该接近目标灰阶。因此,白色状态和黑色状态需要共同被用作参考灰阶,而参考灰阶的选择应该取

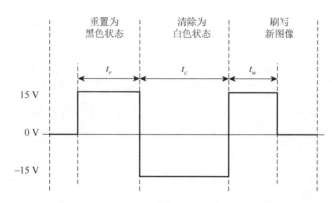

图 2-42　为了减少闪烁次数与驱动时间的驱动波形

决于目标灰阶。例如，如果目标灰阶偏向黑灰色或深灰色时，黑色灰阶应该作为参考灰阶；当目标灰阶偏向白灰色或浅灰色时，白色灰阶应被视为参考灰阶。当然，不能简单地将某一目标灰阶归类，主要还是以从参考灰阶驱动到目标灰阶的驱动时间为准。图 2-43（a）是把白色状态作为参考灰度的驱动波形的例子，而图 2-43（b）则是把黑色状态作为参考灰度的驱动波形例子。

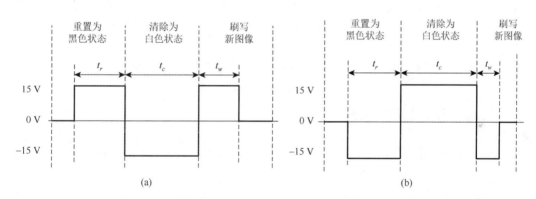

图 2-43　依据目标灰阶进行驱动波形参考灰阶设计的示例：（a）以白色灰阶作为参考灰阶；
（b）以黑色灰阶作为参考灰阶

　　在图中，t_r、t_c 和 t_w 之间的关系继续满足式（2-9），所以这个驱动波形可以达到直流平衡的要求。然而，图 2-41 中的驱动波形只有一个白色参考灰阶，在第三阶段中，如果目标灰阶倾向于黑色灰阶，则需要一个比较长的驱动时间来达到目标灰阶。在基于双参考灰阶的驱动波形中，当目标灰阶倾向于黑色状态时，如果把黑色灰阶作为参考灰阶，则需要的驱动时间要短得多。相较传统的驱动波形，新的驱动波形时间长度要短 12.5%，也比图 2-42 中的驱动波形要少 $\dfrac{1}{6}$，同时较传统的驱动波形减少了一次闪烁。

　　在图 2-44 中，基于双参考灰阶的驱动波形产生的闪烁数量和图 2-42 产生的驱动波形是一样的。然而，传统的驱动波形所产生的闪烁数量则比基于双参考灰阶的驱动波形要多。为了减少驱动的时间，以黑色灰阶和白色灰阶同时作为参考灰阶的驱动波形的最后阶段时间被缩短了一半。所以，在三个驱动波形中，当同时开始驱动电泳电子纸时，基于双参考灰阶的驱动波形的目标灰阶形成时间最早。

在图 2-44 中，以黑色灰阶和白色灰阶同时作为参考灰阶的驱动波形比传统的驱动波形要好，主要表现在以下方面：首先，遵循了直流平衡规则，防止直流残留破坏 EPD；其次，驱动时间得到缩短，提高了图像更新速度；最后，缩减驱动波形驱动过程达到了减少闪烁的目的。

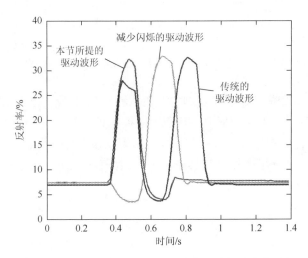

图 2-44　在三种驱动波形下，电泳显示屏灰阶变化过程

2.6.4　粒子激活阶段的高频设计

电泳粒子在外加电压的驱动下进行电泳运动，但其对驱动电压的响应时长是非线性的，并且每一个灰阶的显示没有固定的电压阈值，导致同一个目标灰阶的反射率值不一致，并且在驱动过程中容易形成鬼影，严重影响图像的显示效果。目前，传统的驱动波形包括三个阶段，在第二阶段，电泳显示器需要多次在白色状态和黑色状态之间不断刷新来消除鬼影图像，但这种方法产生了闪烁并延长了驱动时间。在传统的驱动波形设计过程中，先写入黑色灰阶，然后写入白色灰阶，这个过程对减少鬼影图像略有帮助，但这个过程中所产生的闪烁感非常强烈，显示效果不是很好。所以，为了解决此问题，很多人也提出了一些解决方法。有学者研究了电泳悬浮液黏度的性质、表征装置的响应延迟，并提出了一种新的驱动波形设计方法，虽然减少了重影和闪烁的现象，但是新驱动波形的设计有一定的反应时间的延迟。然而，这种响应延迟也不能轻易地确定时间位置。针对电泳显示屏驱动时的闪烁现象，一个新的基于高频激活的驱动波形被开发出来。

一般来说，当刷新频率很低时，显示屏在黑色和白色之间切换时会产生闪烁。传统的驱动波形的驱动过程如图 2-33 所示，显示过程中两幅图像切换时就会发生闪烁现象。若这种闪烁的频率低于 25 Hz，则会被人眼感知，进而会降低阅读的舒适度。

　　根据上述分析，在驱动波形的第一阶段中，擦除原始图像到一个相对稳定的状态。同时，应尽量减少闪烁的次数。在新的驱动波形中，第一阶段用来擦除原始图像到黑色参考灰阶。在第一阶段中，大多数电泳电子纸的驱动波形为了遵循 DC 平衡的约束条件，在整个驱动波形中的正电压与负电压持续时间需要达到一致。在实际设计中，负向的驱动电压被用来擦除当前图像，其持续时间与驱动原始图像的驱动波形第三阶段的正向电压时间相等。虽然直流平衡原理已被广泛应用在电泳电子纸驱动波形的设计中，但是，由于直流平衡的限制，原始图像不能被完全擦除。目前，主要采取两种方法用来解决这个问题：第一种方法是在擦除原始图像时，可以多次在白色灰阶和黑色灰阶之间刷新，但该方法会延长驱动时间；第二种方法是直接根据原始图像的灰度来擦除原始图像。在新的驱动波形中，驱动波形第一阶段符合灰阶循环的直流平衡规则，同时原始图像被擦除到相同的参考灰阶。在传统的驱动波形中，第二阶段和第三阶段被用来激活电泳粒子，但这种电压方波驱动会产生明显的闪烁。因此，激活粒子阶段必须替换为另一种方法来避免该问题。在新的驱动波形过程中，在第二个阶段，通过使用频率为 25 Hz 的方波来激活粒子，该频率已经超过人眼可分辨的频率，它能有效避免在此阶段产生的闪烁。在实际的电泳显示过程中，由于从白色灰阶变化到其他灰阶所用的时间，要比以黑色灰阶为基准的变化时间更短，所以通常将白色灰阶作为参考灰阶，正电压用来刷写新的图像。因此，在新的驱动波形中，我们必须使用黑色灰阶作为参考灰阶。这是因为在使用白色灰阶作为参考灰阶时，随着频率为 25 Hz 的电压方波的驱动，白色状态可能变黑，同时电泳显示器将失去参考灰阶。

　　新驱动波形的一个例子如图 2-45 所示。第一阶段可以根据原始图像的灰阶来设计。例如，在驱动原始灰阶驱动波形的第三阶段，若使用 120 ms 负电压，则在当前的驱动波形中，第一阶段可以设置时间较长的正电压用以清除原始灰阶，并在第一阶段合适的位置进行直流平衡补偿。由于在第一阶段形成了黑色灰阶，而第二阶段的高频电压转换则会使显示屏在黑色灰阶附近震荡，同时激活电泳粒子，并在第二阶段结束时形成参考灰阶。然而，由于电压频率较高，这个过程不会产生人眼可感知的闪烁。

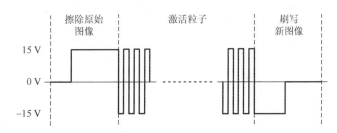

图 2-45　基于改进激活过程的驱动波形

　　在图 2-46 中，通过使用新的驱动波形，显著减少 EPD 的画面转换次数，并且与传统的波形相比，该方法可以有效减少闪烁次数。在驱动波形第一阶段就初步获得了黑色参考灰阶，并且它为准确写入下一个图像提供了一个前提条件。第二阶段用来激活颗粒，通过提高激活粒子的电压频率来避免显示闪烁。此外，黑色参考灰阶未在此过程中发生偏移，激活的电泳粒子比没有激活的粒子更容易且精确地驱动到目标灰阶。

原始图像　　　　　　擦除原始图像　　　　　　刷写新图像

图 2-46　基于改进激活过程的驱动波形的驱动过程

2.6.5　图像擦除与粒子激活的融合

　　图像的擦除在驱动波形设计中不可缺少，其可以有效减弱鬼影强度，提高画面显示质量。但是，在驱动波形设计过程中，需要遵循直流平衡原理，这也意味着驱动波形中擦除阶段与激活阶段必须有两种正、负驱动电压的存在。但是，这两种电压的存在必然意味着电泳显示屏的画面切换，也就不可以避免地产生了十分明显的闪烁现象。可以采用一种基于直流平衡的驱动波形，将图像擦除阶段与粒子激活过程进行融合，该波形可以有效减少闪烁现象，且缩短驱动波形的时间长度。其整个驱动过程由三个阶段组成，分别是：重置为黑色状态（擦除原始灰阶），清除为白色状态，刷写新灰阶。前两个阶段均可用于激活电泳粒子，并且通过第二阶段便可获得准确的白色参考灰阶。最后，新图像的灰阶写入就可以依据参考灰阶进行写入。

　　在传统的驱动波形中，其激活粒子阶段是使用了一个占空比为 50% 的方波，所以施加正电压和负电压的时间是相等的，这一阶段不会导致直流残留。因此，另两个可能导致直流不平衡的阶段必须解决直流平衡的问题。如图 2-47 所示，帧速率是 50 帧/s 时，单位时间为 $\frac{1}{50} \times 1000 = 20\,\mathrm{ms}$，所以三个阶段的时长都必须为 20 ms 的整数倍，当式（2-10）成立时可以满足直流平衡原理，其中 t_w 表示写入新图像的时间。

$$t_e = t_w \tag{2-10}$$

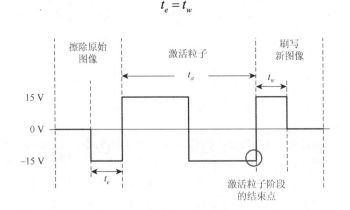

图 2-47　传统驱动波形示例

在图 2-48 中，参考灰阶一般在第二阶段的结束点获得，在实际应用中，如果要更准确地写入下一个灰阶，则需要一个非常稳定的参考灰阶。然而在驱动过程中，第二阶段的驱动过程需要重复多次才能形成稳定的参考灰阶，而此方法会延长驱动波形的持续时间。于是，必须设计一种折中方案来提高驱动波形的参考灰阶的稳定性。有学者提出了只具有一个周期的粒子激活过程的驱动波形。该驱动波形中随着电压值发生变化，屏幕闪烁现象也会随之产生，所以必须减少电压变化的次数以减少闪烁；也可以重新设计传统驱动波形的初始阶段，以重置像素为黑色灰阶作为第一阶段，然后将其清除为白色状态，以获得参考灰阶，最后在第三阶段写入新的图像。所提出的驱动波形如图 2-48 所示。

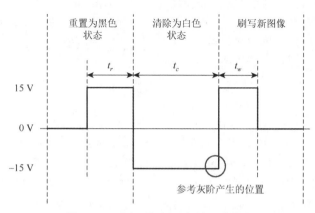

图 2-48　减少了闪烁现象的驱动波形

在图 2-48 中，驱动波形遵守了直流平衡的原理，同时，满足：

$$t_w + t_r = t_c \tag{2-11}$$

其中，t_w 表示写入新图像的持续时间。在整个驱动波形中，施加正电压和负电压的时长是一样的，所以采用该驱动波形设计可实现直流平衡。如图 2-48 所示，粒子的激活时间被缩短，驱动时间内闪烁的次数也减少。图 2-49 中，在驱动波形的作用下，EPD 电泳显示

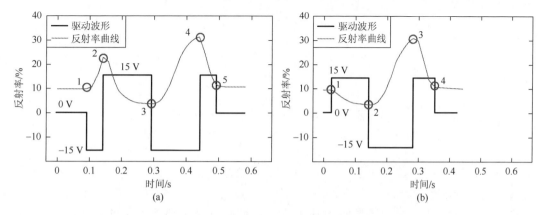

图 2-49　在驱动波形作用下，电泳显示屏的闪烁过程：（a）传统驱动波形及电泳显示屏反射率变化过程；（b）减少闪烁现象的驱动波形及电泳显示屏反射率变化过程

屏的反射率变化仍会导致闪烁现象，且闪烁发生在反射率变化曲线的两个拐点之间。传统驱动波形的反射率变化曲线有 5 个拐点，因此这个过程会产生 4 次闪烁现象。而新设计的驱动波形，其驱动过程中的反射率变化曲线只有 4 个拐点，所产生的闪烁现象要少于传统驱动波形，获得了更好的显示效果。

但是，该方法也存在一些不足之处。例如，EPD 电泳显示屏需要从黑色状态改变为白色状态时，必须在整个第一阶段施加正电压，第二阶段施加负电压，并把第三阶段的驱动电压设为零。这样会导致 EPD 显示屏在第一阶段结束时变得过黑，因为驱动原图像波形的第三阶段和新图像驱动波形的第一阶段都施加了正电压，且所加正电压的时间过长。于是，EPD 显示屏可能无法到达白色参考灰阶状态。所以，如果需要得到更准确的灰阶显示效果，驱动波形的性能必须加以改善。

因此，在重置为黑色灰阶的第一阶段中，通过施加正电压来驱动两种电泳粒子，并且施加电压的时间长短取决于原始图像。例如，驱动波形用来写入原图像的第三阶段时长表示为 t'_w，用来写入新图像的第一阶段表示为 t_r，两者需满足：

$$t'_w + t_r = t_c \tag{2-12}$$

其中，t_c 表示驱动波形第二阶段的时间。在这种驱动模式下，可在灰阶转化循环内实现直流平衡。如图 2-50 所示，B 表示黑色灰阶，DG 表示深灰色灰阶，LG 表示浅灰色灰阶，W 表示白色灰阶，当 EPD 显示屏的灰阶状态分别从 B、DG、LG、W 变化到 LG 时，从图 2-50 中可以看出，在这种驱动波形的作用下，作为参考灰阶的白色灰阶的稳定性，要优于采用传统直流平衡驱动波形的方案。

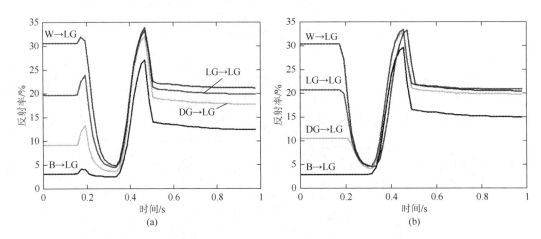

图 2-50　电泳显示屏从不同灰阶显示变化到浅灰色灰阶时，反射率和时间的关系：
（a）传统的直流平衡驱动波形；（b）优化的驱动波形

在驱动 EPD 电泳显示屏的过程中，响应延迟会导致不良的显示效果。如图 2-50（b）所示，由于响应延迟造成了最终显示的灰阶值不同。例如，当从白色灰阶变化到白色灰阶时，粒子需要一个激活过程，且在这个过程中还会出现黑色的中间状态。然而，当从黑色状态驱动到白色状态时，粒子的活性却不是很高。为了消除响应延迟带来的不良影响，可以通过延长驱动波形的第二阶段，来获得更准确的白色参考灰阶，然后在驱动波形的第一阶段和第三阶段，施加正电压以实现直流平衡。所述驱动波形如图 2-51 所示。

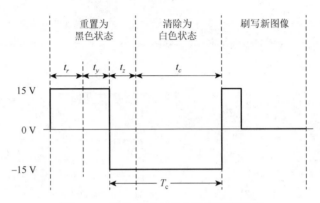

图 2-51　获取准确参考灰阶的驱动波形

图 2-51 中，对比图 2-48，t_r 在两种驱动波形的作用下生成相同目标灰阶的驱动波形保持一致，T_c 表示获得参考灰阶所用的时间，其计算式为式（2-13），t_c 表示清除为白色状态所用驱动时间，t_y 和 t_z 的关系如式（2-14）所示。

$$T_c = t_c + t_z \tag{2-13}$$

$$t_y = t_z \tag{2-14}$$

在式（2-14）中，施加正电压和负电压的持续时间相等，其对直流平衡没有影响，于是通过该方法可获得准确的灰阶参考点。在图 2-52 中，目标灰阶的反射率值分布比图 2-49 更加集中，形成了较为统一的参考灰阶。

从图 2-53 中可以看出，在新的驱动波形作用下，EPD 显示屏的状态改变次数和闪烁现象都减少。且在驱动过程中，鬼影也逐渐消失，得到了更清晰的显示效果。在图 2-53（b）中，获得了更准确的白色参考灰阶，并保证了下一张新图像的准确写

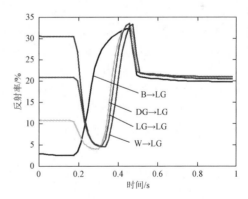

图 2-52　新型驱动波形作用下，电泳显示屏从四级灰阶变化到浅灰色灰阶对应的反射率曲线

入。相较于传统驱动波形，新提出的驱动波形要少一个驱动阶段，因此其驱动时长比传统的驱动时间缩短了 25%。更重要的是，整个驱动波形都完全符合直流平衡规则，这样就避免了由于静电积聚损坏 EPD 显示屏。同时，此驱动方案的阐述说明都是以四级灰阶为示例，其波形的设计方法同样适用于多级灰阶的驱动波形设计。

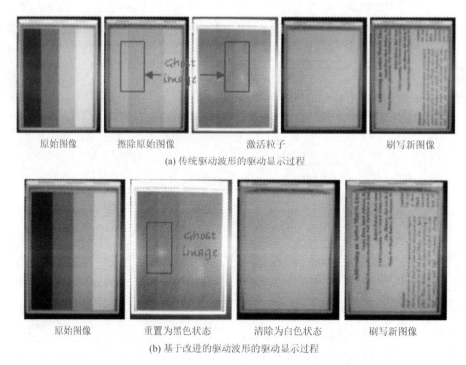

原始图像　　　　擦除原始图像　　　　激活粒子　　　　　刷写新图像

(a) 传统驱动波形的驱动显示过程

原始图像　　　重置为黑色状态　　　清除为白色状态　　　刷写新图像

(b) 基于改进的驱动波形的驱动显示过程

图 2-53　驱动波形作用下的电泳电子纸画面切换过程

综上所述，在电泳显示器中，微胶囊系统的粒子对于驱动电压的响应时间较慢，驱动波形在三种驱动电压之间的切换频率较低，这种电压的切换引起了屏幕的亮度变化，继而被人眼感知。为了提高阅读舒适度，减弱人眼能够感知的闪烁强度，并减少闪烁次数。本节提出的基于 0 V 电压缓冲的闪烁弱化设计，可以有效减弱画面切换过程中闪烁强度。而基于阶段融合的驱动波形设计及基于双参考灰阶的驱动波形设计，则可以有效减少 1 次闪烁，基于高频激活过程的驱动波形则可以提高闪烁的频率，进而"欺骗"人眼。在驱动波形的开发中，需要将这些削弱闪烁的设计方法结合使用，方能实现最佳设计。

然而，闪烁与鬼影是电泳显示屏中的一对矛盾。鬼影的彻底清除需要在黑色灰阶与白色灰阶之间不断刷新数次，才能得以完成。而这个刷白、刷黑的过程却正是产生闪烁的主要因素。在灰阶图像显示的驱动波形设计中，必须要对二者进行充分的考虑，甚至是基于不同的应用场景，分别进行不同驱动波形设计，让电子纸控制器进行有选择的驱动显示。

2.7　鬼影的形成原理与优化设计方案

2.7.1　鬼影的概念及其形成因素

鬼影普遍存在于各种显示中，严重影响显示器的图像质量。在不同显示技术中，鬼影的形成原因也不尽一致。但是，归结起来，主要是因为原始图像没有被完全清除并存留在显示器中。目前，对于显示器中鬼影的技术处理，人们一直在不断探索，在 LCD、OLED等主动发光显示器中，鬼影现象已经得到很好的解决，而电泳电子纸的鬼影消除手段，还在不断探索之中。

在电泳电子纸驱动过程中，任何一个灰阶的显示，均没有一个固定的阈值电压，在应用中，在黑色灰阶或白色灰阶二者中选择一个作为参考灰阶。电子纸在写入新灰阶之前，必须先将电子纸刷新到参考灰阶，但此时的参考灰阶反射率值可能会出现一定程度的波动，引起原因是多方面的：驱动电压的不稳定，粒子由于放置时间的不同造成驱动性能的不同，驱动波形不同所造成的粒子活性的不同，等等。由于参考灰阶存在一定的差异，则在相同刷写新灰阶的阶段，就会出现同一目的灰阶反射率不同的现象。另外，即使形成了同一反射率的参考灰阶，由于驱动波形第一阶段与第二阶段的形态不同，造成了粒子活性的差异，在形成新灰阶的阶段中，一样的驱动波形形态，也会得到反射率不一致的同一级目的灰阶。

在传统的电子纸驱动波形中，为了达到直流平衡，第一阶段的擦除图像时间长度与第三阶段刷写新灰阶的时间长度是一致的，满足式（2-15）。例如，若刷写新灰阶需要 40 ms的正电压，则第一阶段负电压的时间长度比正电压要长 40 ms。然而，在这种情况下，原始图像不能被有效擦除，这样就不能得到一个反射率一致的白色状态。在经过一个粒子激活过程后，由于驱动时间的限制，反射率值同一的参考灰阶便不会形成。传统的驱动波形的一个例子如图 2-54 所示，在图中，最小时间单位为 $\frac{1}{50} \times 1000 = 20$ ms，帧速率为 50 帧/s，驱动波形的电压设置为 –15 V、0 V 或 +15 V。在驱动波形第一阶段的结束，电子纸显示屏应该写成一个统一的白色状态，但实际的情况是，原始图像没有被完全清除，最后在新图像上呈现了鬼影。

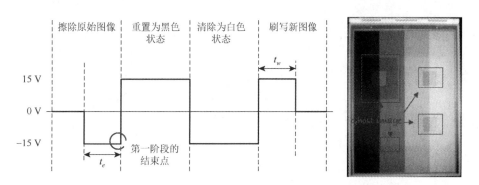

图 2-54　一个传统的电子纸驱动波形图和电泳显示屏中带有鬼影图像的四级灰阶图形

$$t_e = t_w \tag{2-15}$$

在图 2-54 中，电子纸显示了一个四级灰度图像的鬼影。传统的驱动波形下载到控制器的查找表后，驱动过程中原始图像不能被擦除，其未被擦除的图像一直保持到驱动过程结束。

2.7.2　基于改进擦除图像的鬼影减弱方法

在微胶囊系统中，白色粒子和黑色粒子具有不同的质量、尺寸和电荷，这种差异最终会影响电子纸的响应速率。从图 2-55 中可以看出，由于两种不同离子的差异，电子纸从黑色状态转换为白色状态所消耗的时间，要比相反的灰阶转换长得多。一般情况下，选取白色状态作为参考灰阶，相对应地，在一个驱动波形的刷写新灰阶的阶段，则需要施加正电压。进一步地，在刷写下一个新图像时，驱动波形的第一阶段则需要施加负电压来擦除上一幅图像。但是，为了保证直流平衡，则所施加的正电压与在前一次驱动波形的第三阶段所施加的负电压，这两者在时间上是相等的。由于两种粒子驱动性能的差别，造成了相同时间的负电压无法彻底清除原始灰阶。

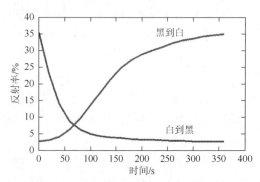

图 2-55　微胶囊中两种粒子的电泳速率对比

依据上述分析，在驱动波形的第一阶段必须要施加时间较长的负电压，才能有效清除原始图像。其驱动波形如图 2-56 所示，在图中，第一阶段可以根据原始图像的灰阶信息进行设计。例如，在往次驱动波形的第四阶段，是由 80 ms 正电压组成，而在此次的驱动波形的第一阶段设计中，为了清除原始图像，此阶段则由 120 ms 负电压设计组成。为方便起见，一个四级灰阶的驱动波形被作为例子来验证新的驱动波形的性能。其中，B 表示黑色灰阶，DG 表示深灰色灰阶，LG 表示浅灰色灰阶，W 表示白色灰阶。

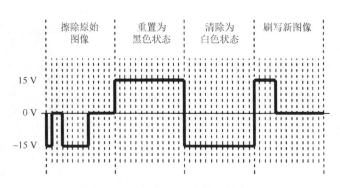

图 2-56　基于补偿擦除的驱动波形

为了验证新的驱动波形的性能，一组基于传统的驱动波形与一组基于补偿擦除的驱动波形分别被用来比较其显示性能，图 2-57（a）为在传统的驱动波形的驱动下，屏幕的反射率变化曲线，图 2-57（b）为改进后的驱动波形的驱动效果。从图中可以看出，由传统的驱动波形驱动后，所形成的同一目的灰阶的反射率值非常分散，这样的驱动波形会形成严重的鬼影现象，影响电子纸的显示效果。而改进后的驱动波形，其驱动形成的同一目标灰阶的反射率值相对集中，则可以很好地减弱鬼影图像。

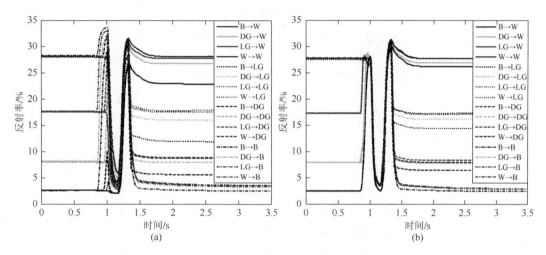

图 2-57　在驱动波形的驱动下，电泳显示屏的反射率变化及驱动结果：（a）传统驱动波形所得到的目标灰阶；（b）基于补偿擦除的驱动波形所得到的目标灰阶（后附彩图）

2.7.3　基于改进参考灰阶一致性的鬼影减弱方法

一般来说，一个驱动波形应有效地删除原始图像，并能够快速刷写新图像。同时，必须遵守直流平衡规则，否则引起的直流残留将可能损害电子纸显示器。在驱动波形中，基于灰阶循环平衡的直流平衡依据式（2-16）得以建立。在式（2-16）中，t'_w 是在前一次灰阶显示中，驱动波形第三阶段正电压的时间长度。t_e 是驱动波形第一阶段驱动电子纸此次灰阶显示的负电压的持续时间。

$$t_e = t'_w \qquad (2\text{-}16)$$

在图 2-58 中，t_e 与 t_w 必须依据不同灰阶之间的转换而不断进行形态的改变。但是，在粒子激活阶段中，清除到白色灰阶所形成的白色参考灰阶，在亮度数值上必须要达到一致。基于式（2-17），可以设计一组四级灰阶的驱动波形。

如图 2-59 所示，利用商业化的 Eink 显示屏验证驱动效果。在图中，B 表示黑色灰阶，DG 表示深灰色灰阶，LG 表示浅灰色灰阶，W 表示白色灰阶。纵轴是亮度的单位，从图中可以看出，在这种驱动波形的作用下，同一个目标灰阶的亮度不能达到相同的值。所以，一个鬼影便在驱动波形结束时产生。根据 CIELAB 标准，亮度和反射率之间的关系，可以根据式（2-17）计算。

$$L^* = 116(R/R_0)^{1/3} - 16 \qquad (2\text{-}17)$$

式中，R 为样本的反射率；R_0 为 100%的反射率参考标准；L^* 为一个亮度的基本单位。

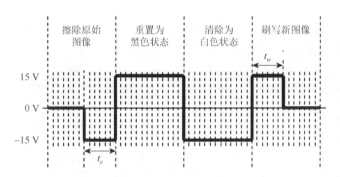

图 2-58　基于灰阶循环平衡的驱动波形示例

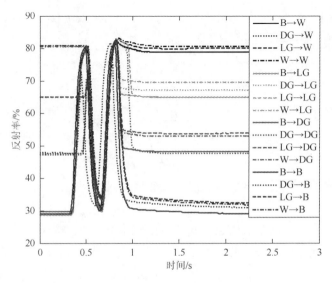

图 2-59　基于灰阶循环 DC 平衡方式的驱动波形的驱动效果（后附彩图）

在微胶囊系统中，电泳颗粒可能受到的各种力，例如：电荷控制剂的黏滞阻力、颗粒间的碰撞、粒子间的库仑力等。电场力必须克服其他阻力驱动粒子运动，当粒子所受阻力大于电场力时，粒子会降低速度或再次向相反的方向运动。

在驱动波形第三阶段结束时，当驱动电压撤销后，所形成的白色参考灰阶的反射率会降低。具体原因是微胶囊中部分白色粒子由于受到公共电极的弹力，当驱动白色粒子的负电压突然撤销时，白色粒子向像素电极的方向运动。然后，黑色粒子就填充了白色粒子所留下的间隙。最后，电子纸的反射率就会随之降低。在除去电压后，反射率值与时间的关系可以用双曲线拟合。双曲线拟合形式如式（2-18）所示。在式（2-18）中，p_0 与 p_1 是双曲线系数。

$$y = \frac{p_1}{x} + p_0 \tag{2-18}$$

图 2-60 为撤销驱动电压后电子纸参考灰阶的反射率的变化情况，其可以用双曲线进行良好的拟合。这种参考灰阶反射率的变化是提供参考灰阶校正的一种有效途径。此外，校正的量级可以通过拟合曲线进行计算，并形成精确的参考灰阶。在一个驱动

波形参考灰阶的形成过程中，当原始灰阶的反射率值较高时，驱动波形的参考灰阶反射率值也会较高，所以，在参考灰阶形成后，需要有一定的等待时间，用以形成一致的参考灰度值。另外，这种等待时间可以由拟合曲线来精确计算。

根据以上的分析，在白色参考灰阶形成后，需要设计一定长度的等待时间，这个等待时间由原始图像的灰阶所决定，并可以由拟合双曲线计算。新设计的驱动波形如图 2-61 所示。在图中，等待时间 t_x 的驱动电压为 0 V。因此，这一阶段对于驱动波形的直流平衡没有影响。

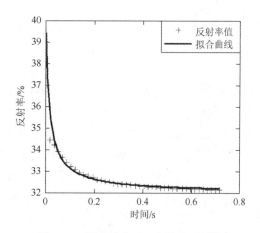

图 2-60 驱动结束后，电泳显示屏的反射率变化与时间的关系

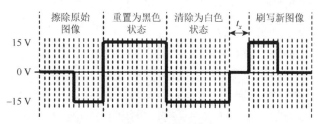

图 2-61 基于参考灰阶校正的驱动波形

在实际的波形设计中，第一阶段和第三阶段可能不完全由正电压和负电压填充，往往还会有一定时间长度的 0 V 电压。因此，t_x 的设计应充分利用波形中其余阶段的 0 V 电压驱动时间，而不应延长整个驱动波形。在实际操作过程中，t_x 的设计一般不影响显示屏驱动时间，图 2-62 为新型驱动波形的驱动效果。基于商业化的 Eink 显示屏，目标灰度的亮度聚合在一起，其性能优于传统的驱动波形。

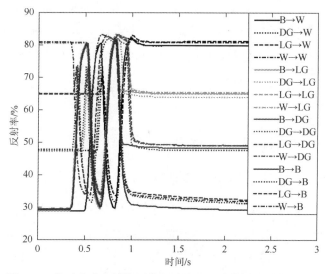

图 2-62 基于参考灰阶校正的驱动波形驱动效果（后附彩图）

　　任何一种显示技术都会以实现清晰显示作为追求目标，电泳显示技术也不例外。但是，鬼影图像的存在，严重影响了电泳显示器的显示质量。所以，对于鬼影图像的清除，是衡量一个驱动波形性能的重要指标。本节主要叙述了基于清除原始图像与基于实现精确参考灰阶的鬼影消除方法。这两种方法对于实现鬼影图像的减弱均有良好的效果，将两者结合起来，可以得到更佳的显示质量。然而，距离完全清除鬼影，还有一定的距离。截至目前，驱动波形一般是以在黑色灰阶与白色灰阶之间不断刷新数次，用以消除鬼影图像。但是，这种驱动方式延长电泳显示器的响应时间达数倍之久，严重影响阅读体验。在一些特定的应用场景，若需要实现完全的鬼影消除，仍然需要在黑色灰阶与白色灰阶之间刷新数次。在一般的电子书阅读器应用中，本节讨论的两种驱动波形鬼影消除方法足以应付鬼影的影响，在不延长驱动时间的基础上，达到减弱鬼影图像的目的，实现了较为清晰的显示。

2.8　短时驱动波形

　　电泳显示技术正在普遍地用于电子书阅读器等信息可视化界面，相较于传统液晶显示技术，电泳显示屏具有双稳态、低耗电、广视角的优点，并且克服了液晶显示在强光下看不清屏幕的劣势，环境适用范围更广。但是电泳显示技术刷新速度的限制，市场上的电泳显示阅读器还不能实现视频流畅播放。目前，传统的驱动波形响应时间约为 500 ms，帧速率只有 2 帧/s，完全不能够满足视频播放的需要。在电泳电子纸的视频播放中，一些特定的内容并不需要非常清晰的显示，同时，不断刷新的显示内容将粒子的活性保持在最佳状态，鬼影对于视频播放的影响也将减弱。胶囊中的电泳粒子在 TFT 背板驱动电压的作用下运动，通过驱动波形来显示不同灰阶。为了达到视频播放时的刷新速度，驱动波形需要是短时驱动波形。相较于传统驱动波形，从原理上来说，短时驱动波形减少了黑白灰阶之间的粒子运动路径，从而缩短视频帧之间的刷新时间。

　　电子纸的显示不能只有黑色或白色，应该具有一定的灰度才能显示出清晰的图像，通过前述的电子纸的微胶囊结构或微杯结构可知，电子纸显示的灰阶是通过下面的方式实现的，即电泳粒子在极板的聚集及电泳粒子相对极板的距离，其本质是带电粒子在电解液中的位置的相对移动。

　　假设带电粒子在均匀的电场中，E 为电场强度，q 为粒子所带电荷量，则有

$$F = Eq \tag{2-19}$$

　　另外，带电粒子在运动过程受到的阻力服从斯托克斯（Stokes）公式，即

$$F = 6\pi r\eta v \tag{2-20}$$

式中，r 为粒子半径，v 为粒子的速度。根据粒子运动方程可得

$$m\frac{\mathrm{d}v}{\mathrm{d}t} = Eq - 6\pi r\eta v \tag{2-21}$$

　　由 Stokes 定律公式可知，Stokes 力随着粒子速度的增加而增大，当作用时间足够长时，速度达到最大值，粒子加速度为 0，其所受合外力为 0，即粒子速度达到最大值时，Stokes 力与库仑力平衡，即

$$Eq = 6\pi r\eta v \tag{2-22}$$

由此可知，通过改变极板间的电压大小，即可改变电场强度 E，由此控制粒子的电泳速率。通过改变电压时间，就可以控制电泳粒子的空间位置，从而得到视觉上的不同灰阶等级。

从上面的讨论可知，电子纸的图像刷新时间即电子纸的响应时间，实质上是带电粒子在极板间的运动时间。当电子纸从当前的画面更新到新的画面时，如果图像的灰阶变化大，则代表了粒子的运动时间越长。在实际的显示过程中，很多的像素点仅需要较近或相邻灰阶之间的变化，不需要带电粒子从一个极板漂移到另外一个极板，但是一幅画面的刷新必须是所有的像素点（带电粒子）完成运动，这就包括了从一个极板漂移到另外一个极板的像素点。因此，电子纸的响应时间是以带电粒子漂移所需的最长时间来计算。由于电子纸的响应时间取决于最长的灰阶转换过程，如果我们对输入电子纸的图像进行预处理，将所有从一个极板运动到另外一个极板的像素点进行处理，通过缩短这一时间，从而缩短电泳显示屏的响应时间。

快速响应是显示屏性能的一个重要指标，电泳显示屏的快速响应需要依托驱动波形的设计。一种新的短时驱动波形方案被设计出来，其不适用传统的白色灰阶作为参考灰阶，而是采用黑色灰阶作为参考灰阶。与传统的驱动波形包括四个阶段不同，这种短时驱动方案包括两个阶段：复位到黑色灰阶，写入新的图片。在第一个阶段，需要尽可能地激活粒子，并使显示屏保持黑色灰阶，将这里的黑色灰阶作为参考灰阶；第二阶段，调节正电压和负电压的时长得到不同的灰阶。同时，驱动波形方案需满足直流平衡（DC 平衡）。例如，图 2-63 是一种短时驱动波形方案。

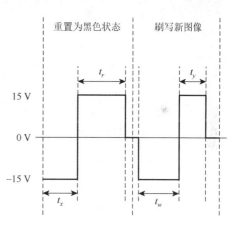

图 2-63 一种短时驱动波形方案

在图 2-63 中，t_w' 代表刷新上一幅图像时需要的负电压时间，t_y' 代表刷新上一幅图像时需要的正电压时间，t_x 代表在刷新新图像时，驱动波形在第一个阶段中负电压的时长，t_r 代表了正电压的时长，若这 4 个时长满足式（2-23），则 DC 平衡。

$$t_w' - t_y' = t_r - t_x \tag{2-23}$$

事实上，在所提出的短时驱动波形的第一个阶段，由于时间的限制，黑色粒子和白色粒子并没有被彻底地激活，因此，第一阶段所得到的黑色灰阶并不是电泳电子纸可以显示的完全的黑色灰阶，而是接近黑色的一个中间灰阶。为方便起见，我们用 B 代表黑色灰阶，DG 代表深灰，LG 代表浅灰，W 代表白色灰阶。图 2-64 更加详细地显示了驱动波形的驱动过程。若上一灰阶为 LG，t_1 和 t_2 分别是占空比为 50%的方波，因此对驱动波形的 DC 平衡没有影响。t_3 是为了达到 DC 平衡并且得到黑色灰阶。在这个驱动方案的第一个阶段，可以得到黑色灰阶作为参考灰阶。但是，若上一灰阶是 W，那么在第一阶段中，t_1 和

t_2 的时间不足以激活粒子,因此,在这一阶段后不能得到理想的黑色灰阶。在这种情况下,需要延长第一阶段的时间,增加正电压的时间以达到标准黑色灰阶,并将其作为参考灰阶。第一阶段延长的这段时间可以适当延伸第二阶段,或者将整体驱动波形延长一段可控的时间长度。

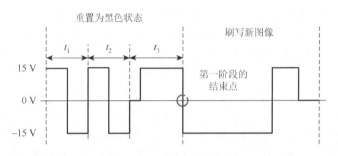

图 2-64　短时驱动波形的细节构成

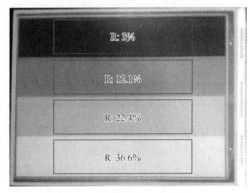

图 2-65　短时驱动波形的显示效果

通过这种短时驱动波形的方法,可以设计一组四阶图像驱动波形,并将这组波形方案下载到控制器波形查找表中,记录电子纸每个灰阶的反射率。如图 2-65 所示,测试结果显示 4 种灰阶的反射率分别是 3%、12.1%、22.4%、36.6%,很明显,这 4 种灰阶的反射率不成线性。根据伽马校正原理,当亮度高时,人眼对反射率变化不敏感,亮度越低,人眼对反射率变化越敏感。因此,这样的反射率对于人眼阅读来说,是可以接受的。

随着计算机、互联网的飞速发展,人们已经步入了巨量信息的数字化时代,尽管依托平板显示的网上阅读拥有快捷、信息量大等优点,但其仍存在长时间阅读易致眼睛疲劳等明显缺陷。电泳电子纸,正是在这样的环境下应运而生,它结合了平板显示和传统纸的优点,旨在给人们的阅读提供一个更为舒适的方式。其中无需背光、反射式的电泳电子纸显示技术以其显示时几乎无耗电的特色,成为这几年来显示技术的重要发展方向。

电泳显示屏所需要的微胶囊系统较易制作,用于黑色灰阶显示的炭黑与白色灰阶显示的二氧化钛均较容易合成,具有彩色显示的微胶囊系统也得到了快速发展。基于 TFT 的驱动背板可以与目前的主流显示装备相融合,为电泳电子纸的批量化生产提供了基础。虽然电子纸还未达到液晶显示屏的彩色标准,但是仍具有非常好的可读性。与传统纸张进行比较,目前商业电子纸的可读性可以与传统纸张相媲美。

电子纸驱动波形技术作为电子纸显示器的核心技术,直接影响电子纸显示器的品质。一个典型的驱动波形包含三个阶段:擦除原始图像、激活显示粒子、刷写新图像。这个过程经历时间长达数百毫秒甚至达到一秒钟,同时电泳粒子的运动导致显示器出现闪烁,严重影响了视觉感受。通过对驱动波形进行重新设计，可以缩短驱动波形的长度，提高电子纸的画面更新速度，减弱画面更新时的闪烁感。

新型显示技术及相关产业的产品占到信息产业总产值的三成以上，成为电子信息产业的基础支撑产业之一，同时成为新的国民经济增长点，其发展快慢、技术水平的高低，将直接影响整个电子信息制造业的发展，在国家经济中具有基础性和战略性的地位。作为新型平板显示技术，电泳显示屏同时具备纸张和电子器件特性，既符合人们的视觉习惯，又可彩色化、数字化控制和规格多样化，具备超低耗能、阅读视角广、类纸显示等一系列优点，卓越的阅读舒适感使其成为阅读显示器等平板显示的不二选择。因此，掌握电泳电子纸驱动的核心理论与技术对于推动我国电子纸平板显示产业的发展具有十分重要的意义。

参 考 文 献

[1]　YU D G，AN J H. Titanium dioxide core/polymer shell hybrid composite particles prepared by two-step dispersion polymerization[J]. Colloid Surface A，2004，237（1-3）：87-93.

[2]　PARK B J，SUNG J H，KIM K S，et al. Preparation and characterization of poly（methyl methacrylate）coated TiO_2 nanoparticles[J]. J. Macromol. Sci. Phys.，2006，B45（1）：53-60.

[3]　CHO S H，KWON Y R，KIM S K，et al. Electrophoretic display of surface modified TiO_2 driven by poly（3,4-ethylenedioxythiophene）electrode[J]. Polym Bull，2007，59（3）：331-337.

[4]　ZHANG K，CHEN H T，CHEN X，et al. Monodisperse silica-polymer core-shell microspheres via surface grafting and emulsion polymerization[J]. Macromol Mater. Eng.，2003，288（4）：380-385.

[5]　WERTS M P L，BADILA M，BROCHON C，et al. Titanium dioxide-polymer core-shell particles dispersions as electronic inks for electrophoretic displays[J]. Chem. Mater.，2008，20（4）：1292-1298.

[6]　YANG C L，YANG C Y. Preparation of TiO_2 particles and surface silanization modification for electronic ink[J]. J. Mater. Sci.-Mater. El，2014，25（8）：3285-3289.

[7]　PARK J H，LEE M A，PARK B J，et al. Preparation and electrophoretic response of poly（methyl methacrylate-co-methacrylic acid）coated TiO_2 nanoparticles for electronic paper application[J]. Curr. Appl. Phys. 2007，7（4）：349-351.

[8]　COMISKEY B，ALBERT J D，YOSHIZAWA H，et al. An electrophoretic ink for all-printed reflective electronic displays[J]. Nature，1998，394（6690）：253-255.

[9]　YIN P P，WU G，CHEN H Z，et al. Preparation and characterization of carbon black/acrylic copolymer hybrid particles for dual particle electrophoretic display[J]. Synthetic Met.，2011，161（15-16）：1456-1462.

[10]　LEE K U，PARK K J，KWON O J，et al. Carbon sphere as a black pigment for an electronic paper[J]. Curr. Appl. Phys.，2013，13（2）：419-424.

[11]　MENG X W，WEN T，SUN S W，et al. Synthesis and application of carbon-iron oxide microspheres' black pigments in electrophoretic displays[J]. Nanoscale Res. Lett. 2010，5（10）：1664-1668.

[12]　ESHKALAK S K，KHATIBZADEH M，KOWSARI E，et al. New functionalizaed graphene oxide based on a cobalt complex for black electrophoretic ink applications[J]. J. Mater. Chem. C，2018，6（32）：8726-8732.

[13]　PULLEN A E，WHITESIDES T H，HONEYMAN C H，et al. Electrophoretic particles，and processes for the production thereof（US Pat.：7247379B2）[P]. 2007-07-24.

[14]　WEN T，MENG X W，LI Z Y，et al. Pigment-based tricolor ink particles via mini-emulsion polymerization for chromatic electrophoretic displays[J]. J. Mater. Chem.，2010，20（37）：8112-8117.

[15]　BADILA M，HEBRAUD A，BROCHON C，et al. Design of colored multilayered electrophoretic particles for electronic inks[J]. Acs Appl. Mater. Inter.，2011，3（9）：3602-3610.

[16]　YIN P P，WU G，QIN W L，et al. CYM and RGB colored electronic inks based on silica-coated organic pigments for full-color electrophoretic displays[J]. J. Mater. Chem. C，2013，1（4）：843-849.

[17]　MENG X W，TANG F Q，PENG B，et al. Monodisperse hollow tricolor pigment particles for electronic paper[J]. Nanoscale Res. Lett.，2010，5（1）：174-179.

[18]　QIAO R，ZHANG X L，QIU R，et al. Synthesis of functional microcapsules by in situ polymerization for electrophoretic image display elements[J]. Colloid Surface A，2008，313：347-350.

[19]　HOU X Y，BIAN S G，CHEN J F，et al. High charged red pigment nanoparticles for electrophoretic displays[J]. Opt. Mater.，2012，35（2）：201-204.

[20]　GUO H L，ZHAO X P，WANG J P. Synthesis of functional microcapsules containing suspensions responsive to electric fields[J]. J. Colloid Interf. Sci.，2005，284（2）：646-651.

[21]　KIM J Y，OH J Y，SUH K S. Voltage switchable surface-modified carbon black nanoparticles for dual-particle electrophoretic displays[J]. Carbon 2014，66，361-368.

[22]　ZHANG Y P，ZHEN B，AL-SHUJA'A S A S，et al. Fast-response and monodisperse silica nanoparticles modified with ionic liquid towards electrophoretic displays[J]. Dyes Pigments 2018，148，270-275.

[23]　FANG K J，REN B. A facile method for preparing colored nanospheres of poly（styrene-co-acrylic acid）[J]. Dyes Pigments 2014，100，50-56.

[24]　GUO H L，ZHAO X P. Preparation of a kind of red encapsulated electrophoretic ink[J]. Opt. Mater. 2004，26（3）：297-300.

[25]　WANG J P，ZHAO X P，GUO H L，et al. Preparation and response behavior of blue electronic ink microcapsules[J]. Opt. Mater.，2008，30（8）：1268-1272.

[26]　OH S W，KIM C W，CHA H J，et al. Encapsulated-dye all-organic charged colored ink nanoparticles for electrophoretic image display[J]. Adv. Mater.，2009，21（48）：4987-4991.

[27]　QIN W L，WU G，YIN P P，et al. Partially crosslinked P（SMA-DMA-St）copolymer in situ modified RGB tricolor pigment particles for chromatic electrophoretic display[J]. J. Appl. Polym. Sci.，2013，130（1）：645-653.

[28]　SUN C，FENG Y Q，ZHANG B，et al. Preparation and application of microcapsule-encapsulated color electrophortic fluid in Isopar M system for electrophoretic display[J]. Opt. Mater.，2013，35（7）：1410-1417.

[29]　ZAMANI M，PRABHAKARAN M P，RAMAKRISHNA S. Advances in drug delivery via electrospun and electrosprayed nanomaterials[J]. Int. J. Nanomed.，2013，8：2997-3017.

[30]　LIU X M，HE J，LIU S Y，et al. A novel method for the preparation of electrophoretic display microcapsules[J]. Mater. Sci. Eng. B-Adv，2014，185：94-98.

[31]　MARTYNOVA L，LOCASCIO L E，GAITAN M，et al. Fabrication of plastic microfluid channels by imprinting methods[J]. Anal. Chem.，1997，69（23）：4783-4789.

[32]　WU H K，ODOM T W，CHIU D T，et al. Fabrication of complex three-dimensional microchannel systems in PDMS[J]. J. Am. Chem. Soc.，2003，125（2）：554-559.

[33]　LEE J K，LIM Y S，PARK C H，et al. a-Si:H Thin-film transistor-driven flexible color E-paper display on flexible substrates[J]. Ieee Electr. Device L，2010，31（8）：833-835.

[34]　RYU G-S，LEE M W，SONG C K. Printed flexible OTFT backplane for electrophoretic displays[J]. J. Inf. Display，2011，12（4）：213-217.

[35]　YONEYA N，ONO H，ISHII Y，et al. Flexible electrophoretic display driven by solution-processed organic thin-film transistors[J]. J. Soc. Inf. Display，2012，20（3）：143-147.

[36]　SOUK J H，LEE W. A practical approach to processing flexible displays[J]. J. Soc. Inf. Display，2010，18（4）：258-265.

第 3 章　电润湿显示技术

电润湿是指通过调整施加在液体-固体电极之间的电势，来改变液体和固体之间的表面张力，从而改变两者之间的接触角，使液滴发生形变、位移的现象。它是一种微流体现象，采用电润湿原理实现显示的技术就是电润湿显示（electrowetting display，EWD；electrofluidic displays，EFD）技术。

电润湿电子纸显示是基于快速响应微流体操控技术的新型反射式"类纸"显示技术，拥有已商业化的电泳电子纸显示产品低能耗、视觉健康、可柔性等优点的同时，突破"彩色"和"视频播放"两项当前束缚电子纸显示技术应用领域的瓶颈，为我国军用和民用市场提供全天候"绿色"显示技术，具有千亿规模的直接市场和巨大产业辐射力。

3.1　电润湿显示技术研究历史与进展

电润湿显示的概念最早由 G. Beni[1, 2]等于 1981 年提出，其核心思想是利用电润湿效应操纵液体在像素结构中的运动，从而改变像素结构内的光学空间相干性，实现白色或透明切换的光学显示效果。

电润湿的基础是电毛细管学，由法国科学家 G. Lippmann 于 1875 年首先发现，并提出了著名的 Young-Lippamann 方程[3]。1993 年，Berge 提出基于介电层的电润湿，成为近代电润湿应用器件的基础[4]。2003 年，飞利浦公司的研究员 R. A. Hayes 在 *Nature* 上发表了"Video-speed electronic paper based on electrowetting"一文[5]，正式开启了电润湿电子纸显示技术研究的篇章。

在全球范围内，荷兰飞利浦研究院、荷兰特文特大学、美国辛辛那提大学、加州大学洛杉矶分校、中国台湾工研院等知名研发机构较早地投入到 EWD 基础科学研究，在基础理论、器件设计与制备工艺等方面取得了早期引领性的成果。鉴于 EWD 技术的革命性、性能优越性及巨大市场潜力，2006 年飞利浦创立了 EWD 技术公司 Liquavista，力图主导全球 EWD 技术的研发和产业化。韩国三星和美国摩托罗拉等也随后加入 EWD 技术的研发和商业化推进。亚马逊于 2013 年 5 月斥巨资收购 Liquavista 的举动彰显了 EWD 市场的巨大商机和技术优势，也被视为将 EWD 明确作为唯一技术路径拓展"彩色视频电子书"等应用市场的决心。

在我国，华南师范大学在电润湿显示技术领域已形成国际化高水平人才梯队，在电润湿显示基础科学、制程工艺及器件优化等科研与产业化领域已取得一系列原创性成果，成为全球最具活力的电润湿显示技术研发机构之一。为实现技术成果转化，华南师范大学于 2015 年 7 月正式完成全球首条电润湿反射式显示器件中试线建设（2.5 代），成为全球电润湿显示研发与产业化技术的领跑者。

截至目前，全球范围内尚未有成熟的电润湿显示产品，但电润湿显示技术经过十余年的高速发展，相关基础理论的研究已经相对完善，正处于量产前的关键技术攻关阶段。面对彩色化、双稳态、柔性化显示及大幅提升器件寿命等关键技术挑战，在电润湿显示材料体系、器件设计与制备工艺、器件集成与驱动、TFT 背板设计与制备等领域依然存在一些关键科学问题和技术难题亟待突破。这些问题一旦解决，将为移动终端特别是穿戴式设备提供可读性强（特别是户外阅读）、能耗低的绿色显示介质，带来千亿元的市场。

3.2　电润湿电子纸显示原理

电润湿显示技术是利用电润湿力和液体界面张力的竞争控制彩色油墨的收缩和铺展，从而实现像素开关及灰阶调控的效果[6]。电润湿显示像素结构如图 3-1 所示。在 TFT 电极层上涂布亲油疏水绝缘层，绝缘层上采用光刻材料构筑像素墙。然后在像素底部涂布一层有色油墨（黑色），然后将整个基板置于极性流体中，并与上部的 ITO 玻璃封装在一起构成显示屏。像素在未加电时，油墨铺满整个像素底部，此时像素呈现油墨的颜色（通常为黑色或彩色）；当给下层 TFT 基板和上层 ITO 玻璃通电后，所形成的电场迫使带正电荷的水向底部负电荷聚集处运动，水将油墨推挤到一边，像素呈现出底部的颜色（通常为白色）。这样，通过控制像素施加的电压实现像素黑白两种颜色的切换。整个设计结构简单，成本低，易于实现大规模制造。

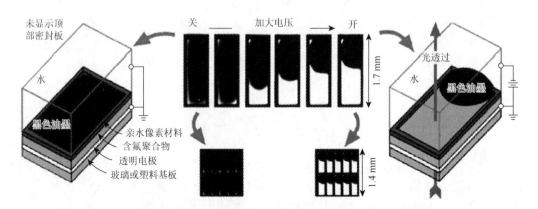

图 3-1　电润湿显示原理（左图为未驱动，像素显示油墨颜色；右图为施加电场后，油墨被推挤到一边，像素显示底色。改变施加电压的大小可改变像素的灰度）

电润湿显示原理决定了该技术有如下特点：

①耗能低。电润湿为电压型驱动，而非电流型驱动，不需恒定电流来保持显示状态。

②驱动速度快。实验证明改变液滴的形状所需时间远少于驱动带电颗粒由一端"游动"到另一端的时间（电泳技术），为动态显示奠定基础。

③色彩丰富。可以改变或者组合油滴和基板的颜色，形成多种颜色显示方案。

④透射式和反射式工作方式皆可。当背板为非透明时可以工作在反射模式，而将背板设计为透明，并在底部设计背光源时，其可以工作在透射模式下，与现有的 LCD 显示方案类似。

⑤对比度、反射度高。由于显示屏的功能组合层数低，显示薄膜光吸收少、油墨开口率大，导致其显示的对比度、反射度均非常理想。

⑥结构简单，制造成本低。由其原理可知，该方案下的显示屏结构简单，大部分的制造设备、工艺与液晶屏兼容，可有效降低制造成本。

⑦易于轻薄化、柔性化。由于显示屏结构简单，且功能层均为柔性，因此显示模组厚度可以做得很薄，且很容易实现柔性。

3.3　电润湿显示机理

电润湿是指通过调控施加在固体电极与液滴之间的电压，从而改变液滴和电极之间的表面张力，进而改变两者之间接触角的大小，使液滴呈现形变与位移的现象（图 3-2）。早在 1875 年，法国科学家 G. Lippmann 在实验中发现，通过在汞和电解液（水）之间施加电压，汞液面会发生下降，由此发现电毛细现象从而明确了电润湿的概念，并提出了著名电润湿基本理论 Young-Lippmann 方程[3]。然而，由于正负电极直接与液滴接触造成电解效应的存在，液滴接触角的调控范围非常有限，使得该理论并没有得到广泛的应用。直到 1993 年，法国科学家 Berge 通过在电极与电解液之间引入一层绝缘电介质从而消除了电解液的电解效应[4]。该介质上电润湿（electrowetting-on-dielectric，EWOD）的概念突破了电润湿技术的应用瓶颈，使得电润湿相关理论及创新应用得以快速发展[7]。因此，当今如无特指，通常所说的电润湿即介质上电润湿。作为一种外场作用下的固液润湿性操控手段，电润湿技术已广泛应用于可变焦微透镜[8]、微流控芯片实验室[9]、显示技术[5]、相变传热[10]、能量转换[11]、微电机系统[12]等领域。

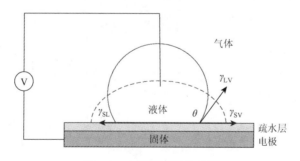

图 3-2　电润湿原理示意图

3.3.1　电润湿方程

当液体与固体相接触时，液体会沿着固体表面铺展，这种现象称为润湿现象，液滴铺展程度为润湿性。为了统一描述润湿现象，Young 在 1805 年提出了 Young 方程：

$$\gamma_{LV}\cos\theta_0 = \gamma_{SV} - \gamma_{SL} \tag{3-1}$$

式中，γ_{SV}、γ_{LV} 和 γ_{SL} 分别是固-气、液-气和固-液界面的界面张力；θ_0 是固-液界面的平

衡接触角。接触角的大小是判断润湿性的依据，由于润湿性差异使得液滴会呈现出不同的亲疏水性。

面对接触角与施加电压之间的关系这一电润湿基础问题，研究背景和方法上的差异也衍生了不同的解释机理。归结起来，当前主流的电润湿理论基本描述方法包括热力学方法、能量最小化方法及电动力学方法。

诺贝尔物理学奖得主 Lippmann 采用热力学观点认为液体接触角的变化是施加电压对于导电液体、电极与绝缘层构成的电容充电，贮存了额外静电能的结果，并将电润湿体系的静电能引入了 Young 方程，得到

$$\gamma_{LV} \cos\theta = \gamma_{SV} - \gamma_{SL} + \frac{1}{2}\frac{\varepsilon_0 \varepsilon_d}{d}V^2 \tag{3-2}$$

将式（3-1）式代入式（3-2）式得

$$\cos\theta = \cos\theta_0 + \frac{\varepsilon_0 \varepsilon_d V^2}{2d\gamma_{LV}} \tag{3-3}$$

式（3-3）被称为 Young-Lippmann 方程，即电润湿控制方程。其中，ε_0 是真空介电常数；ε_d 和 d 分别是疏水绝缘层的相对介电常数和厚度；V 为施加的电压。

根据能量最小化方法来分析电润湿体系中液滴的行为，由于体系中 Bond 常数 $B = \rho g R^2/\gamma_{LV}$ 较小，因此重力对液滴的总自由能影响可忽略不计。因此在没有施加电场的情况下，液滴的运动过程主要由表面张力来决定。液滴的总自由能是液滴形状的函数，因此液滴的自由能为

$$F = F_{if} = A_{LV}\gamma_{LV} + A_{SV}\gamma_{SV} + A_{SL}\gamma_{SL} - \lambda V \tag{3-4}$$

这里 λ 是保证体积守恒的拉格朗日变量，λ 的值为液-气界面的压力降。

在电润湿体系中，液滴的自由能主要是由电场能和界面能构成。其中电场能为

$$F_{el} = \frac{1}{2}\int \vec{E}(\vec{r}) \cdot \vec{D}(\vec{r})dV \tag{3-5}$$

式中，E 和 D 分别表示电场强度和基于 r 点的电位移。如果假设液滴足够大，液滴的边缘引起的能量变化可以忽略不计。从而总电自由能仅仅是由液滴和电极本体所形成的平行平板电容所形成的。考虑界面自由能 F_{if} 的贡献和体积守恒的原则，液滴的总能量可以用方程（3-6）来表示：

$$F = F_{if} - F_{el} = A_{LV}\gamma_{LV} + A_{SV}\gamma_{SV} + A_{SL}\gamma_{SL} - \Delta pV - \frac{1}{2d}\varepsilon_0 \varepsilon_d U^2 A_{SL} \tag{3-6}$$

合并同类项，于是式（3-6）就变为

$$F = F_{if} - F_{el} = A_{LV}\gamma_{LV} + A_{SV}\gamma_{SV} + A_{SL}\left(\gamma_{SL} - \frac{\varepsilon_0 \varepsilon_d}{2d}U^2\right) - \Delta pV \tag{3-7}$$

方程（3-7）和没有电场情况下的自由能计算公式有着相同的结构［方程（3-3）］。比较两方程的系数，我们同样可以得到 Young-Lippmann 方程。正如热力学方法一样，电润湿的基本方程的推导遵循以下假设：①γ_i 与电压无关；②液体为完美的导体；③忽略液滴接触线附近区域的影响。

热力学与能量最小化方法都是基于能量学观点，即微液滴与介电层之间电荷积累产生

的电容效应导致能量变化，引起微液滴表面张力改变从而使得接触角变化[13]。以上方法属于宏观能量分析方法，并不能够描述电润湿三相接触线附近的微观现象的物理机制。

　　而电动力学观点则认为微液滴在三相接触线上电荷累积产生的静电力导致微液滴毛细力改变，从而引起接触角变化[14, 15]。电动力学模型中将电场引起的液滴接触角的变化赋予了明确的力学意义[16-19]。通常导电液滴在静电场中所受电场力分布可由 Korteweg-Helmholtz 方程[18]求得

$$\vec{f}_e = \sigma\vec{E} - \frac{\varepsilon_0}{2}E^2\nabla\varepsilon + \nabla\left[\frac{\varepsilon_0}{2}E^2\frac{\partial\varepsilon}{\partial\rho}\rho\right] \tag{3-8}$$

式中，σ 为自由电荷体密度；E 为电场强度；ε 为液滴介电常数；ρ 为液滴密度。公式（3-8）右边第 2 项为有质动力，第 3 项为电致伸缩力。

　　接触线附近电场力的水平分量和垂直分量分别是

$$F_{ex} = \frac{\varepsilon_0\varepsilon_d V^2}{2d} \tag{3-9}$$

$$F_{ey} = \frac{\varepsilon_0\varepsilon_d V^2}{2d}\frac{1}{\tan\theta} \tag{3-10}$$

式中，V 是施加的电压；ε_d 和 d 分别是介电层的介电常数和厚度；θ 为接触角。电场力水平方向的分量将使液滴发生形变（铺展），直到与界面张力达到平衡。垂直方向的分量对液滴的表面位移没有影响，但是部分研究者认为垂直分量对接触角饱和有影响。在三相接触线附近建立力学平衡，代入 Young 方程即得 Young-Lippmann 方程：

$$\gamma_{LV}\cos\theta = \gamma_{SV} - \gamma_{SL} + \frac{1}{2}\frac{\varepsilon_0\varepsilon_d}{d}V^2 \tag{3-11}$$

　　如图 3-3 所示，由于平板电容的边缘场效应，在三相接触线附近的电场强度最大。根据电动力学方法预测电润湿力主要作用在距离三相接触线的极小范围（通常认为主要作用于绝缘层厚度 d 范围内），因此通常把电润湿力看作界面力而非体积力。

　　综上，能量最小化、热力学和电动力学的观点都可以推导电润湿的控制方程。其中能量最小化和热力学观点主要适合于对整个液滴的稳态过程进行分析，而不能像电动力学观点那样能够精确描述电场力对三相接触线动力学的演变过程。

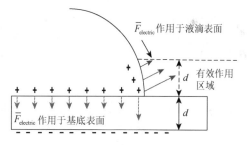

图 3-3　固体表面三相接触线附近的电场力分布[7]

3.3.2　电润湿曲线

　　根据 Young-Lippmann 方程，理想状态下绝缘层表面液滴的接触角应随电压的不断增大而不断减小。然而经过大量实验验证，在介电润湿装置中，液滴的接触角在低压下可随 Young-Lippmann 理论曲线变化；在高压下接触角却总是会发生饱和（saturation）现象[20, 21]，

无法实现完全润湿。通过图 3-4 所示典型的电润湿曲线（数据测试条件：800 nm 厚度 AF1600 涂膜的 ITO 玻璃表面，去离子水），我们可以看到无论施加正向还是反向偏压，随着偏压的增大，接触角从初始的疏水状态降低到亲水状态。通常接触角的饱和度在 30°～80°，这主要取决于不同实验体系及材料之间的差异[22]。目前关于接触角饱和的物理机制依然存在争议。随着相关研究的不断深入，研究者们提出相关的物理机制来解释这种现象。

　　Verheijen 等[23]认为当不断施加电压使液滴驱动达到饱和时，介质层表面不断充电引发电荷陷入（charge trapping）介质层内，从而屏蔽了部分外加电场，导致接触角无法持续减小，发生饱和。Shapiro 等[24]从能量平衡的观点分析了液滴周围的场强分布并提出了有限电阻率比 $A = \rho_d d / (\rho_l R)$ 的假设（ρ_d、ρ_l 分别是介质层和液体的电阻率，R 是液滴半径）。通过他们的计算表明，液滴的电势将会随着接触角的减小而不断增加，由此导致了接触角的饱和。这个理论的提出对现存大部分电润湿实验中的饱和现象有了更深入的理解，但是在高电阻率体系中并未得到验证。截至目前，尽管已经提出各种相关的物理机制使得我们对接触角的饱和问题得到了更多的理解，但是这些解释仍然不能对这个问题进行全面的概括，并未形成一种标一化的数理表达对接触角饱和进行科学有效的推断。似乎很明显的分歧就在于分布在三相接触线处的电场其实可以引起几种不同的非线性效应，每种效应都可以独立地导致饱和，至于哪种效应起主导作用则取决于具体的实验体系。

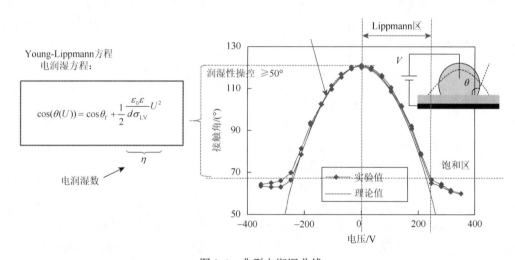

图 3-4　典型电润湿曲线

　　总而言之，电润湿对液滴润湿性的操控范围有它的极限。通常在较低的电场强度下固液接触角的变化趋势基本符合 Young-Lippmann 方程，该区域也被称作 Lippmann 区；随着电场强度增大，会出现接触角饱和乃至介电击穿失效等问题。因此，如果要获得精准、可逆的润湿性操控，最好将系统的设计工作窗口选择在线性度较好的 Lippmann 区。

3.3.3　可逆电润湿

　　对大多数基于电润湿原理的微流体器件而言，器件的开关可逆性至关重要。如图 3-5

所示，当我们考虑连续的电润湿周期时（施加电压 off-on-off），可以将液滴接触角的变化定义为 4 种状态：未加电状态下的前进角 θ_a 和后退角 θ_r，以及加电状态下的前进角 $\theta_{a,v}$ 和后退角 $\theta_{r,v}$。

通常在施加电压前液滴处于静态接触角的平衡态；当施加电压后，在电润湿力作用下的整个液滴铺展过程都由前进角主导，直至达到加电状态三相接触线附近力学平衡时的前进角 $\theta_{a,v}$。当撤除电压后，液滴在表面张力的作用下的整个收缩过程由后退角主导，直至达到未加电状态下的后退角 θ_r。此后加电与撤电则不断重复 $\theta_{a,v}$ 与 θ_r 两种润湿状态的转变。显然，若要实现可逆的电润湿现象，需要满足一个基本的条件，即 $\theta_{a,v} < \theta_r$。因此，尽可能扩大电润湿调控接触角的范围和选择尽可能低滞后角是可逆电润湿材料体系选择的基本准则。

一方面，鉴于接触角饱和现象的存在，通常只能通过追求提高介电材料表面的疏水性来获得更大的接触角调控范围。另一方面，根据表面物理或化学差异形成的局部能量势垒是接触角滞后的主要原因这一理解，因此对于材料的均一性有极高的要求。截至目前，无定形含氟聚合物材料（如杜邦 AF 系列、肖旭子 Cytop 系列和苏威 Hyflon 系列产品）因兼具良好的疏水特性和低接触角滞后特性被广泛应用于电润湿体系。

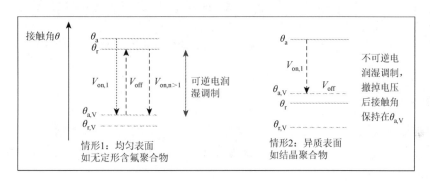

图 3-5　可逆电润湿条件示意图

3.4　电润湿显示器件关键材料

由电润湿显示器件的结构及原理可知，组成器件的关键材料包括导电前板、驱动背板、油墨材料、疏水绝缘层材料、像素墙材料、极性流体材料、封装材料。其中，导电前板采用的是显示行业通用的 ITO 玻璃基板，驱动背板包括直接驱动基板，无源矩阵驱动背板（Patterned ITO 背板）和有源矩阵驱动背板（TFT 背板），这些驱动材料是现有显示行业的通用材料，因此本节将详细介绍其他电润湿显示特有材料。

3.4.1　油墨材料

在电润湿显示材料体系中，显示油墨扮演着光学灰度开关及色彩调控的双重角色，是电润湿显示技术的核心材料。因此开发具有高饱和度、高溶解度、高稳定性的电润湿显示油墨材料一直是其研究热点。电润湿显示油墨材料由油墨介质、显示染料及功能添加剂组成。目前世界各研发机构针对电润湿显示油墨材料，尤其是电润湿显示有机染料进行了大量的研究工作。油墨介质作为染料载体，其性能对油墨的润湿性、流变性起着决定性作用。电润湿显示染料主要承担油墨色彩输出的作用，一般采用可溶性有机染料，也有一部分分散型颜料。电润湿显示染料按结构类别可分为蒽醌型、偶氮苯环型、偶氮吡唑啉酮型、金属络合型及有机芘型。

1. 油墨介质

油墨介质是电润湿油墨的主要成分，其质量分数通常高达 90%以上，是油墨润湿性、流变性能的决定性成分。根据电润湿显示原理，油墨介质需要满足以下特征：

①表面张力小。在没有外加电场时，电润湿显示油墨需要对疏水绝缘层有良好的润湿性能，油墨介质表面张力越小，润湿性越好。

②介电常数低。介电常数是表征溶剂极性的参数，介电常数越低，极性越小，疏水性越强。根据电润湿显示原理，在有外加电场的情况下，疏水绝缘层转变为亲水性，油墨介质疏水性越强，去润湿性能越好，油墨越容易被极性导电流体置换，器件响应性越快。

③黏度低。电润湿显示开关过程本质上是油墨在铺展和收缩两种状态间的转变过程。油墨黏度越低，油墨变形速度越快，响应速度越快。

目前，常采用的油墨介质主要有烷烃类有机溶剂及其混合物，如正构烷烃（正辛烷、正十烷、正十二烷等）；具有支链结构的长碳链烷烃（姥鲛烷等）；环状烷烃（十氢萘等）。

2. 电润湿显示染料

电润湿显示染料主要起对溶剂介质着色的作用。显示染料的加入应尽可能减轻对溶剂介电常数、溶剂黏度的影响。根据电润湿显示原理，具备良好应用性能的显示染料需具备以下特征：

①吸光度高。电润湿染料的吸光度定义为染料溶解度（C_{max}，mol/L）和摩尔吸光系数[ε，L/(mol·cm)]的乘积，用 FoM 表示[25]，单位为 cm^{-1}，其物理意义是：当油墨厚度为 1 厘米时的吸光度值。吸光度越高，电润湿染料对光的吸收能力越强，电润湿器件显示色彩饱和度和对比度越高。

②较好的光稳定性。电润湿显示作为一类反射式显示技术，其潜在的应用环境为户外显示，如电子书、广告牌、智能穿戴产品等。为了保证在长期光照下电润湿显示仍然具有良好的辨识度，电润湿显示油墨的光稳定性是极为重要的指标之一。

③黏度低。如上所述，电润湿显示的开关过程本质上是油墨在铺展和收缩两种状态间的转换过程。黏度越低，油墨变形速度越快，响应速度越快。显示染料的加入会使油墨介质的黏度增大，其影响程度越小越好。

④极性低。电润湿显示技术的原理上是采用外加电场调控极性流体和油墨在疏水绝缘层表面的润湿性，使油墨在铺展与收缩两种状态间互相转换。在外加电场的作用下，油墨中的极性染料分子会产生定向排列，生成与外电场方向相反的内电场，降低外电场强度，削弱极性流体和油墨的电润湿效应。因此，油墨液滴会从收缩状态逐渐松弛，产生油墨回

流现象。染料分子极性越低,在外加电场下分子定向排列程度越小,油墨回流效应越弱,电润湿显示器件保持静态图像显示的能力越强,显示图像越稳定。

⑤纯度高。电润湿染料中存在的杂质不仅会影响油墨的色光、稳定性,也会因为杂质的极性造成油墨回流现象,因此,电润湿染料的纯度越高越好。

从性能与结构的对应关系上分析,要满足以上性能,电润湿显示染料在分子结构上必须具有充分的脂溶性基团、高摩尔吸光系数、高光稳定性及分子对称性。

(1) 蒽醌型电润湿显示染料

以蒽醌染料为发色母体,调控蒽醌环上的杂原子(通常为氮、氧)取代位置来调控染料的颜色,调节取代烷基[26]、酯基[27]的碳原子数量来提高有机染料在电润湿油墨介质中的溶解度,其结构通式如图 3-6 所示。蒽醌型电润湿显示染料的摩尔吸光系数偏低,约 1.5×10^4 L/(mol·cm)。蒽醌染料光稳定性与杂原子取代位置关系较大。结构通式 1、2、4 的染料光稳定性较好,在辐照强度为 0.55 W/m² (340 nm) 的氙灯光源下,于 40 ℃加速光照 100 h 后染料吸收光谱没有明显的变化;而结构通式 3 的染料加速光照 40 h 后染料吸收光谱变化明显,最大吸收波长处的吸光度下降了 28.5%[28]。

这是因为结构通式 1、2、4 染料结构中 1,4 位取代的杂原子(氮和氧)能通过与相邻的羰基形成六元环氢键结构,提高了杂原子上的电子离域性,降低了其电子云密度,因而稳定性提高;而结构通式 3 染料结构中两个杂原子位于同一个羰基邻位,无法同时与羰基形成稳定的六元环结构,因而稳定性较差,在光照条件下易发生脱烷基化过程而降解[29]。

蒽醌类电润湿显示有机染料只能得到品红、紫色、蓝色、青色等颜色,缺乏浅色系列。

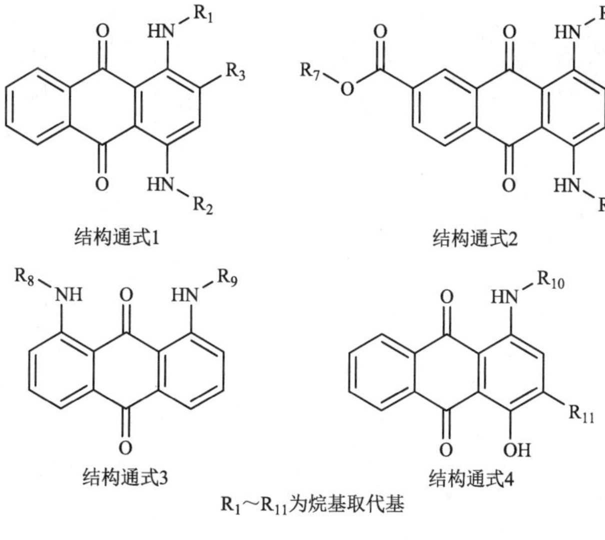

结构通式1

结构通式2

结构通式3

结构通式4

R₁~R₁₁为烷基取代基

图 3-6 蒽醌型电润湿显示染料结构式

(2) 偶氮苯环型电润湿显示染料

偶氮苯环类有机染料结构易改性、光谱范围广,摩尔吸光系数高。通过调节重氮组分和偶合组分可以得到丰富的染料结构，如图 3-7 所示。目前已经开发出的偶氮苯环类电润湿显示染料主要有以下几种：

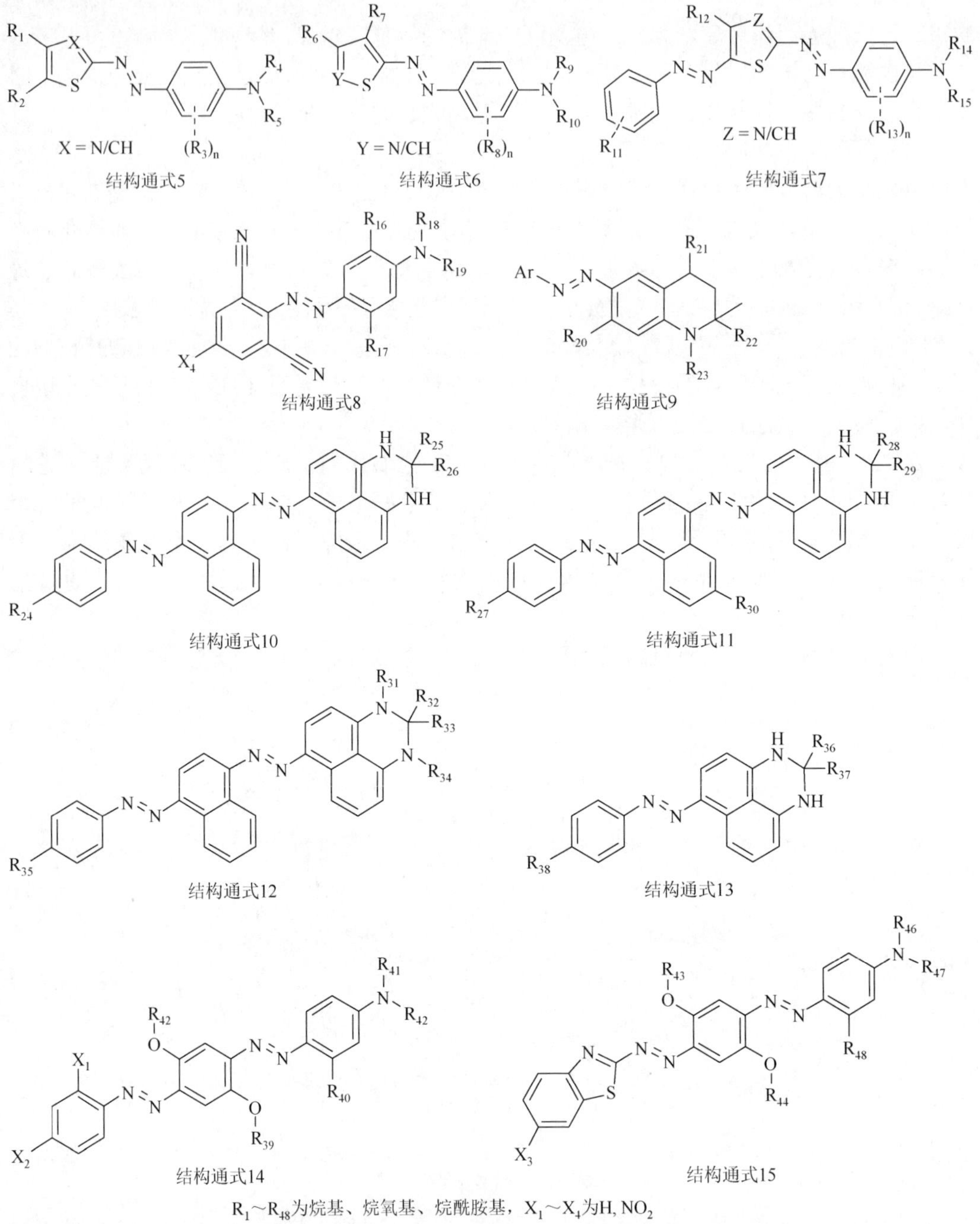

R_1～R_{48}为烷基、烷氧基、烷酰胺基，X_1～X_4为H, NO_2

图 3-7　偶氮苯环型电润湿显示染料结构式

①以含氮、硫杂芳环芳胺（噻唑类、异噻唑类、噻吩类）、1, 6-二氰基苯胺为重氮组分，以取代的烷基苯胺、四氢喹啉为偶合组分，制备一系列覆盖红、品红、紫、蓝、青色

的偶氮电润湿显示染料，如结构通式 5～9。通过向分子结构中引入长链的烷基结构提高染料的溶解度。

②以 1,8-二萘胺衍生物为偶合组分，苯胺/萘胺为重氮组分，制备一系列苏丹黑类偶氮电润湿显示染料，如结构通式 10～13。向分子结构中引入长碳链烷基及烷氧基团提高染料的溶解度。染料 11 在染料 10 的萘环结构中引入长碳链烷氧基团，染料 12 在染料 10 的"氮位"上引入了长碳链烷基，两种结构修饰手段可分别将染料 10 在正十烷中的溶解度从 0.22%（染料 10）提高至 10%（染料 11）及 30%（染料 12）左右。

③以对苯二酚为原料，经过烷基化、硝化、还原制备高溶解度的双烷氧基苯胺中间体。以 2,4-二硝基苯胺、杂环芳胺为重氮组分，以双烷氧基苯胺为偶合组分制备单偶氮重氮组分，再与取代烷基苯胺为偶合组分制备一系列蓝色双偶氮电润湿染料，如结构通式 14、15。这类染料的溶解度较高，部分染料可与电润湿油墨介质完全互溶。

（3）偶氮吡唑啉酮型电润湿显示染料

以长链烷基取代的吡唑啉酮为偶合组分，以苯胺、氨基偶氮苯为重氮组分，制备一系列黄色电润湿显示染料，如图 3-8 中结构通式 16、17。以苯胺为重氮组分制备的黄色电润湿显示染料光稳定性较好，这是因为偶氮基团可以与吡唑啉酮环上的羟基通过氢键形成六元环稳定结构，降低了偶氮基团上的电子云密度。而以氨基偶氮苯为重氮组分的电润湿染料结构中存在孤立的偶氮基团，因此，其光稳定性较差[30]。以对硝基苯胺为重氮组分，经过与吡唑啉酮偶合、还原、重氮化、再与吡唑啉酮偶合，可以制备出一种性能优异的双偶氮双吡唑啉酮电润湿显示染料，如结构通式 18。这种染料最大吸收波长为 480 nm，色光为橙色，具有较高的摩尔吸光系数[3.6×10^4 L/(mol·cm)]、溶解度（0.87 mol/L）及光稳定性。

结构通式16　　　　　结构通式17　　　　　结构通式18

图 3-8　吡唑啉酮型电润湿显示染料结构式

（4）金属络合型电润湿显示染料

通过改变二吡咯亚甲基金属络合染料中取代基结构，引入脂溶性基团，设计合成了可应用于电润湿显示的二吡咯亚甲基金属络合有机染料，如图 3-9 中结构通式 19、20。这类染料具有摩尔吸光系数高[1.0×10^5 L/(mol·cm)]、溶解度高（质量分数 5%～10%）、电响应速度快（200 ms）、回流比低（10%）等优点。以金属酞菁为染料母体，向其结构中引入长链烷基，调控中心金属离子的种类，可以制备一系列金属酞菁型电润湿显示染料，如结构通式 21 所示。以 2-辛基十二烷醇为取代基团，可有效提高染料溶解度质量分数 10% 以上，颜色可覆盖蓝色、青色、绿色。

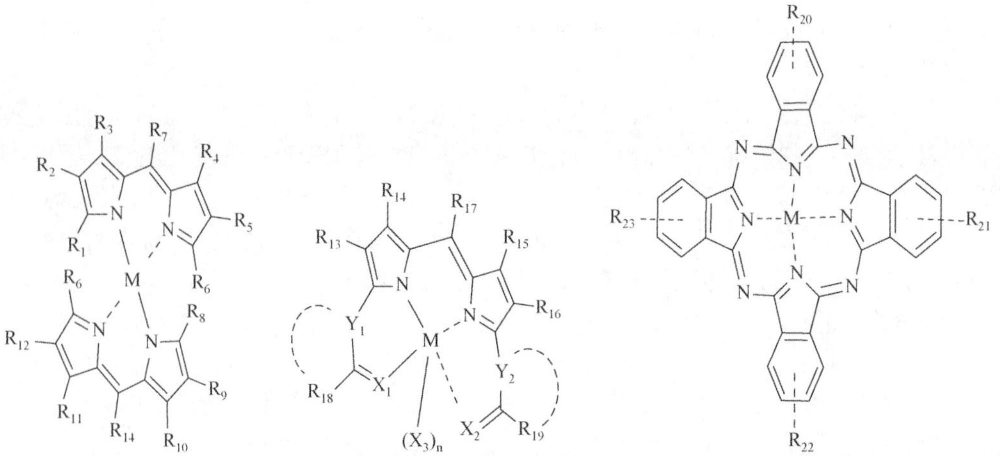

结构通式19　　　　　　　结构通式20　　　　　　　　结构通式21

$R_{1\sim19}$为氢、烷基、芳基、杂环等取代基，$R_{20\sim23}$为烷基，M为金属原子，如Cu^{2+}，Zn^{2+}，Co^{2+}，Ni^{2+}

图 3-9　金属络合型电润湿显示染料结构式

（5）有机苝型电润湿显示染料

有机苝型电润湿显示染料具有良好的色彩饱和度和极优异的光稳定性，但由于有机苝稠环母体结构具有极强的"堆叠效应"，溶解度低[31]。因此要制备有机苝型电润湿显示染料，提高其在电润湿油墨介质中的溶解度是关键步骤。以苝二酸二异丁酯和2-辛基十二烷醇为底物，以有机锡为催化剂，通过酯交换反应向苝二酸酯母体侧链引入2-辛基十二烷基，可制备具有高溶解度的黄色电润湿显示染料[32]，如图3-10中结构通式22所示。以 3，4，9，10-苝四酸酐为底物，通过酰亚胺化、溴化、取代反应制备一系列七元环苝酰亚胺型电润湿显示染料。调控苝酰亚胺"氮位"上的烷基结构提高其溶解度；调控"湾位"上的助色基团（氢、烷氧基、酚氧基、哌啶基），可以得到覆盖橙色、红色、品红色、青色的电润湿显示染料 21，22，23。当"湾位"上的助色基团为氢、烷氧基、酚氧基、哌啶基时染料的光稳定性顺序为氢＞酚氧基＞烷氧基＞哌啶基，在辐照强度为 0.55 W/m^2（340 nm）的氙灯光源下，于 40 ℃加速光照 100 h 后染料降解率分别为0.89%、1.62%、2.03%、4.65%。这类染料的摩尔吸光系数较高、回流效应弱。

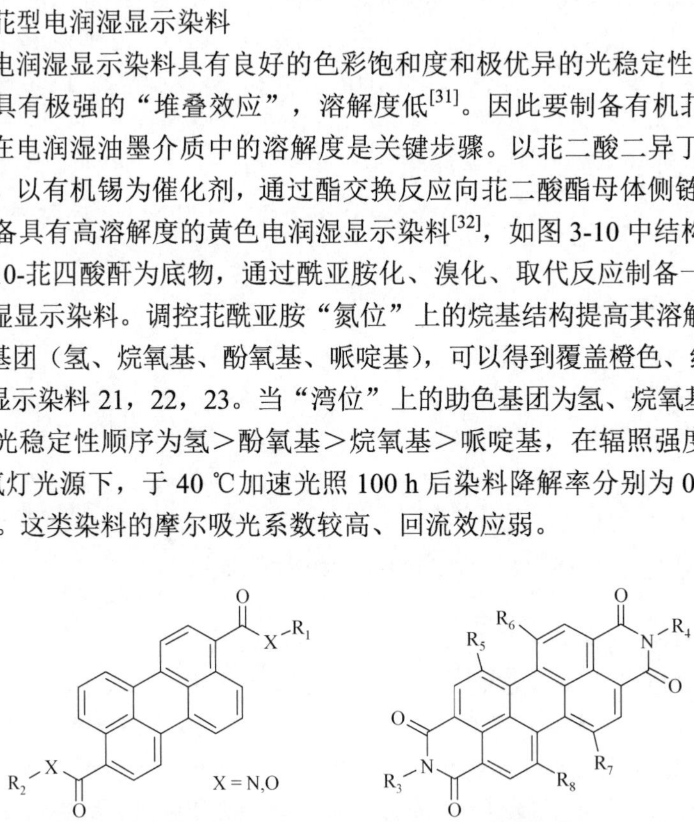

结构通式22　　　　　　　　结构通式23

$R_1\sim R_4$为烷基，$R_5\sim R_8$为烷氧基、酚氧基、烷胺基

图 3-10　有机苝型电润湿显示染料

（6）对称型多发色体电润湿显示染料

提高染料分子的对称性，除了筛选对称性的染料母体，还可以通过桥基构建多发色体染料的方式制备对称型多发色体电润湿显示染料，如图 3-11 中结构通式 24 所示。两个或多个发色体过其偶极矩方向相反的方式实现其偶极矩的全部或部分抵消，大幅度降低分子整体偶极矩，这样就实现了在保证染料颜色的基础上，降低了其分子极性，削弱油墨回流效应。

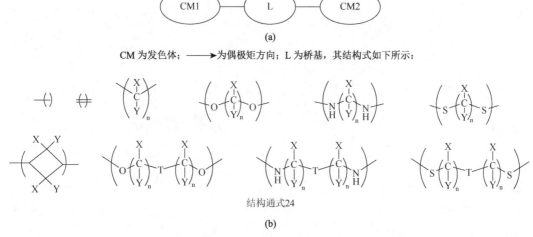

CM 为发色体；——▶为偶极矩方向；L 为桥基，其结构式如下所示：

结构通式24

(b)

图 3-11　对称型多发色体电润湿显示染料

（7）颜料分散型电润湿显示油墨材料

颜料分散型电润湿显示油墨材料是选用在非极性溶剂中完全不溶解的有机或无机染料、颜料，通过分散剂的作用使其均匀分散于非极性电润湿油墨介质中，达到对电润湿油墨着色的目的。由于颜料分子以聚集态的形式存在，因此其耐光稳定性可以得到大幅提高。

以聚苯乙烯为核，以聚吡咯、聚噻吩、聚苯胺、炭黑等黑色共轭聚合物为壳，通过接枝聚合反应修饰颗粒表面，引入长链脂肪烷烃提高黑色核壳纳米颗粒在非极性溶剂中的可分散性，可制备粒径为 30～120 nm、密度为 1～2 g/cm^3、固含量在 5%～50%、分散性能优良的黑色分散型电润湿显示油墨材料。

台湾大学的林江珍以聚异丁烯马来酸酐为原料，与多胺化合物进行缩合反应制备了具有不同分子量（700～1335 g/mol）的羧基酰胺（amidoacid）及酰亚胺（imide）结构的电润湿显示颜料分散剂，并在非极性介质正十烷中研究了该种结构的分散剂对 CI 颜料紫23、CI 颜料红 254、CI 颜料绿 36、CI 颜料蓝 15、CI 颜料黄 138、炭黑等不同颜料的分散性能，研究中得到了粒径在 100 nm 左右、黏度 2～3 cP[①]、分散稳定性优良的电润湿显示油墨材料，显示了该技术的可行性。其分散剂结构式及油墨材料照片如图 3-12 所示[33, 34]。研究结果显示，具有双尾链结构、酰亚胺锚固基团的分散剂（PIB-imide-PIB）与有机颜料表面的相互作用力最强，分散稳定性最好。

---

① 1 cP = 10^{-3} Pa·s。

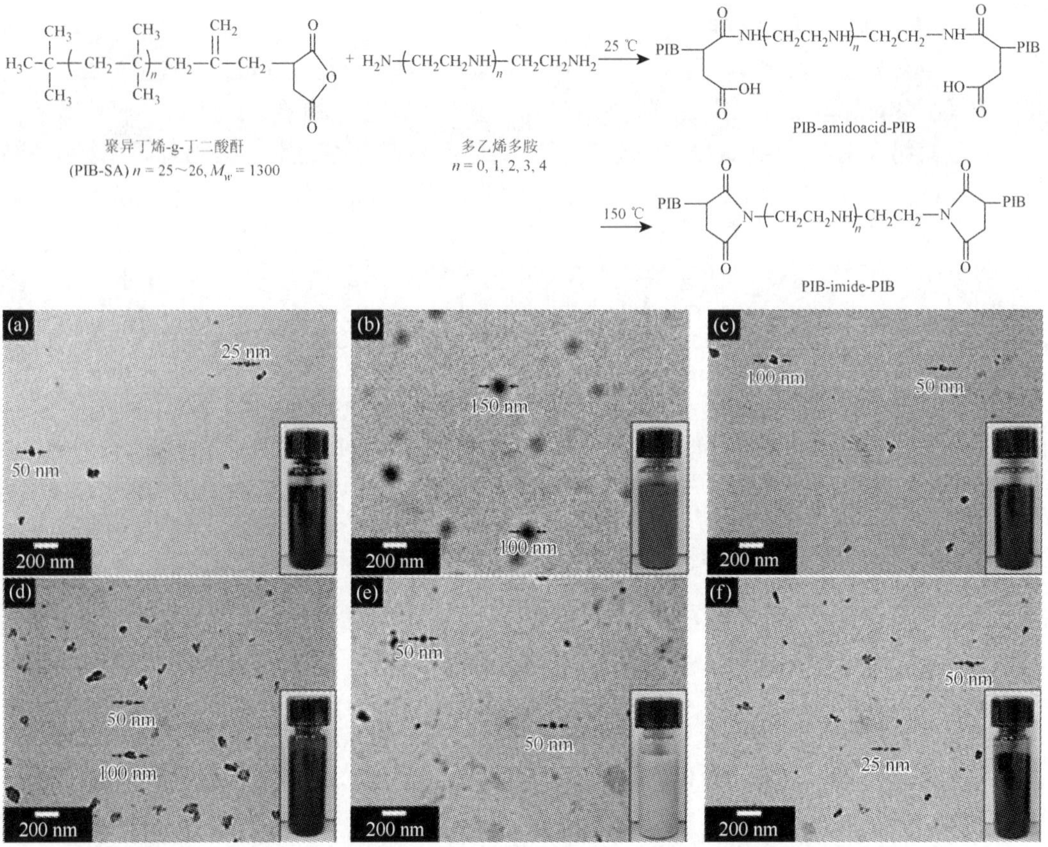

图 3-12　电润湿显示颜料分散剂结构式及实物照片[33, 34]

在分散型电润湿油墨材料的制备过程中，难点之一是如何获得分散均匀性长时间稳定及良好电响应性能的油墨材料。因此，合适的分散剂分子结构设计、制备方法是其研究重点之一。

3. 功能添加剂

为了提高电润湿显示油墨某方面的性能，可以向油墨中复配功能添加剂。目前采用的功能添加剂主要有助溶剂、光稳定剂、表面活性剂等。

（1）助溶剂

有些电润湿染料在油墨介质中的溶解度较低，难以得到较高吸光度的显示油墨。此时，向油墨中复配一定的助溶剂可以有效提高染料的溶解度。常用的助溶剂有四氢化萘、1, 3, 5-三甲苯等。但是这类助溶剂的介电常数较高，会加快油墨的回流速度，因此应该控制助溶剂的添加量。

（2）光稳定剂

为了提高电润湿染料的光稳定性，可以向油墨中复配脂溶性的紫外线吸收剂作为光稳定剂。向油墨中复配紫外线吸收剂可以有效提高染料的光稳定性，但是紫外线吸收剂分子极性较大，会加快油墨的回流速度。

（3）表面活性剂

研究表明，向油墨中复配一定量的表面活性剂（如十六烷基聚氧乙烯醚），可以减小油-水界面张力以降低起始驱动电压，提高器件开口率。

目前针对电润湿功能添加剂的研究文献报道不多，但可以预见到，通过研发功能添加剂，以及与油墨材料各组分的协同作用，大幅度提高电润湿显示器件的性能一定是未来油墨材料的发展趋势。

3.4.2　疏水绝缘层材料

最早的电润湿发现于金属表面，导电液滴在电场的作用下，其在金属电极表面的接触角会随电压的改变而变化。但是由于导电液体在电场作用下会发生水解反应，导致电润湿行为失效，研究人员发现在金属电极表面添加绝缘层会防止导电液体电解，进而增强电润湿作用。同时，具有疏水性能的绝缘层表面可以进一步增大液滴接触角的变化范围，减小接触角迟滞。尽管具有疏水性能的材料有很多，但是由于制备工艺等的限制，目前氟树脂材料（Fluoropolymer）在电润湿器件上应用最广，主要包括 Teflon ®AF 系列、Cytop®系列及 Hyflon®AD 系列（图 3-13，表 3-1）[35]。具有强吸电子作用的氟取代基可以降低材料的被极化性，因此可以有效减小引起分子间作用力的范德瓦耳斯力进而降低材料的表面能。氟树脂材料可以通过旋涂或化学沉积的方式在电极表面形成均匀的疏水层。一般氟树脂涂层可以获得接触角 100°~120°，接触角迟滞 10°的疏水性能，如图 3-14 所示。

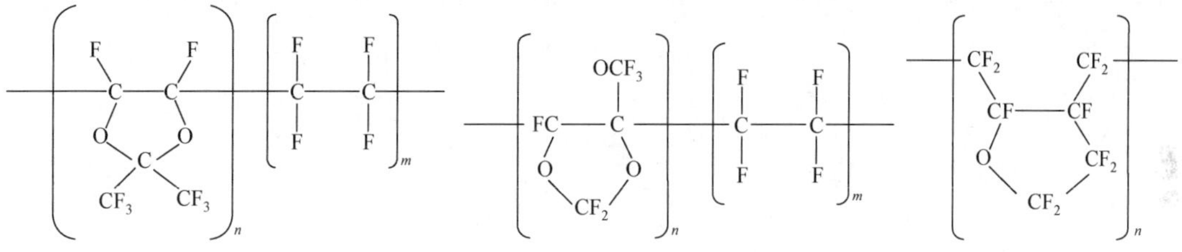

图 3-13　Teflon ®AF 系列、Cytop®系列及 Hyflon®AD 氟树脂材料分子结构

表 3-1　无定形氟树脂的玻璃化温度

无定形氟聚合物	共聚单体含量 mol/%	T_g/℃
PPD 均聚物	100	330
Teflon ®AF 2400	87	240
Teflon ®AF 1600	65	160
TTD 均聚物	100	170
Hyflon®AD 80x	85	135
Hyflon®AD 60x	60	110
PBVE 均聚物	100	108
全氟-2-亚甲基-4-甲基-1,3-二氧戊环均聚物	100	135
全氟-2-亚甲基-4,5-二甲基-1,3-二氧戊环均聚物	100	165

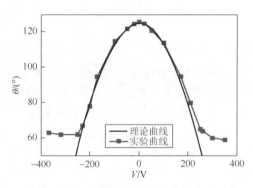

图 3-14　氟树脂表面液滴电润湿实验曲线和理论曲线比较

　　由 Young-Lipmann 方程可以看出，电润湿器件的驱动电压主要由绝缘层的厚度和相对介电常数决定，减小绝缘层厚度 t，提高相对介电常数 ε 可以有效降低驱动电压 V_{T}。

$$V_{\mathrm{T}} = 2t\gamma L_{\mathrm{G}}\varepsilon_t\varepsilon_0[\tan\alpha(\sin\theta V_{\mathrm{T}} + \sin\theta_0)] \tag{3-12}$$

　　如图 3-15 所示，从驱动的角度看，氟树脂绝缘疏水层厚度应尽可能小。另外，电场强度随着疏水层厚度的减小而增加，这使介电材料受到更大的应力。因此，从材料的角度来看，关键的挑战是如何在提高绝缘强度的同时减小涂层厚度。第一代电润湿设备使用 10 μm 厚的绝缘体在 200 V 的电压下运行，即电场强度为 20 V/μm。电流产生装置通常在 25 V 的电压下运行，其氟树脂材料的厚度应为 0.5 μm（即场强约为 50 V/μm）。图 3-15 清楚地表明，如果要将驱动电压降低至 12 V，则需要绝缘疏水层厚度为 0.1 μm，电场强度为 120 V/μm，这是一个巨大的挑战，需要在绝缘层材料方面做进一步的研究工作。

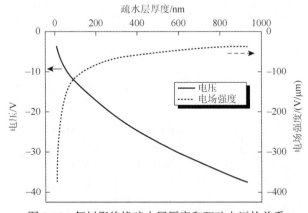

图 3-15　氟树脂绝缘疏水层厚度和驱动电压的关系

　　尽管氟树脂材料具有很好的疏水性和相对介电常数（1.193），可以单独使用，既作为疏水层，又作为绝缘层，但是单独使用氟树脂材料电润湿器件的漏电流较大，并且器件的使用寿命较短。主要原因是氟树脂表面存在纳米孔，在电场长时间作用下，会导致氟树脂击穿，器件失效[36, 37]，如图 3-16 所示。氟树脂层的缺陷主要是由以下两个方面造成的：①分子链段之间的作用力较小，造成其在熔融之前就会发生升华，所以导致材料层不够致密；②利用溶液制备氟树脂层时，为了得到涂层需要将溶剂挥发掉，在挥发溶剂的同时就会留下很多孔隙。降低氟树脂层的厚度会导致为了得到相同接触角变化时作用在相同面积绝缘层上的电场增强，并且氟树脂层本身的缺陷会更容易使电润湿器件失效。通过掺入较高介电常数的无机材料来提高绝缘叠层的有效介电常数（ε）是降低电润湿设备驱动电压的有效方法。无机绝缘材料的基本要求是无孔，无缺陷，不透水，此外，层的厚度应相对薄（<200 nm），并且最好可以对它们进行溶液处理和印刷。例如，硅酸钛（TiSi）基绝缘层是 LCD 中标准的硬涂层材料。在 LCD 显示器中，通常使用柔版印刷制备绝缘的 TiSi 层。近年来，其他无机绝缘材料［比如，氮化硅、二氧化硅、钛酸锶钡（Ba1-xSrxTiO3，BST）、NHC、聚氨酯、Parylene-C 等］也都被用来提高电润湿器件的介电常数，如图 3-17 所示[38-40]。电润湿常用绝缘材料的性能见表 3-2。

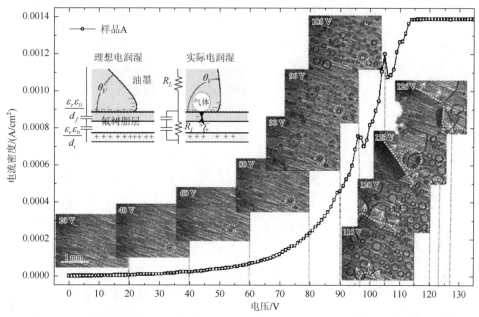

图 3-16　电润湿器件在 0～135 V 电压下的失效过程漏电流和氟树脂层击穿变化图[36]

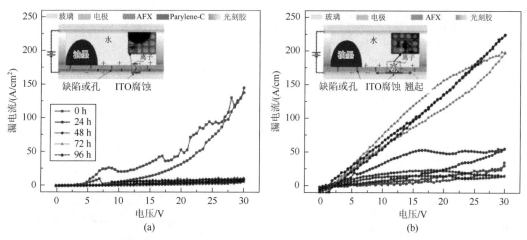

(a)　　　　　　　　　　　　　　　　　(b)

图 3-17　（a）AFX/Parylene 双层绝缘层结构 96 h 可靠性测试漏电流变化曲线；（b）单层 AFX 绝缘层结构 96 h 可靠性测试漏电流变化曲线三层叠加[40]（后附彩图）

表 3-2　电润湿常用绝缘材料性能

聚合物绝缘材料					
介电材料	Parylene-C/N	Teflon ®AF 600	Teflon PTFE	Cytop™	PDMS	聚氨酯
介电强度/(kV/mm)	268/276	21	60	110	21.2	22
介电常数	2.65/3.15	1.93	2.1	2.1	2.3~2.8	3.4
击穿电压/V	±240(DC) <1 k(AC 50~20 kHz)	—	<300(DC) <600 k(AC 1 kHz)	<120(DC) <800(AC 2 kHz)	±500(DC)	<400(DC)
厚度/μm	3.5~30	0.01~0.1	25~50	0.1~1	38	6~35
接触角/(°)	126	120	114	110	120	50~80
加工工艺	气相沉积	旋涂/浸涂	成泡膜材料	旋涂	旋涂	旋涂

无机绝缘材料		
介电材料	二氧化硅	氮化硅	BST
介电强度/(kV/mm)	400~600	500	18~54
介电常数	3.9	7.5	225~265
击穿电压/V	≥25	>40	≥15
厚度/μm	0.1~1	0.15	0.07
接触角/(°)	46.7	30	40.8
加工工艺	PECVD	气相沉积	MOCVD

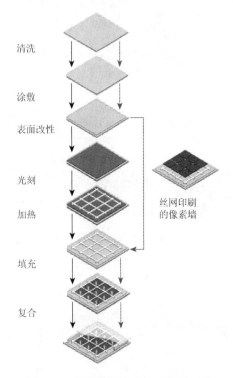

清洗

涂敷

表面改性

光刻

加热

填充

复合

丝网印刷的像素墙

图 3-18　丝网印刷制备基于聚酰亚胺材料的电润湿显示器件工艺流程图

1. 聚合物绝缘材料在电润湿显示器件中的应用

聚氨酯、Parylene-C 和光刻胶材料是应用于电润湿器件内作为绝缘层的主要材料。其中，聚酰亚胺作为一种综合性能优异的高分子材料广泛应用于航天、电器绝缘及微电子等领域。通过旋涂工艺制备的聚酰亚胺薄膜厚度可以达到微米级，而且具有耐高温、高介电性和优异的力学特性，在电润湿器件中得到了很好的应用。华南师范大学彩色动态电子纸显示技术研究所通过丝网印刷的方式，制备了基于聚氨酯材料的电润湿显示器件。疏水性聚硅氧烷酰亚胺和亲水性聚酰亚胺分别被用作疏水绝缘层和亲水像素格材料。聚硅氧烷酰亚胺制备疏水绝缘薄膜具有良好的电润湿性能，其电润湿显示器件具有良好电润湿可逆性；疏水性的聚硅氧烷酰亚胺和亲水的聚酰亚胺之间良好的兼容性，保证了两层之间具有良好的黏附性，因此可以通过印刷的方法来优化器件制备工艺，直接将像素格通过丝网印刷（图 3-18）的方法打印在疏水层上。所制得的电润湿显示器件表现出良好的开关特性和相对较高的效率。与传统的方法相比，该方法有工艺简单、成本低、速度快且适用于制备大面积显示器件等优点，是未来显示器件工艺的发展方向之一[41]。

聚对二甲苯（Parylene-C）作为一种高洁净度的热塑性高分子材料，具有优良的绝缘性能、力学性能、光学性能和生物兼容性。以聚对二甲苯作为介电材料的各类介电润湿器件都有相应报道，应用最为广泛，但是由于疏水性能较弱，因此需要与疏水材料配合使用。在电润湿器件绝缘层添加聚对二甲苯层可以有效降低器件驱动电压，并得到良好的光学性能[42]。研究表面，利用慢速沉积的 ParyleneHT 层具有更好的绝缘性能。

光刻胶，以 SU-8 光刻胶为代表，是由 Microchem 公司推出的一系列环氧树脂类的负性光刻胶。固化后的 SU-8 光刻胶热学和化学性能稳定，具有良好的力学性能，此外，还具有较高的介电常数和介电强度，可以作为一种优良的介电材料用在电润湿器件中[43]。

2. 无机绝缘材料在电润湿显示器件中的应用

一方面，无机纳米颗粒具有更高的相对介电常数，但是成膜性没有有机材料均匀；另一方面，尽管有机材料具有很好的成膜性，但是其相对介电常数较低。可以利用多层叠加的方式，并结合有机材料和无机纳米颗粒的方式获得更好的绝缘层性能，从而降低电润湿器件的驱动电压[44,45]。利用多层叠加的方式可以有效降低驱动电压并且延长电润湿器件的使用寿命，但前提是要满足每个单层材料上的缺陷没有叠加或连通。

二氧化硅薄膜具有很好的光学特性、介电性能和抗腐蚀性，在光学和微电子领域都有广泛应用。作为介电层的二氧化硅薄膜，需要和疏水性材料联合使用来弥补其疏水性能方面的不足。类似的氮化硅、氧化铝和氧化钽材料，具有致密的结构，良好的材料硬度和力学性能，并且具有很好的介电性能，通常也需要和其他疏水层联合使用于电润湿器件。无机材料表面通常具有亲水性，所以无机材料层通常用来提高绝缘层的相对介电常数添加在氟树脂层下面，但是厚度大于 1 μm 的无机介电层很难制备，无机材料层里很容易产生内应力，从而造成裂痕导致绝缘层失效。另外，无机材料如氮化硅，不容易利用湿法刻蚀制备图案。尽管有很多文献报道可以用很薄的疏水层材料结合绝缘材料制备超低驱动电压的电润湿器件，但是对于电润湿器件的商业应用并没有太大的实际意义，因为所研究的材料体系一般都只有有限的响应时间和寿命。

相对于无机绝缘层材料，改性的无机纳米粒子在电润湿器件应用领域显示出优势。华南师范大学电润湿研究小组将表面氟化的纳米氧化锆掺杂在 Teflon ®AF1600 中制成高分子/无机纳米复合介电材料。相比于 AF1600，其介电常数提升了 50%，击穿场强提高了 44%，接触角变化范围增大了 1 倍以上。制成"三明治"介电润湿结构后，可有效降低表面粗糙度，并使三明治结构中的纳米复合物体积分数与击穿场强的数学关系由负相关转变为正相关，可望有效提升电润湿介电层的效率。具有核-壳结构 SiO_2MgO 颗粒可以通过水解过程制备为功能性填料。将 SiO_2MgO 颗粒均匀分散在 PMMA 基体中，得到具有适当玻璃化转变温度的疏水膜（接触角约 115°）。与商用 MgO 填充的复合材料相比，该功能性填料的随频率变化的介电性能提高（约 300%），而击穿强度超过 100 mV/m。尤其是，即使在高频下，所有复合材料都显示出低电导率（≤10^{-7}）。为在电润湿装置中制备具有疏水性的高介电常数绝缘层提供了一种可行的方法[46]。

3.4.3 像素墙材料

电润湿显示器件的像素墙围成显示单元阵列，因此像素墙材料是电润湿显示器件重要的结构材料。作为结构材料像素墙需要有非常好的化学稳定性，在导电流体溶液（如水溶液）或油相中稳定存在，并且对光、热等不敏感，不会随时间发生化学反应（如降解反应），另外还要求像素墙在疏水绝缘层表面具有一定的黏附性，如用手指刮后像素墙不被破坏。为防止疏水性油墨的翻越，像素墙材料需要具有较强的亲水性，如水在油中的接触角＜120°[47]。常用的像素墙材料包括光刻机材料、硅氧烷材料和聚酰亚胺材料。

1. 光刻胶

光刻胶材料因为可以通过传统光刻工艺图案化，成为像素墙的优选材料，光刻胶干膜厚度需要达到微米级别甚至几十微米，并且像素墙光刻胶在疏水绝缘层表面的涂布过程中像素墙材料溶液不能溶解或者与疏水绝缘层反应，即像素墙制备过程不能影响疏水绝缘层的疏水及介电性质[47]。优选的是 SU-8 光刻胶[48]和 KMPR 负性光刻胶[49]，其主体均为环氧树脂，其中 SU-8 光刻胶树脂单体的化学结构如图 3-19 所示[50]。SU-8 光刻胶在近紫外区域的吸光度很低，光刻曝光时紫外线容易穿透光刻胶膜，光刻胶膜上端与低端的曝光量一致，易得到具有垂直侧壁和高深宽比的像素墙。同时，SU-8 光刻胶曝光过程发生聚合物之间的交联反应，形成聚合物网络结构，使得制备的像素墙具有较好的力学性能、抗化学腐蚀性和热稳定性。

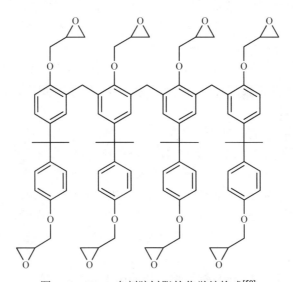

图 3-19 SU-8 光刻胶树脂的化学结构式[50]

然而 SU-8 光刻胶应用于电润湿显示像素墙的制备时，与电润湿显示其他材料之间存在性质或工艺的不完美匹配。比如，SU-8 光刻胶的水接触角大约为 74°[51, 52]，表现为弱亲水性，一方面导致 SU-8 光刻胶难以直接涂布在疏水绝缘层表面，如 Teflon 材料或 Cytop

材料等，因此需要对疏水绝缘层表面进行亲水处理后才可以制备像素墙结构，随后还需要一步高温回流的过程恢复疏水绝缘层表面的疏水性，存在对疏水绝缘层表面性质的不完全恢复现象，影响流体在疏水绝缘层表面的流动效果，进而影响器件显示效果及器件寿命。另一方面，其弱亲水性导致油墨在电压下聚集到 SU-8 光刻胶的像素墙周围形成油滴时，油滴容易翻越像素墙，油滴翻越像素墙后不能再回去，导致这两个像素格在之后的器件开关过程中无反应，器件失效，影响器件显示效果及使用寿命。

　　为解决 SU-8 光刻胶在疏水绝缘层表面的直接涂布问题，可在 SU-8 光刻胶中添加 Surflon 和 Novec 材料（Surflon S-386、Surflon S-651、Novec FC-4432）[53]，这类材料中同时含有亲氟基团、亲油基团和亲水基团（图 3-20）[54]，亲氟基团的存在增强了 SU-8 光刻胶在 Teflon 等含氟聚合物表面的亲和性。以 Surflon 材料为例，Surflon 的 SU-8 光刻胶的表面张力减小，小于 20 mN/m。因此，含 Surflon 材料的 SU-8 光刻胶可以直接在含氟聚合物表面涂布。另外，Surflon 材料中的亲油基团和亲水基团使得其在多种溶剂中的溶解性好，与 SU-8 光刻胶混合后均匀性好。

图 3-20　Surflon 材料的分子结构示意图（含有亲氟基团、亲油基团和亲水基团）[54]

　　为解决 SU-8 光刻胶的像素墙表面的润湿性问题，实现对油墨的良好限定效果，阻止油墨翻墙现象导致的电润湿显示器件的失效，像素墙表面润湿性需要得到改善。为满足像素墙的表面亲水性要求，一方面换用其他亲水性材料制备像素墙，如其他非光刻工艺，另一方面在封装油墨前对光刻胶像素墙表面做亲水处理。

　　SU-8 光刻胶制备的像素墙表面亲水改性的方法已有研究报道，如对 SU-8 光刻胶表面进行接枝反应。Wang 课题组[55]利用紫外线照射 SU-8 光刻胶表面对其引发剂进行活化，之后活化的基团结合 SU-8 光刻胶树脂中的氢生成反应位点，反应位点处发生接枝反应，聚合单体被接到 SU-8 光刻胶表面，二次紫外线照后 SU-8 光刻胶表面覆盖一层新的聚合物，实现对其表面的改性［图 3-21（a）、（b）］。这是通过光聚合反应的方式对 SU-8 光刻胶表面进行改性。另外，催化开环聚合的方式也可以实现 SU-8 光刻胶表面的接枝反应［图 3-21（c）］[56]。SU-8 光刻胶开环后生成羟基（—OH），随后与亲水性化合物发生催化接枝反应，如聚丙烯酸（PAA）、聚丙烯酰胺（PAM）、聚乙二醇（PEG）等，亲水性化合物的引入带来众多亲水性基团（—COO⁻、—CONH—、—COC—），大大提高了 SU-8 光刻胶表面的亲水性，水接触角由 71°降至 14°（PAA 或 PAM）和 40°（PEG）。

　　另外，氧等离子体或紫外/臭氧处理等方式亦可以实现 SU-8 光刻胶像素墙表面的亲水改性。相比于化学接枝反应，氧等离子体和紫外/臭氧处理的方式工艺更简单。比如，Walther 课题组[51]对 SU-8 光刻胶表面进行氧等离子体处理后水接触角由 74°降至 5°。SU-8 光刻胶表面亲水性的提高与氧等离子体处理后的含氧基团增多表面粗糙度增大有关。然而这类处理方式改性后的表面润湿性并不稳定，存在疏水恢复的现象，一定时间以后 SU-8 光刻胶表面接触角恢复，Walther 课题组观测到 SU-8 光刻胶表面氧等离子体处理后经 61 天恢复到 45°，Jokinen 课题组[52]则观测到处理后 100 天恢复到 60°。SU-8 光刻胶制备的像素墙表面若采用氧等离子体或紫外/臭氧处理的亲水改性方式，需注意其改性稳定性的观察，以免影响器件使用寿命。

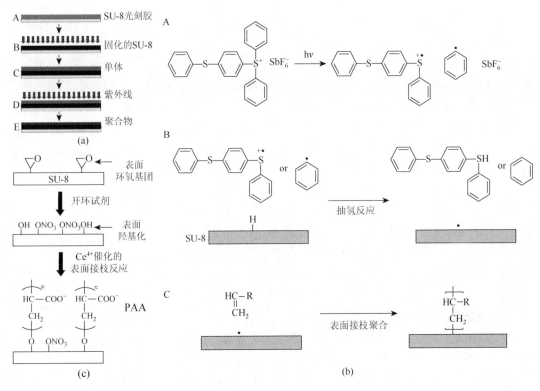

图 3-21　SU-8 光刻胶表面的化学接枝反应，实现对表面的润湿性改性，包括紫外诱导的 SU-8 光刻胶表面聚合接枝反应的示意图（a）与（b）反应方程式[55]和（c）SU-8 表面开环聚合接枝反应流程图[56]

　　为提高透射式电润湿显示器件的光学显示效果，提高显示对比度和透光率，Heikenfeld 课题组采用黑色光刻胶通过光刻工艺制备像素墙，如黑色 SU-8 光刻胶（black SU-8）[57]。如图 3-22（a）所示的电润湿显示示意图，黑色像素墙和黑色油墨层颜色近乎一致，关态时器件表现为黑色或灰色（图 3-22（b）），施加电压像素打开后黑色油墨聚集在黑色 SU-8 像素墙周围，器件开态与关态的对比度增大，可以达到约 1000：1。同时，器件的透光率大于 80%。

2. 硅氧烷

　　硅氧烷类材料用于制备电润湿像素墙时提高了像素墙的亲水性。比如华南师范大学课题组选用一种无机硅氧烷［图 3-23（a）］或有机硅氧烷［图 3-23（b）］材料制备像素墙，因这类材料可以通过旋涂的方式在玻璃表面成膜，因此又被称为 SOG（spin-on-glass，旋涂玻璃）。其中无机 SOG 的亲水性更强，更优选为像素墙材料[58]。SOG 材料可以自己成膜制备像素墙，也可以将其覆盖在光刻胶像素墙表面增强亲水性。台湾财团法人工业技术研究院新设计一种有机硅氧烷分子［图 3-24（a）］，其光可交联基团 C＝C 键在曝光时与 Si—H 键反应生成 Si—C—C—R［图 3-24（b）］，非曝光区域的 Si—H 键在碱性显影液中转换成亲水的 Si—OH 键，提供了像素墙表面的强亲水性[59]。这种亲水性强的有机硅氧烷材料既可以用于制备像素墙结构，也可以用于像素墙表面的亲水改性[60]。

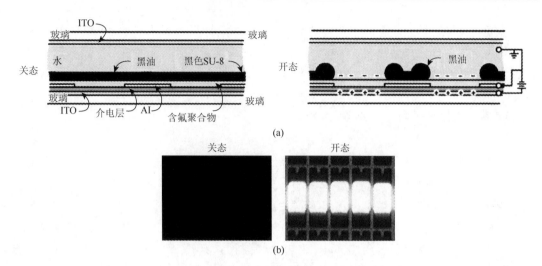

图 3-22　高对比度的电润湿显示像素（a）示意图和（b）实物图，包括关态（OFF state）
和开态（ON state）[57]

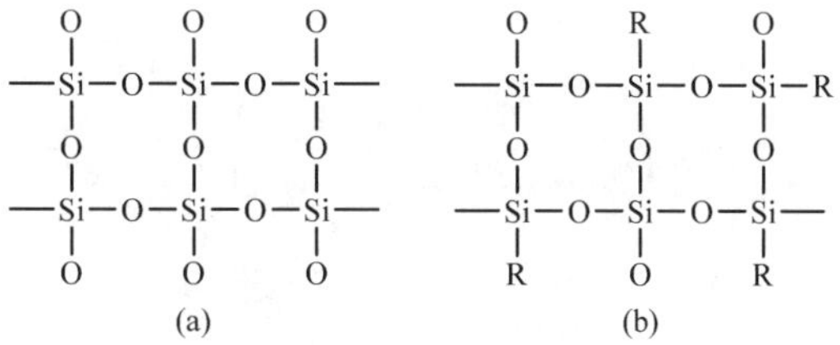

图 3-23　无机（a）/有机（b）SOG 的分子结构式，R 为有机链[61]

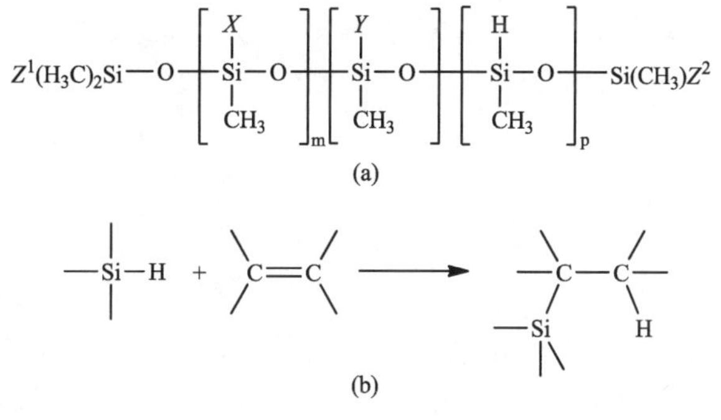

图 3-24　作为电润湿显示介电层的有机硅氧烷的（a）分子结构式及其（b）曝光时的光反应方程式[59]
X 为光可交联基团，Y 为有机基团，Z 为氢原子或有机基团

3. 聚酰亚胺

聚酰亚胺材料具有高化学稳定性、高热稳定性、高透光率、易成膜等特点，可用作电润湿显示像素墙材料[41]。聚酰亚胺材料可通过丝网印刷或微纳米压印等方法制备图案化像素墙。像素墙材料亲水性的要求来源于电润湿显示器件光电响应过程中对油墨的阻挡作用，因此各类材料制备像素墙时都必须满足亲水性的要求。而耐高温的要求来源于电润

湿显示器件工艺流程，即含氟聚合物的高温回流过程，因此当改用其他器件工艺时，如丝网印刷工艺制备像素墙，则像素墙材料不再要求耐高温。因电润湿显示器件要求像素墙一直浸没在油相和水相中，所以像素墙材料在油相或水相中性质稳定不溶解。

3.4.4　极性流体材料

1. 水溶液

电润湿显示器件最常用的极性导电流体为水溶液。纯去离子水的电导率低，作为极性导电流体时其导电性弱，如图 3-25 所示的去离子水电导率为 3 μS/cm，施加电压为 67 V，随着电极与基底之间的距离增大，电极与介电层之间的电阻增大，介电层表面实际电压减少，亲水性减弱，水滴接触角增大。在水中加入盐时，如 NaCl、KCl 等，随着盐溶液的浓度增大电导率也增大，当电导率达到 20 μS/cm 时盐溶液表现为完美导体，此时液滴在介电层表面的接触角与电极浸没在液滴中的深度无关[62]。

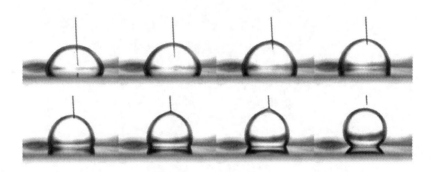

图 3-25　去离子水的液滴形态与浸没的电极深度的关系图[62]

去离子水的电导率为 3 μS/cm，交流电压频率为 500 Hz，电极与基底间的距离依次为 0.2 mm、0.7 mm、1.1 mm、1.4 mm、1.7 mm、2.0 mm、2.3 mm、2.31 mm

然而盐溶液的小离子对介电层的穿透性强进而造成对电极层的击穿，导致电极的电解腐蚀现象［图 3-26（e）］，同时容易造成介电层充电［图 3-26（c）］和油相充电［图 3-26（d）］，缩短器件寿命[63]。比如，K$^+$和 Cl$^-$等小离子导致电润湿显示器件的漏电流显著提高［图 3-27（b）］。Heikenfeld 课题组[48]将盐溶液换为表面活性剂水溶液，当表面活性剂的阴离子为尺寸较大的十二烷基硫酸根，阳离子为小尺寸的钠离子（Na$^+$）时，施加正偏压，Na$^+$向下极板移动，穿过介电层，导致电极层的击穿，器件漏电流增大；施加负偏压，带负电荷的十二烷基硫酸根离子向下极板移动，然而因其尺寸较大不能穿透介电层，器件漏电流小［图 3-27（c）］。同样，当阳离子尺寸较大而阴离子为小离子时，施加正偏压器件漏电流小［图 3-27（d）］。当表面活性剂为阴阳离子表面活性剂时，即阳离子和阴离子的尺寸都较大时，施加正偏压或负偏压，尺寸较大的阴离子或阳离子都不能穿透介电层，器件漏电流小［图 3-27（e）］。因此，为降低电润湿显示器件的漏电流，减少电极层的击穿现象，延长器件寿命，优选阴阳离子表面活性剂的水溶液作为极性导电流体。

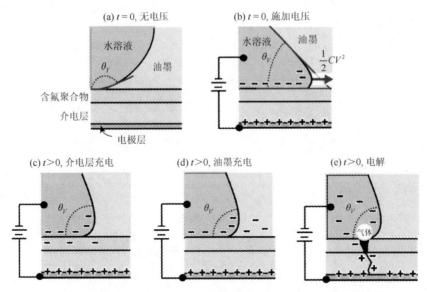

图 3-26　施加电压时电润湿器件的非理性行为[63]

（a）为未加电压的情况；（b）为施加电压的瞬间；（c）为施加电压后介电层的充电现象；
（d）为施加电压后油相的充电现象；（e）为施加电压后电极层的电解现象

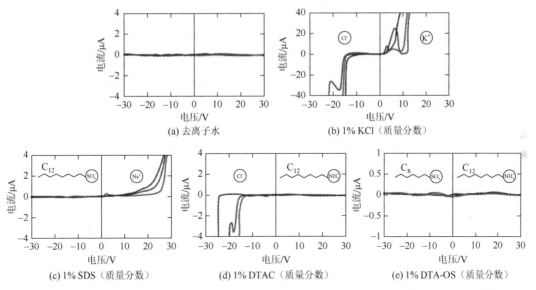

图 3-27　不同导电流体的电润湿显示器件的漏电流曲线，导电流体包括（a）去离子水、（b）去离子水/
1%KCl（质量分数）、（c）去离子水/1%SDS（质量分数）、（d）去离子水/1%DTAC（质量分数）、
（e）去离子水/1%DTA-OS（质量分数）[63]

　　另外，表面活性剂的加入导致水溶液的表面张力及与油相的界面张力降低，根据电润
湿方程，接触角变化同样数值所需电压降低，如图 3-28 所示[64, 65]。然而，随界面张力的
减小，表面活性剂水溶液在未施加电压时的接触角减小，此为界面张力的减小带来不利影
响。油水界面张力随表面活性剂浓度的增大而显著下降，最终影响电润湿显示器件的光电
显示效果。比如，Tween 80 浓度小于临界胶束浓度（CMC）或 Tween 80 与 Span 20 的混

合溶液中，随界面张力的减小，电润湿显示器件的光电显示效果增强，相同电压下的开口率增大，且器件打开的阈值电压（threshold voltage）降低。Tween 80 与 Span 20 表现出良好的协同效应（图 3-29）。而单独的 Span 20 或浓度高于 CMC 的 Tween 80 则对器件的光电响应不利，原因是此时油水界面的表面活性剂分子在器件施加电压后产生的电偶极矩较大，扰乱电场，导致实际的电场变弱，相同电压下油膜收缩变小像素开口率降低[65]。

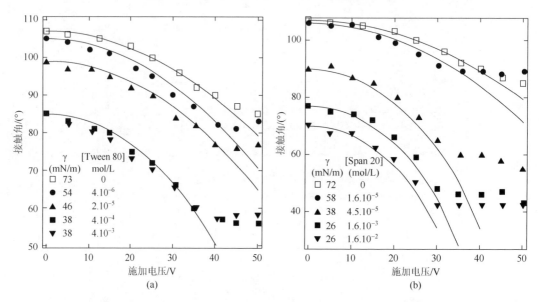

图 3-28　不同浓度的表面活性剂水溶液接触角与施加电压的关系曲线[65]

（a）表面活性剂 Tween 80 和（b）表面活性剂 Span 20。图中数据点由实验得到，实线则由电润湿方程计算得到。表面活性剂水溶液与空气的表面张力及表面活性剂浓度在图中已标出。Tween 80 和 Span 20 两种表面活性剂的临界胶束浓度分别为 8×10^{-5} mol/L、7×10^{-5} mol/L

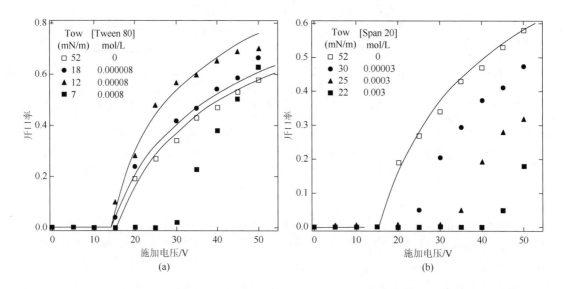

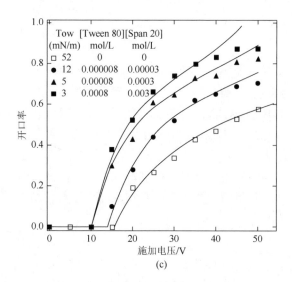

图 3-29　电润湿显示器件的光电响应曲线（即不同表面活性剂浓度的像素开口率与施加电压的关系曲线）[65]

测试区域面积为 $2\times2\ mm^2$ 的单个显示单元，油相为纯的正十烷，油膜厚度为 80 μm。表面活性剂分别为：（a）Tween 80；（b）Span 20；（c）Tween 80 + Span 20。图中数据点由实验得到，实线则由电润湿方程计算得到。表面活性剂水溶液与十烷的界面张力及表面活性剂浓度在图中已标出

2. 醇溶液

　　醇类分子比水分子尺寸增大，不易穿透介电层，器件漏电流较小（图 3-30（a）），因此也被考虑作为电润湿显示器件的极性导电流体，如乙二醇（EG）[66]、丙二醇（PG）[63]和甘油[67]或其混合溶液等。纯的醇溶液的电导率低，比如，丙二醇的电导率低于 0.01 μS/cm，溶解表面活性剂十二烷基硫酸钠（SDS）后电导率增至 31.1 μS/cm。近乎相同电导率（34.0 μS/cm）下的 SDS 水溶液施加正偏压时漏电流增大，Na^+ 穿过介电层；而 SDS 丙二醇溶液在施加正偏压或负偏压时均表现出较小的漏电流，利于器件寿命的增长。

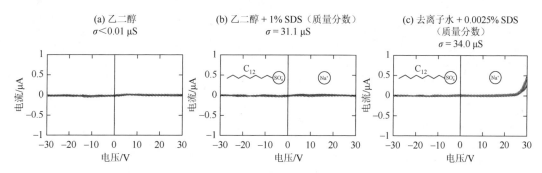

图 3-30　不同导电流体的电润湿显示器件的漏电流曲线：（a）导电流体包括丙二醇；（b）丙二醇/1%SDS（质量分数）；（c）去离子水/0.0025%SDS（质量分数）[63]

　　Heikenfeld 课题组通过对 16 种非水溶液的电润湿实验总结极性导电流体的选择方法[6]：极性导电流体需要具有的特性包括：与油墨相互不相溶、与油相的界面张力足够高、电导率足够高（较为合适的电导率为 20 μS/cm）、溶解的离子尺寸足够大等。

3. 离子液体

离子液体（ILs）具有非常好的导电性、宽温度窗口、不挥发、高的热稳定性、可调的物理性质和溶解性等特点[68]，其电润湿现象被广泛报道[69-73]。离子液体由阳离子和阴离子组成，当固定阴离子为 NTf_2，Wanigasekara 课题组设计了 12 种阳离子结构（图 3-31），增强或减弱阳离子的亲水性，离子液体在含氟聚合物表面接触角增大或减小：随着端基阳离子 R 基疏水性的增强 [图 3-32（a）]，离子液体在介电层含氟聚合物表面的接触角减小，饱和电压降低，不利于电润湿应用；随着连接碳链的缩短 [图 3-32（b）]，离子液体的亲水性增强，表面张力增大，离子液体在含氟聚合物表面的接触角增大[74]。

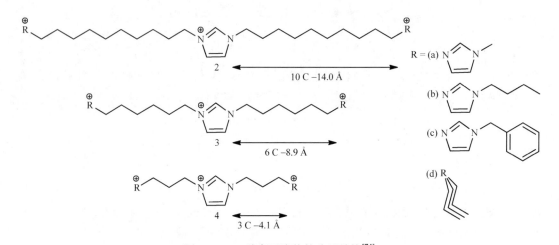

图 3-31　12 种离子液体的分子结构[74]

阳离子碳链长度为 3C、6C 和 10C，阳离子 R 基为（a）～（d）四类

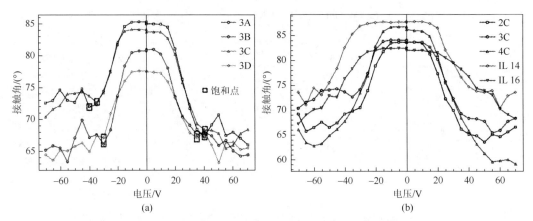

图 3-32　为几种离子液体的电润湿曲线[74]（后附彩图）

（a）四种离子液体的阳离子端基 R 基不同，连接链碳数为 6C；（b）2C、3C、4C 三种离子液体的阳离子
连接链碳数不同，端基 R 基相同为 C 类 R 基

同样，当阳离子不变，改变阴离子结构时，离子液体的电润湿性质发生变化[75]。窦盈莹等对比了三种不同阴离子的咪唑类离子液体的电润湿性质（图 3-33）[76]，结果同样表明亲水

性更强的离子液体在疏水绝缘层表面的初始接触角更大，亲水性最弱的[EMIM][NTf₂]表面张力最小，在疏水绝缘层表面接触角最小，饱和电压最低，不利于电润湿器件的应用。实验还发现亲水性最弱的[EMIM][NTf₂]对油墨的萃取能力最强，影响电润湿显示器件的寿命。

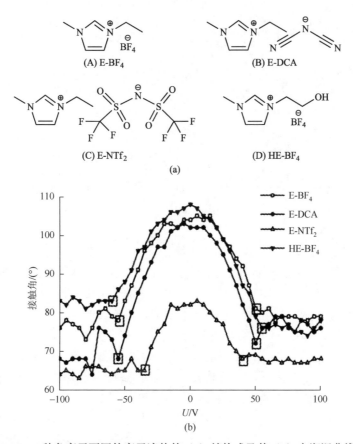

图 3-33　4 种负离子不同的离子液体的（a）结构式及其（b）电润湿曲线[76]

　　综合阳离子和阴离子对离子液体电润湿性质的影响发现，离子液体应用于电润湿显示时需要具有较强的亲水性及较大的表面张力[68,69]，此时离子液体在疏水绝缘层表面的初始接触角较大，对油墨材料的萃取能力弱。离子液体亲水性的增强，减少了离子液体结构中的疏水性-CHₙ-基团等及增加亲水性基团[77,78]。

　　离子液体的阴离子与阳离子差异较大，如尺寸的差异、离子取向的差异等，因此电润湿曲线经常表现出正负偏压下的不对称现象[70]，甚至出现只对一种偏压响应的情况[79]。为解释这种单偏压响应的现象，Liu 课题组提出一种电润湿情况下的扩散机理（图 3-34），离子液体在与导电材料金的界面存在多层结构，负偏压下阳离子吸附在金表面，且表现出离子平行于金表面的取向，吸附的第二层阳离子可以通过取向的改变扩散到金表面，出现电润湿现象；而正偏压下，阴离子吸附在金表面，但是吸附的第二层阴离子被无序排列的阳离子阻挡，无法扩散到金表面，导致接触角无变化。另外，二者尺寸差异也是造成单偏压响应的原因,实验的离子液体的阴离子尺寸远小于阳离子,因此阳离子容易穿过阴离子,而阴离子不容易穿过阳离子,即阳离子阻碍了阴离子的扩散。

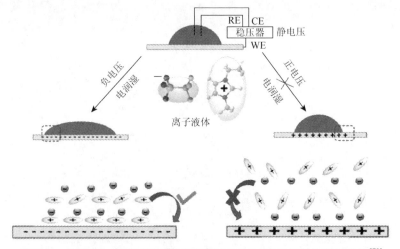

图 3-34　正负偏压下离子液体电润湿响应与否的离子扩散机理示意图[79]

4. 聚离子液体

聚离子液体(PILS)是一类在重复单元上具有阴、阳离子电解质基团的聚合物,结合了离子液体和聚合物的性质,因此被考虑作为电润湿显示的极性导电流体,聚离子液体的离子尺寸大大增加,削弱了离子对介电层的穿透力,可延长器件使用寿命。Holly 课题组对比了离子液体单体与聚离子液体的电润湿性质(图 3-35)[80, 81],结果表明聚离子液体 3 比离子液体单体 2 的分子尺寸增大,表面张力增大,初始接触角(0 V)增大。施加电压后,电场作用下液体在含氟聚合物表面接触角减小,但是因为离子液体单体 2 的阳离子与阴离子尺寸接近,其电润湿曲线在正、负偏压下较为对称。而聚离子液体 3 的阴离子为大的聚合态,阳离子为小离子,导致其电润湿曲线在正负偏压下不对称,负偏压下的接触角大于正偏压的接触角。施加正偏压,上极板为正,下极板为负,含氟聚合物与聚离子液体界面生成负电荷,吸引聚离子液体的阳离子,聚离子液体 3 的阳离子为小离子,易聚集到疏水绝缘层-聚离子液体界面,因此其接触角随电压减小较快。相对地,施加负偏压,聚离子液体尺寸较大的阴离子移动较为困难,因此接触角随电压减小较慢。这是导致电润湿曲线不对称的原因。因此,聚离子液体在电润湿显示中应用时需根据其电润湿曲线的不对称性选择施加电压的正负。

等摩尔
noat
25 ℃
(99%)

AIBN
70 ℃
(95%)

1　　　　　　　　2　　　　　　　　3

(a)

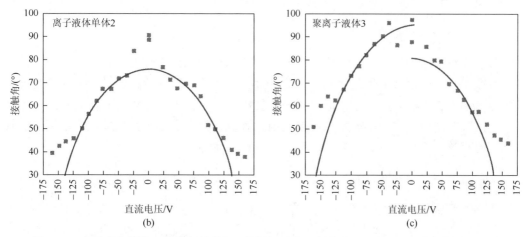

图 3-35　离子液体单体 2 与聚离子液体 3 的制备反应示意图（a），以及二者在直流电压下的
电润湿曲线（b-单体 2、c-聚离子液体 3）[80]

3.4.5　封装材料

　　电润湿显示器件结构由上下基板和包含在腔体内的极性和非极性两种液体组成，由于器件结构的特殊性，器件通常用压敏胶（pressure sensitive adhesive，PSA）来进行封装。压敏胶是一类对压力敏感，在使用时不需要添加任何辅助剂或加热等其他处理，只需要施加一定的压力，便能与被粘物粘连的胶黏剂。压敏胶具有粘之容易、揭之不难的特点，使其在医疗用品、电子元件加工、电子绝缘、包装、节能装饰、运动用压敏胶带、VHB（高强度胶带）、放涂改标签、表面保护等多个领域取得了较快的发展。

　　压敏胶按照其主要化学成分可分为橡胶型和树脂型两大类，进一步还可以分为橡胶型压敏胶、热塑性弹性体类压敏胶、丙烯酸酯类压敏胶、有机硅类压敏胶、聚氨酯类压敏胶等。橡胶型压敏胶发展较早，在 1845 年就出现了第一个用天然橡胶制造医用橡皮膏的专利。树脂型压敏胶的发展晚于橡胶型压敏胶，目前研究最广泛的是丙烯酸酯类压敏胶。

　　丙烯酸酯类压敏胶是树脂型压敏胶中发展速度最快，应用范围最广的压敏胶，被广泛应用于各种包装胶带、压敏标签、医用材料和一次性用品等。按照其分散介质分，丙烯酸酯类压敏胶可以分为溶剂型丙烯酸酯压敏胶、热熔型丙烯酸酯压敏胶、乳液型丙烯酸酯压敏胶、UV 固化型丙烯酸酯压敏胶。随着全球环保意识的增强，溶剂型丙烯酸酯类压敏胶的发展受到限制，而污染相对较小的乳液型丙烯酸酯类压敏胶的发展深受人们的广泛重视。由于乳液型丙烯酸酯类压敏胶具有传统溶剂型丙烯酸酯类压敏胶所不具有的优点，如成本低、使用安全、无污染、聚合时间短、聚合物相对分子质量较高、对多种材料黏结性良好及胶膜无色透明等，使乳液型丙烯酸酯压敏胶占压敏胶的 65%。乳液型丙烯酸酯压敏胶的耐水性、耐老化性和电性能不如溶剂型丙烯酸酯压敏胶，并且前者的干燥速率慢、能耗大、表面张力较大及涂布性能欠佳[82]，这也是溶剂型丙烯酸酯压敏胶不能完全被乳液型丙烯酸酯压敏胶完全代替的原因。目前的主要改性方法有交联改性、改进聚合方式、有机硅改性、增黏树脂改性等。

1. 溶剂型丙烯酸酯压敏胶

溶剂型丙烯酸酯压敏胶主要由软单体、硬单体和功能性单体及溶剂构成，它有优良的压敏性和黏结性，又由于耐老化性、耐光性、耐水性、耐油性优良，所以几乎没有经时变化引起压敏性下降的问题，而且可剥离性能优良。由于有机溶剂有毒、易燃、污染环境，使溶剂型丙烯酸酯压敏胶应用受到很大限制，但由于其优良的性能，在目前仍具有一定的市场。

2. 乳液型丙烯酸酯压敏胶

乳液型丙烯酸酯压敏胶由一定配比的丙烯酸单体，以水为分散介质进行乳液共聚，再加入必要的助剂制得。其性能主要取决于乳液共聚物的分子构成、平均分子质量、颗粒大小和内部结构等，还有各种助剂和添加剂的影响。

3. 热熔型丙烯酸酯压敏胶

热熔型丙烯酸酯压敏胶是以热塑性聚合物为主的胶黏剂，兼有热熔和压敏双重特性，在熔融状态下进行涂布，冷却固化后施加轻度指压既能快速粘结，同时又能较容易地剥离下来，不污染被粘物表面。与传统溶剂型和乳液型丙烯酸酯压敏胶相比，热熔型丙烯酸酯压敏胶具有固化量100%，不含有机溶剂，环保无污染，涂布速率快，生产成本低等优点。

4. UV 固化型丙烯酸酯压敏胶

UV 固化，顾名思义就是通过紫外线进行压敏胶的交联反应，形成网络结构，具有较大的内聚力，耐热蠕变，耐高温，固化过程不需要添加其他物质且无污染物排出，是理想的绿色压敏胶。与其他压敏胶相比，UV 固化型压敏胶具有固化速度快，不需要很高的固化温度，固化条件简单易控制，能耗低，无 VOC 排放。耐热性和抗增塑性加强是目前国际上研究较多的压敏胶学科，具有重要的理论和应用价值。

5. 压敏胶生产工艺

压敏胶的生产工艺及所用到的设备因压敏胶的种类、基材种类和制品形状等的不同而有所不同。目前压敏胶的生产主要包括以下三个步骤。

（1）压敏胶胶黏剂的制备

根据涂布方法不同，胶黏剂的配制方法也不同，例如，适用于溶剂法涂布的压敏胶胶黏剂一般是先将高聚物在溶剂中溶解，再加入其他组分搅拌均匀，调制成一定的黏度即可。

（2）胶黏剂的涂布和固化

将胶黏剂、底涂剂和背面处理剂配制后，采用一定的方式将其涂覆于基材上，固化干燥后，即可得到产品。传统的涂布方法有溶剂法、滚贴法和隔离滚贴法三种，在电润湿显示器件中，一般采用丝网印刷法。

①溶剂法：设备简单，操作方便，涂布厚薄适应范围广，缺点是消耗大量的溶剂，易产生静电造成火灾。纸、塑料薄膜等强度较小的基材，一般采用此法涂布。

②滚贴法：此法适用于涂布强度较大和较厚的基材，如布、尼龙等。胶层的厚薄容易调节，消耗溶剂少，安全，方便。

③隔离滚贴法：此法可以滚贴任何基材，并且可使基材不通过烘箱干燥，有利于提高产品质量，节省溶剂。

④丝网印刷法：印制具有特殊形状的压敏胶，方便快捷，节省原料。

（3）裁切和包装

一些特殊的压敏胶制品还需要卷曲。采用丝网印刷印制的封装胶可以节省裁切步骤，不但可以节省大量的时间，还可以节省多余的胶黏剂。

3.5 电润湿显示器件制备工艺

典型电润湿器件的像素结构如图 3-36 所示：上下基板是由两块透明玻璃构成，在上基板的内侧有 ITO 导电层，且该 ITO 作为公共电极。在下基板上，导电 ITO 层刻蚀成为驱动电极。电极上方是疏水绝缘层。疏水绝缘层的疏水性和介电性能至关重要，其直接决定电润湿器件的驱动电压及器件的可靠性等。绝缘疏水层上面是像素格结构层，像素格内填充非极性油墨液体，在上基板和非极性油墨层中间填充极性液体。上基板和下基板用胶框组装在一起。电润湿显示器件的结构和液晶显示器件相似，但是制作工艺却存在很大差异。电润湿显示器件的制作流程主要分为三大部分：绝缘层的制作、像素墙的制作和油墨填充及器件组装（图 3-37）。

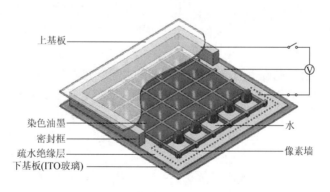

图 3-36 电润湿显示器结构示意图

电润湿显示器件的电极层根据显示器类型的不同可以由 ITO 或 TFT 构成。通常下基板的 ITO 导电层会经过刻蚀工艺制作出电极结构。上基板的电极作为公共电极可以使用整块的 ITO 导电玻璃。电润湿显示器件一般需要在洁净工作间制备，因为制备过程的洁净度直接影响疏水层的性能和电润湿显示器件的产率。在制备疏水绝缘层之前，所使用的导电玻璃基板需要经过清洗线清洗、烘干，除掉有机和无机杂质。

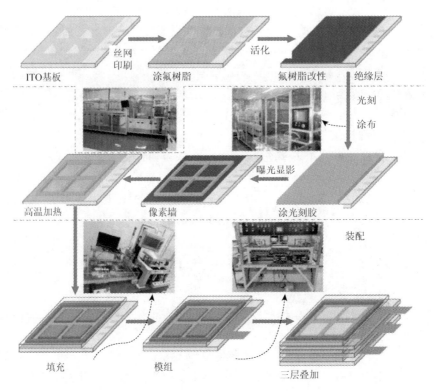

图 3-37　电润湿显示器制作流程图[83]

3.5.1　功能层制备

　　介电层的加入虽然对器件所需的驱动电压和制作工艺有了更高的要求,但是很大程度上消除了液体电解现象,并扩大了液体在固体表面的接触角变化范围,因此选取适当的介电材料及加工工艺对电润湿器件至关重要。3.4.2 节已经介绍了电润湿显示器件中的绝缘层和疏水层主要是由绝缘材料和氟树脂构成。根据所用绝缘材料的不同,可以使用磁控溅射、气相沉积或化学沉积的方法制备绝缘层。在电润湿显示器件的制备中,氟聚物的沉积是非常关键的一步,为了满足电润湿器件的需要,氟聚物薄膜需要没有微孔或其他缺陷。电润湿显示器是电容型器件,必须避免因缺陷引起的电流通过,否则就会严重影响电润湿器件的性能。无机介电层通常是采用真空气相沉积的方法成膜,而 Tefon ®AF1600 在氟系溶剂中良好的溶解性保证了它们可以通过溶液来沉积,而不需要采用熔融或真空气相沉积的方法。为了保证良好的显示性能,涂层的厚度一般是 0.5～1.0 μm,氟聚物层作为疏水层同时也起到介电层的作用。当氟聚物层仅作为疏水表层时,所使用的绝缘层更薄,通常是 0.1 μm厚[84],旋涂绝缘层厚度控制可以通过调整溶液的浓度、旋涂转速等方法简单实现。

　　虽然绝缘层制备工艺复杂,很难刻蚀,但是氟树脂本身具有很好的绝缘性能。现阶段国内只有华南师范大学华南先进光电子研究院具备电润湿显示器 G2.5 代线的生产能力。目前该生产线所制造的电润湿显示器件的绝缘疏水层使用单一的氟树脂材料。绝缘疏水层可以使用旋涂、浸涂、丝网印刷及喷墨打印的方式制备[85]。

1. 旋涂工艺制备电润湿显示器绝缘疏水层

电润湿显示器件的制备过程中最常用的沉积高品质氟聚物薄膜的方法是旋涂法[86]。作为众多的薄膜制备方法之一，旋涂法制备功能薄膜具有厚度精确可控、高性价比、节能、低污染等优势，在微电子技术、纳米光子学、生物学、医学等领域应用广泛。旋涂法作为制备薄膜的方法已经使用了几十年。典型的步骤包括在基材中心喷少量液体材料静止放置，然后高速（通常约为 3000 r/min）旋转基材。离心加速度将导致大部分树脂扩散到基材边缘并最终脱落，在表面上留下材料薄膜。最终膜厚度和其他性质将取决于流体材料的性质（黏度、干燥速率、固体百分比、表面张力等）及为旋转过程选择的参数。诸如最终转速、加速度和烟气排放等因素都会影响旋涂膜的性能。旋涂中最重要的因素之一是重复性，因为旋涂工艺参数的细微变化，就可能导致旋涂膜发生剧烈变化。

旋涂法制备的薄膜厚度为 30～2000 nm。旋涂法涉及许多物理、化学过程，主要包括流体流动、润湿、挥发、黏滞、分散等。一个典型的旋涂过程包括滴胶、匀胶、高速旋转及干燥，如图 3-38（a）所示。旋转速度是旋涂的一个重要参数。基材速度（r/min）影响施加到液体树脂的径向（离心）力的程度及紧接在其上方的空气速度和特征湍流。特别地，高速旋转步骤通常决定最终薄膜厚度，如图 3-38（b）所示。在此阶段，相对较小的 Â±50 r/min 变化可能导致 10%的厚度变化。薄膜厚度在很大程度上是将流体树脂朝向基材边缘剪切所

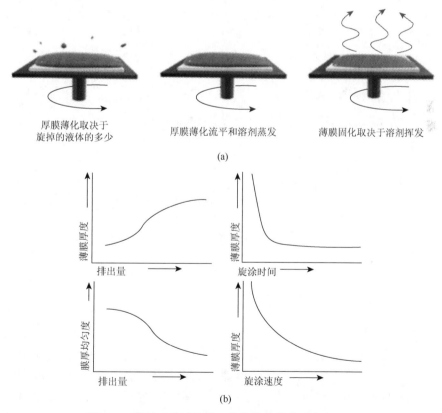

|厚膜薄化取决于|厚膜薄化流平和溶剂蒸发|薄膜固化取决于溶剂挥发|

（a）

（b）

图 3-38　旋涂工艺及旋涂工艺参数对薄膜厚度的影响

用的力和影响树脂黏度的干燥速率之间的平衡。树脂干燥时黏度增加，直到旋转过程的径向力不再明显地使树脂在表面移动。这时，膜厚度不会随着旋转时间增加而显著降低。基材朝向最终旋转速度的加速度也可以影响涂膜的性质。由于树脂在旋转周期的第一部分开始干燥，因此需要精确控制加速度。在一些方法中，树脂中 50%的溶剂将在过程的前几秒内蒸发。加速度在图案化基材的涂层性质中也起到很大作用。在许多情况下，基材将保留先前过程的形貌特征；因此要将树脂均匀地涂覆在这些特征之上并穿过其中。虽然旋转过程通常向树脂提供径向（向外）力，但是加速度为树脂提供扭转力。这种扭转有助于树脂分散，否则流体可能遮蔽部分基材。Cee®旋转器的加速度能够以 1 r/min/秒的分辨率编程。在操作中，旋转电机以线性斜坡加速（或减速）到最终旋转速度。

氟树脂材料（包括 AF、Cytop 及 Hyflon）在氟碳溶剂内（FC 氟碳溶剂）具有很好的溶解性，可以根据制作工艺的区别配制成不同浓度的氟树脂溶液。利用旋涂工艺，可以在导电基板上制备 200～1000 nm 厚的氟树脂薄膜，且氟树脂薄膜厚度均匀，缺陷少。氟树脂绝缘疏水层的厚度与溶液浓度和旋涂速度的变化曲线，如图 3-39 所示。

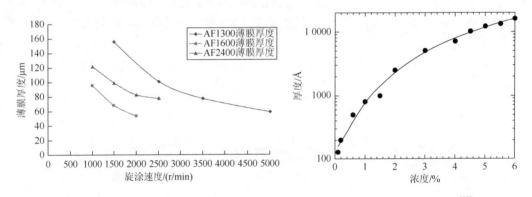

图 3-39　非晶态含氟聚合物薄膜厚度与旋涂速度和 Teflon®AF 溶液浓度的关系[87]

华南师范大学制备的电润湿显示器件内的绝缘疏水层厚度一般为 600～1000 nm，相应的旋涂转速在 1000～2000 r/min。尽管旋涂工艺可以制备厚度均匀可控、性能优异的氟树脂薄膜，但是旋涂工艺并不适合大面积电润湿显示器件的生成，主要有两个方面的原因：①旋涂工艺材料利用率低，一般只有 20%左右，而氟树脂材料价格昂贵，旋涂工艺不利于降低器件成本；②旋涂工艺可制备器件的尺寸有限，不能满足制作大尺寸电润湿显示器件的需求。

2. 浸涂工艺制备电润湿显示器绝缘疏水层

另一种沉积氟聚物的方法是浸涂，浸涂适用于棱镜等三维基板器件[88]，而旋涂通常用于二维基板，浸涂涂层的厚度与溶液浓度、基板撤出液面速度等有关。浸涂是薄膜涂覆工艺中的一种传统方法。它的工艺过程是将工件浸没于液体内，取出后去除余液，经干燥形成薄膜。浸涂的特点是：涂装工艺简便，生产效率高，容易实现涂覆过程机械化。涂膜设备简单，适用于涂覆工件的底膜。浸涂工艺要求工件几何形状简单。当工件从槽中取出时，不滞留余液，余液能均匀流下。因此内壁凹凸起伏较大的工件，如带有深槽、盲孔等的工件，以及在液体中漂浮的工件，均不适宜。影响浸涂涂层质量的主要因素是液体的黏度和温度。液体的黏度不仅影响涂层的厚度，并且影响液体从涂层表面下流的速度。液体黏度越小，其下流速度越快，对去余液有利。黏度过小使薄膜太薄，过大则薄膜厚薄不均匀。液体的温度直接影响黏度，故可用于调节液体的黏度，使其达到预期要求。但须注意液体温度高，溶剂挥发快。浸涂用液的温度宜为 20～30 ℃。还有，工件的吊挂和运送也与涂层质量有关。为使浸涂的涂层均匀，基板最佳吊挂位置应是工件上的最大表面位置接近垂直，而其他表面与水平面呈倾斜，其夹角宜为 10°～40°。

浸涂工艺主要用于制作基于电润湿的液体变焦透镜器件，因为透镜器件一般为柱状而非平面结构。尽管浸涂可以用于制备电润湿显示器件的绝缘疏水层，但是，浸涂有诸多缺点：基板的正反两面均有涂层，盛装溶液需要很大一个容器，由于溶液的流平性薄膜易上薄下厚厚度不均匀，而且薄膜涂覆是在一个开放的空间进行，易引入灰尘等杂质。其薄膜厚度控制不如旋涂工艺精确，且工艺制备时间长，更加不适合大面积电润湿显示器件的制备。因此在采用浸涂法时要特别注意防止杂质进入溶液，其中的一些杂质可以通过孔径 0.8 μm 或更小的过滤器过滤除去。然而，不管是采用浸涂还是旋涂，都需要额外的刻蚀步骤（通常是干法刻蚀）来去除薄膜多余的部分，形成图案。

3. 丝网印刷工艺制备电润湿显示器绝缘疏水层

虽然，旋涂和浸涂的方式容易获得均匀性好的氟树脂层，但是旋涂较为浪费材料（材料利用率只有 10% 左右），浸涂方式效率较低。丝网印刷可以大面积快速制备氟树脂涂层。

丝网印刷工艺成熟，在工业和日常生活中有着广泛的应用，如纺织印花印染行业、水转印花纸（日用陶瓷、玻璃）行业、平板玻璃行业，在电子方面的应用主要有：①印制电路板（PCB）。电子行业中的线路、阻焊、文字的单面板、双面板、多层板许多都采用丝网印刷的工艺。②有机发光显示。有机发光显示的边框、电极都采用丝网印刷，导光板也采用丝网印刷方式生产。③太阳能电池。太阳能电池生产的主要工艺是丝网印刷模切烫印压痕，其表面电极、背面电极、背面覆铝三大工艺均由丝网印刷完成。虽然有用丝网印刷技术制备电润湿器件封装胶层的报道[47]，但将丝网印刷用于电润湿显示器件的制备尚属全新的领域。

丝网印刷的原理如图 3-40 所示，可以解释为网版在印刷时，通过一定的压力使溶液通过网版的开孔部分转移到承印物上，形成图案。丝网印刷的网版由开孔部分和封闭部分组成，根据所需的图案制成网版，印刷过程中，网版的部分网孔透过溶液漏印至承印物上形成图案，网版的其余部分网孔被堵死，不能透过溶液，在承印物上留下空白部分。丝网印刷形成的薄膜厚度与感光胶厚度、丝径、开孔率、印刷速度、印刷压力、溶液黏度、溶液浓度等参数有关。丝网印刷是一种实用性强、简单、快速、低成本的涂覆技术，它不需要昂贵的真空设备，而且能够应用于任何形状和尺寸的表面。丝网印刷技术因其能够大面积沉积高品质无微孔涂层而广泛应用于太阳能、有机发光显示等行业，用于沉积厚度 0.5 μm 以上的薄膜。在电润湿显示器件制备过程中，绝缘层表面改性、光刻工艺复杂，绝缘层图案不需要很高的分辨率，因而可以使用丝网印刷工艺进行绝缘层涂覆、像素格的建立，其工艺流程如图 3-41 所示。另外，氟聚物、光刻胶等材料都非常贵，将薄膜仅沉积在有效区域也是节省材料的有效方法。柔性印刷与丝网印刷一样，有溶液利用率高和可形成图案的优势，曾被用于电润湿显示器件制备，然而这种方法只适用于形成厚度在 100 nm 以下的薄膜。例如，柔性印刷用来沉积液晶显示行业中所用的聚酰亚胺涂层，但薄膜厚度比电润湿显示所要求的绝缘层厚度远远要薄，因此不适用于电润湿显示器件的制备。

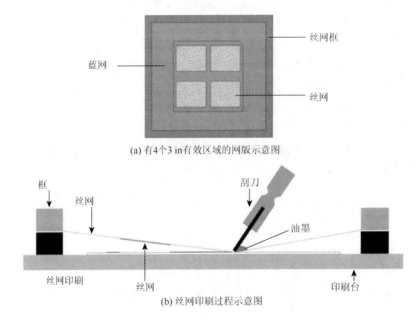

(a) 有4个3 in有效区域的网版示意图

(b) 丝网印刷过程示意图

图 3-40　丝网印刷原理示意图

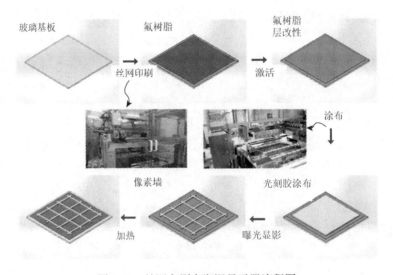

图 3-41　丝网印刷电润湿显示器流程图

丝网印刷工艺在制备氟树脂薄膜时具有两大优势:第一,可以制备大面积氟树脂薄膜,有利于大尺寸电润湿显示器件的制备;第二,可以直接印刷具有简单图形结构的氟树脂薄膜,有利于简化电润湿显示器件的制作工艺。虽然丝网印刷制备的氟树脂涂层均匀性稍逊色于旋涂方式,但是其材料利用率随印刷次数的增加而提高,最高可以达到80%左右 [图 3-42 (c)],且可以印刷出具有简单图形的氟树脂层,可以省去部分刻蚀工艺环节,提高电润湿显示器的制备效率[89]。一般使用 3%的氟树脂溶液通过丝网印刷的方式在 ITO 玻璃上印刷出疏水绝缘层。

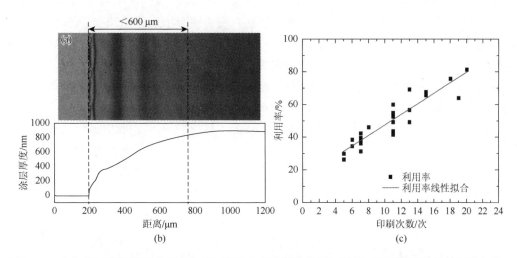

图 3-42　(a)丝网印刷制备的疏水绝缘层图片,其中颜色的不同显示了印刷图案边缘的不均匀性;
(b)丝网印刷氟树脂涂层厚度;(c)丝网印刷氟树脂材料利用率和印刷次数的关系[89]

印刷后的氟树脂层需要在热板上 85℃烘烤半小时,挥发掉涂层中的氟碳溶剂。氟树脂薄膜完全固化,需要进一步在 185℃的烘箱内烘烤半小时,最终得到 800 nm 左右的绝缘疏水层。由于疏水层的表面能很低,很难将像素墙材料涂敷在其表面,所以在制作像素墙之前要将氟树脂用等离子刻蚀增加其表面的亲水性,如图 3-43 所示。

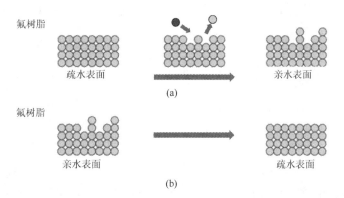

图 3-43　(a)等离子刻蚀对氟树脂表面改性;(b)高温加热恢复氟树脂表面性能示意图

4. 喷墨打印制备电润湿显示器绝缘疏水层

随着精密喷墨打印机的发展，喷墨打印工艺已经在 OLED 等显示领域得到了应用。喷墨打印具有快速、精密且可直接图案化的优势。按需喷射（drop on demand，DOD）喷墨打印系统中墨水只在需要打印时才喷射，所以又称为随机式。它与连续式相比，结构简单，成本低，可靠性也高，但是，因受射流惯性的影响墨滴喷射速度慢。在这种随机喷墨系统中，为了弥补这个缺点，不少随机式喷墨打印机采用了多喷嘴的方法来提高打印速度。目前，这种喷墨技术主要有微压电式和热气泡式两大类。可控制印刷不同分辨率的各种图案，可印刷的材料范围广，并且配有可加热且有真空吸附功能的印刷台，可以用于柔性基材的印刷。另外，喷墨打印机的材料体系已经从一般的油墨材料扩大到了纳米颗粒悬浊液、聚合物材料溶液等。一般要求溶液黏度小于 30 cP，表明张力小于 40 dyn[①]。尽管氟树脂材料溶液表面能很低，但是通过调节溶液特性可以获得可打印的氟树脂溶液。喷墨打印制备氟树脂疏水层的材料利用率高，且该疏水层厚度均匀，可以直接制备出具有图案的氟树脂涂层，省掉了等离子活化和高温加热的过程，氟树脂层性能更加稳定。基于喷墨打印方法制备的电润湿显示器件，驱动电压一致，进一步延长了电润湿器件的寿命。

华南师范大学已经成功利用喷墨打印方式打印了电润湿显示器件的绝缘疏水层，其工艺流程如图 3-44 所示，制备出的器件效果如图 3-45 所示。

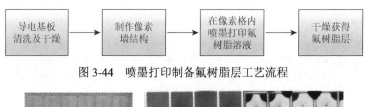

图 3-44　喷墨打印制备氟树脂层工艺流程

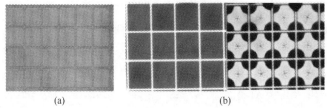

(a)　　　　　　　　　　　(b)

图 3-45　（a）喷墨打印氟树脂层；（b）基于喷墨打印制作的电润湿显示器件开关图片

3.5.2　像素结构制备

1. 制备方法

电润湿显示像素结构的制备方法主要包括传统光刻法、丝网印刷法、微纳米压印法和 3D 打印法等。

（1）传统光刻法

电润湿显示器件的像素墙材料优选为光刻胶材料，通过传统光刻法制备图案化的像素墙。因常用的含氟聚合物表面能非常低，光刻胶类材料很难在含氟聚合物表面直接涂布，

① 1 dyn = 10^{-5} N。

因此需要先对含氟聚合物表面进行氧等离子体等亲水处理。含氟聚合物表面变亲水后即可通过旋涂、狭缝涂布、丝网印刷等手段在含氟聚合物表面涂布光刻胶湿膜 [图 3-46（a）]。湿膜经前烘（soft baking）热处理蒸发掉大部分的溶剂，同时增强光刻胶与含氟聚合物表面的黏附性。前烘需要合适的温度和时间，若温度过高负性光刻胶可能发生热交联反应[90]，而如果前烘温度或时间不够，光刻胶膜中残留大量的溶剂，在曝光后的烘烤步骤溶剂蒸发增大膜张力。之后光刻胶在紫外线曝光下发生光敏反应 [图 3-46（b）]，此过程中正性光刻胶（正胶）发生解聚反应，曝光区域的大分子变为小分子；负性光刻胶（负胶）发生聚合或交联反应，曝光区域的小分子变成大分子。负性光刻胶通常在曝光后还需要一步烘烤加深光反应的程度。有机溶剂显影液根据相似相容原理更易溶解小分子，碱性显影液多发生碱基（—OH）与小分子的反应而实现显影效果 [图 3-46（c）]，最终显影液带走小分子留下大分子，因此正胶留下的是未曝光区域，而负胶留下的是曝光区域（图 3-47）。电润湿显示器件的像素墙需要一直在含氟聚合物表面发挥像素围墙的作用，因此更优选用负胶制备像素墙，留下聚合或交联后更稳定的聚合物大分子。传统电润湿器件制备像素墙之后还需要一步高温回流过程实现含氟聚合物表面疏水性的恢复，为保证像素墙结构在此过程的稳定性，所用光刻胶材料的 T_g 需要与含氟聚合物的 T_g 一致甚至更高，目前最常用的是环氧树脂类光刻胶（SU-8 光刻胶等），得到的 Teflon 表面的像素墙为倒梯形 [图 3-46（e）][91]。

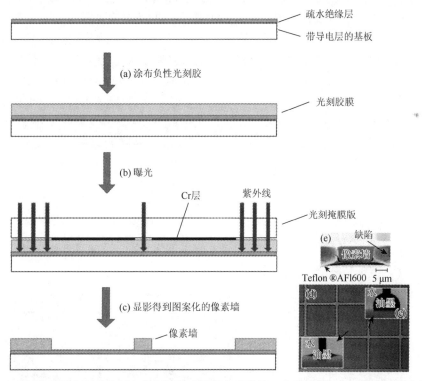

图 3-46 光刻胶采用光刻工艺制备电润湿显示器件像素墙的工艺流程图：（a）涂布负性光刻胶；（b）透过光刻掩模板对光刻胶进行曝光；（c）显影工艺后即得到图案化的像素墙，光刻胶以负性光刻胶为例，示意图中省略了涂布之后和曝光之后可能需要的烘烤；（d）为光刻显影后得到的疏水绝缘层表面的像素墙结构的光学显微镜照片[89]；（e）SEM 照片[91]

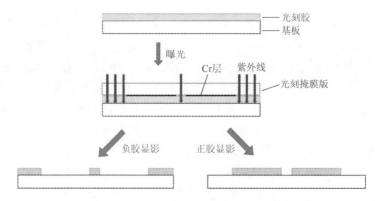

图 3-47　负性光刻胶与正性光刻胶光刻工艺的不同

以上传统光刻工艺制备像素墙需要对绝缘疏水层进行亲水处理，以满足光刻胶在其表面的涂布要求，最后再通过高温回流的方式恢复绝缘疏水层表面的疏水性。传统光刻法制备像素墙存在疏水绝缘层不能完全恢复到原始状态的问题，并且光刻胶材料可能残留在疏水绝缘层表面造成污染。

（2）丝网印刷法

Chen 等[41]选用聚酰亚胺硅氧烷作为介电层，像素墙材料选择同系列的聚酰亚胺，像素墙材料可以直接在介电层表面丝网印刷，得到图案化的像素墙（图 3-48）。丝网印刷制备像素墙的方法相比传统光刻法精简了工艺流程，绝缘疏水层表面不需要亲水改性和高温回流的疏水恢复。丝网印刷制备的像素墙的高度与印刷的丝网参数、聚酰亚胺乳液厚度、橡胶滚轮的压力、基底与丝网间距、聚酰亚胺的浓度等参数有关。聚酰亚胺的浓度太大时溶液黏度大，不利于丝网印刷过程，易造成网板的堵塞；聚酰亚胺的浓度太小时，制备的像素墙容易变宽变短，得到的像素墙形状不佳。各项印刷参数的设定在印刷前完成，如调平、设定橡胶滚轮的压力、设定印刷速度、设定网板与基底间的距离（1～2 mm）。丝网印刷过程要迅速，以防止溶剂 DMAC 的挥发。印刷后迅速放入烘箱中烘干，制得固化的像素墙结构。

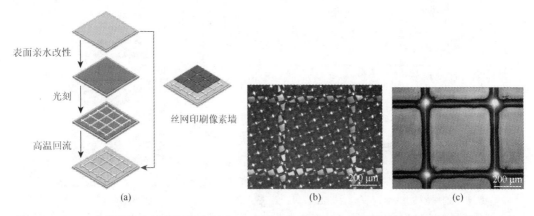

图 3-48　（a）电润湿器件制备流程示意图，包括传统光刻法制备像素墙及丝网印刷像素墙；（b）与（c）分别为所用丝网结构、聚酰亚胺硅氧烷表面丝网印刷的亲水聚酰亚胺像素墙的显微镜照片[41]

（3）微纳米压印法

微纳米压印法（microreplication）也被考虑用于电润湿显示图案化像素墙的制备。微纳米压印法又被称为软光刻（soft lithography）法，流程如图 3-49 所示[92]，采用传统光刻或刻蚀等方法制备母版（master），母版的图案与目标图案一致。微纳米压印法对母版材料的物理化学性质、表面润湿性等要求不高，但是对其形状要求较高，与目标图案一致性越高越好。进而通过倒模的方法以母版为模版制备硅氧烷聚合物的软模版（mold），软模版的图案与硬模版的相反。弹性的软模版相比于硬模版具有多项优势，最重要的是软模版的弹性特质保证了软模版与硬性母版和目标图形分离时不伤害母版或目标。最后，以软模版为模板压印制备目标图形，得到的目标图案与母版图案一致，目标图形的材料需要满足应用需求。微纳米压印制备电润湿显示的像素墙时，满足了普通光刻工艺对基底平整度的要求，可实现曲面电润湿显示像素墙的制备[60, 93]。微纳米压印像素墙材料要求表面亲水性高以防止油墨翻墙。

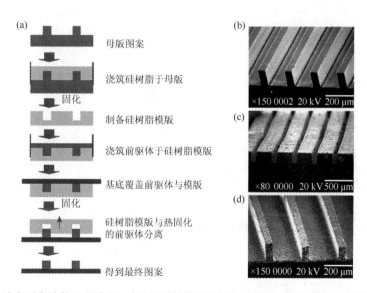

图 3-49　（a）纳米压印法的工艺流程，包括光刻制备硬模版、倒模制备软模版、倒模制备目标图案；（b）、（c）、（d）分别为硬模版、软模版和目标图案的 SEM 实物照片[92]

另外，还可以将微纳米压印法与其他技术结合用于电润湿显示像素墙结构的制备或改性[94]。比如，微纳米压印法可用于提高普通光刻胶像素墙表面的亲水性［图 3-50（a）］，微纳米压印软模版的凸起处蘸取亲水材料溶液后压印到像素墙表面，固化后得到表面亲水的像素墙结构[95]。将微纳米压印法与物理蚀刻的方法结合［图 3-50（b）］，一方面解决像素墙材料在疏水绝缘层表面的涂布问题，另一方面提升像素墙上表面的亲水性。首先在疏水的含氟聚合物表面涂布疏水性的像素墙材料，疏水性像素墙材料成膜后采用微纳米压印的方式在其表面图案化亲水改性材料，随后用物理蚀刻的方法去除未被亲水改性材料覆盖的疏水像素墙区域，得到表面亲水的像素墙结构。为保护绝缘疏水层表面涂布疏水像素墙材料后在其表面涂保护层[96]。

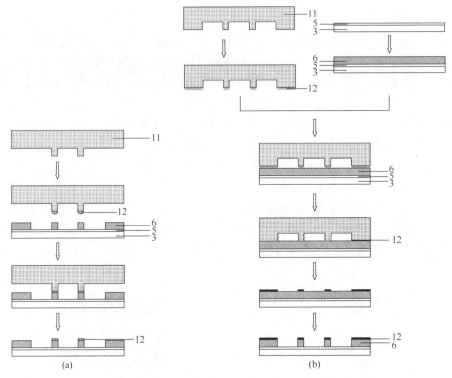

11—微纳米压印软模版，12—亲水改性材料（a）或物理蚀刻阻挡层（b），6—光刻得到的像素墙，5—疏水绝缘层，3—基底

图 3-50 电润湿显示像素墙的制备流程及亲水改性的工艺流程。（a）微纳米压印实现光刻得到的像素墙表面的亲水改性；（b）微纳米压印结合物理蚀刻的方法制备像素墙结构[96]

（4）3D 打印法

3D 打印法制备像素墙结构［图 3-51（a）］时首先需要采用绘图软件制作像素墙的三维结构模型［图 3-51（b）］，像素墙宽度、高度和像素格尺寸、形状等参数的设定在此

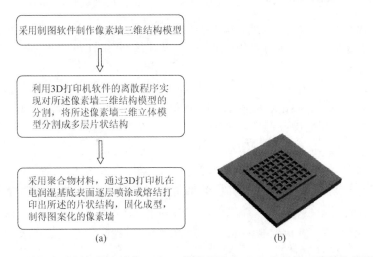

图 3-51 3D 打印法制备像素墙的（a）工艺流程图和（b）像素墙三维结构模型[97]

步完成。进而，利用 3D 打印机软件的离散程序实现对所述像素墙三维结构模型分割成多层片状结构，分割的层数由像素墙高度决定。之后 3D 打印机将亲水聚合物材料在电润湿基底表面逐层喷涂或熔结打印出片状结构，固化成型后即得图案化像素墙[97]。

2. 像素结构对电润湿显示的影响

（1）像素结构对电润湿显示驱动电压的影响

像素墙作为电润湿显示器件重要的结构部分，像素墙高度与像素格宽度等结构参数影响器件电容及驱动电压[98]。由油膜打开 50%所需驱动电压与像素墙高度的关系曲线［图 3-52（a）］可知，随着像素墙高度的增加，油膜越难打开，所需驱动电压增大。这是因为自组装填油过程中像素墙的高度决定了油膜的厚度，像素墙高度增大，油膜厚度增大，因此像素打开所需电压增大。同时，像素格减小（以像素格宽度表征像素格的大小），显示精度提高，然而像素格宽度越小，油墨运动到 50%开口率所需电压越大［图 3-52（b）］，即像素越难打开。为更准确地说明像素墙对器件光电响应的影响，将像素墙的高度结合像素格宽度，得到像素格高宽比（aspect ratio，t/w），由驱动电压与像素格高宽比的关系曲线［图 3-52（c）］可知，高宽比增加，油墨运动到 50%开口率所需电压增大，这与示意图中所画的 50%开口时的油/水在疏水绝缘层表面的接触角 θ_{w} 有关，高宽比低时 θ_{w} 变化较小，数值即可以达到 50%开口，因此所需驱动电压小[99]。

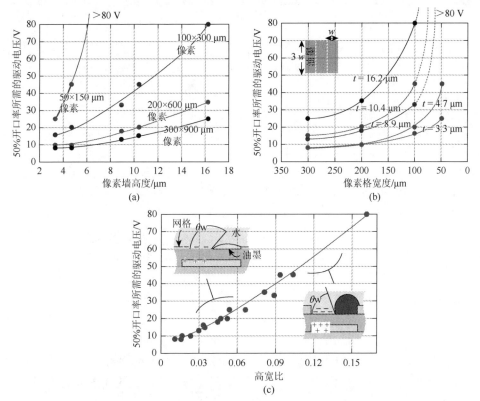

图 3-52　油膜达到 50%开口率所需的驱动电压与（a）像素墙高度、（b）像素格宽度和（c）像素格高宽比之间的关系曲线[99]

（2）像素结构对电润湿显示效果的优化

1）像素格形状

正方形像素格具有非常高的对称性，包括轴对称和中心对称，像素格四个角落对油墨的毛细力是一样的，因此施加电压时油墨可以随机聚集到其中的某一个角落，导致不同像素格的油墨运动的角落不同［图3-53（a）］，光学显示效果差。当改变像素格形状时，像素格对称性改变，比如，长方形像素格［图3-53（b）］对称性略有降低，同时由于长宽比的原因油墨可以稳定在两个角落，因此得到稳定的油墨运动。当像素格形状为非对称三角形［图3-53（c）］时，三角形像素格的三个角的毛细力都不一样，最终导致油墨容易聚集在毛细力更强（即更小形状、更尖）的角落。当像素格形状为非对称梯形［图3-53（d）］时，情况与不对称三角形类似。综上，像素格形状的对称性影响电润湿显示油墨运动均匀性，对称性越低，运动均匀性越高[100, 101]。

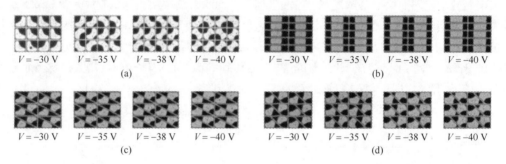

图 3-53　（a）正方形、（b）长方形、（c）三角形、（d）梯形四种形状的像素格在不同电压下的打开情况，电压分别为–30 V、–35 V、–38 V、–40 V[101]

2）像素格内增设额外结构

为提高施加电压下正方形像素格中油墨运动均匀性，Zhou 课题组在正方形像素格内增设额外限定结构（extra pinning structure，EPS）[102]。额外限定结构的引入降低了正方形像素格的对称性，改变了油膜的形状，并最终影响油滴聚集的位置。图3-54 中的C 类像素格的 EPS 位于像素格对角线上，像素格为轴对称结构，对称轴为 EPS 所在的对角线，因此低电压下有的像素有两种打开状态，而高电压下只有一种，需要较高电压（≥30 V）才可以实现对油墨运动一致性的良好控制效果。D 类像素格的 EPS 导致像素格无对称性，最终在实验的四个电压下都只得到一种油墨运动方式，调控效果好。但需要注意的是，EPS 不可以与像素墙接触，否则 EPS 对油膜的限定作用减弱，油墨运动一致性减弱。另外，EPS 的引入限定了油/水界面，提高了油墨翻墙所需电压。

同时，动力学研究表明 EPS 的引入对电润湿显示油墨重排过程的影响较大，使得油墨的重排过程更简单，从而导致像素的响应时间缩短（图3-55）。而在像素关闭过程，有/无 EPS 的像素之间并没有很大不同，都表现出油墨重新润湿疏水绝缘层表面的效果，且所用时间差异不大。

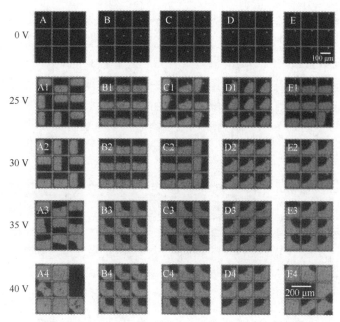

图 3-54　不同 EPS 分布的像素格在不同施加电压下的像素打开状态的显微镜图片，电压分别为 0 V、25 V、30 V、35 V、40 V。（A）：无 EPS 结构的参比像素。（B）～（E）：不同 EPS 位置的像素[102]

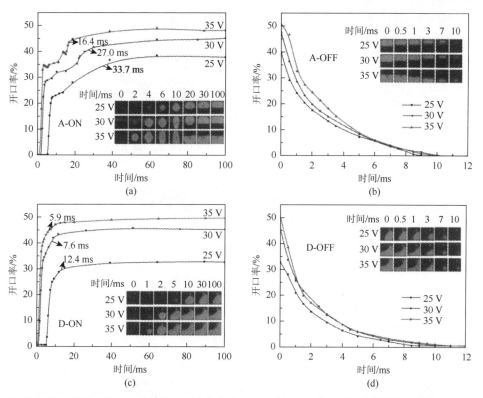

图 3-55　不同施加电压下无 EPS 结构的 A 类参比像素（a、b）与 EPS 位于不对称位置的 D 类像素（c、d）的开口率随时间的变化曲线，包括施加电压的像素打开过程（a、c）与取消电压的像素关闭过程（b、d）。施加电压包括 25 V、30 V、35 V。插图所示为高速摄像机获得的打开或关闭过程不同时间的油墨状态[102]（后附彩图）

在像素格中紧邻像素墙处布置亲水台阶［图 3-56（a），hydrophilic patch］[103]同样可以调控油墨运动。亲水台阶的存在使得台阶处无油墨，亲水台阶与油墨接触的地方油膜最薄，油膜在此处破裂，最终油墨运动到像素格另一边［图 3-56（b）］，油墨运动均匀性好。EPS 是与像素墙同时制备的，具有与像素墙一致的润湿性和高度，而亲水台阶与像素墙材料不同高度不同，制备工艺更复杂。最重要的是，EPS 与亲水台阶对油墨运动的调控机理不同，油滴最终运动到 EPS 所在角落或邻近角落，而亲水台阶导致油墨运动到其对角。

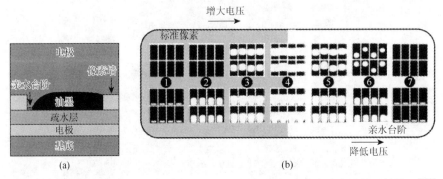

图 3-56　带亲水台阶的电润湿器件（a）结构示意图及（b）随着电压的开关情况[103]

3）像素墙上增设额外结构

亲疏水的结构设置在像素墙上时影响填充后的油膜形状，即油膜厚度分布。Zhou课题组设置的额外结构在像素墙交叉处，此结构同时起到支撑柱的效果，因此称之为支撑柱阵列（spacer arrays，SAs），通过二次光刻的工艺制得（图 3-57）。支撑柱阵列与像素

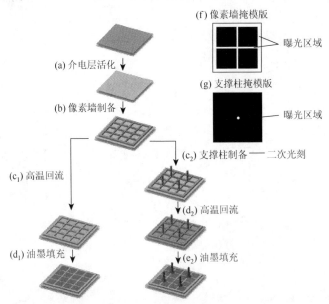

图 3-57　电润湿器件背板制备中疏水绝缘层亲水处理至填充油墨之间的制备流程示意图。（a）在亲水处理后的疏水绝缘层表面（b）涂布并光刻制备像素墙结构，（c₁）高温回流后（d₁）填充油墨并封装即可得普通电润湿器件；而（c₂）支撑柱结构则需要经二次光刻布置在像素墙交叉处，经过（d₂）高温回流后（e₂）填充油墨并封装，得到有支撑柱结构的电润湿器件，像素墙和支撑柱的光刻掩模板如（f）和（g）所示[104]

墙材料的亲水性接近，表现出对油墨的吸引作用，诱导油墨聚集在支撑柱周围。另外，支撑柱阵列导致油膜最薄的地方由像素格中心向支撑柱对角移动，即油膜破裂的位置向支撑柱对角移动，施加电压油膜破裂后形成支撑柱周围的大油滴与其对角的小油滴，最终小油滴运动到支撑柱周围与大油滴合并，形成围绕在支撑柱周围的油滴（图 3-58）。因此，当支撑柱密度为 1∶1 或 1∶4 时，每个像素格可以被其周围的四个支撑柱或一个支撑柱影响，油墨运动一致性好。同时，油墨在支撑柱周围的聚集减少了像素格中的油墨量，导致像素开口率增大[104]。

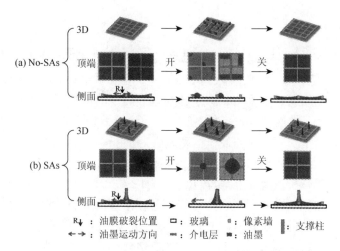

图 3-58　电润湿器件背板在 3D、顶端（top）、侧面（side）三个角度下的像素打开（opening）和像素
关闭（closing）示意图[104]（后附彩图）

（a）无支撑柱阵列（No-SAs）的像素；（b）有支撑柱阵列（SAs）的像素。R 指示了油膜破裂的位置，红色箭头指示油墨在
油膜破裂后的运动方向或者取消电压后油墨的运动方向，插图为四个像素打开前后的显微镜照片

3.5.3　油墨填充与器件封装

电润湿显示器的填充和封装主要分为下基板像素点内油墨/极性液体的填充，上下基板扣合，压合密封，器件干燥清洁，如果每个基板有多个显示屏还需要切割，如图 3-59 所示。与传统的 LCD 显示器的液晶填充所不同，由于电润湿显示器件的特殊构成，油墨的填充要在电解质溶液中进行。一般工艺所使用的液体涂覆或填充方式主要有旋转涂覆、浸涂、注射、刮涂、滚涂及狭缝涂布等，但是因为这些工艺都是在空气中将液体涂覆或填充在基材上，没有办法在液体中进行也就不适用于电润湿显示器件的制造。电润湿显示器件的填充主要利用涂覆在像素底面的氟树脂层的疏水性，由于氟树脂涂层的表面张力小，而油墨和电解质溶液不相容并且同样为疏水性，所以和氟树脂涂层有很好的亲和力，当油墨在电解质溶液中遇到氟涂层时，油墨会平铺到氟涂层表面。封装主要使用防水类胶水、双面胶、UV 胶和热敏胶，将胶涂在上基板上然后放入水中对准贴合在下基板上，初步贴合后从液体中取出，进一步压合、UV 固化或热固化后完成密封。密封完成后，进行干燥清洁除去器件上多余的液体，如果每个基板上有多个显示单元，则需要切割分离，完成单个显示器件。

图 3-59　电润湿显示器填充封装工艺流程图

填充主要有以下几种方式。

1. 分液填充方法

油墨填充使用一种具有分液结构的设备（图 3-60），该设备由硬质有机玻璃材料构成，长度由显示面板长度决定，宽度一般为 2 mm，分液器口宽 0.1～0.2 mm。中间有凹槽，凹槽上连接油墨注射设备。填充时，分液器靠近液面下的基板，距离 1 μm 时，注射油墨在其凹槽处形成油滴，油滴在靠近基板过程中，填充进入像素点内，通过分液器的往返运动达到填充均匀的目的。分液器的最佳运动速度为 1 μm/s。因为氟涂层表面能很低，当将下基板放入电解液槽中时，像素点内会因为留有气泡而阻碍油墨填充，所以为了使油墨能够填充进像素点，附着在下基板上的气泡必须排掉。在分液器上有另外一个关键设计，是在凹槽处增加一个通道，在该通道内形成气泡带，当基板上的气泡先接触到该气泡带时，就会从基板上分离，随后油墨就可以填充进像素点。填充后，分液器离开下基板，贴有封装胶框的上基板通过机械臂自动对准后和下基板贴合，压合后干燥。使用该设备可以得到填充均匀的油墨层，问题是当显示器件尺寸增大时，分液器前端和下基板的距离要进一步缩小，这对对准系统的要求高，其下表面要非常平整的同时，也要精确地控油墨的注射量是比较难做到的。

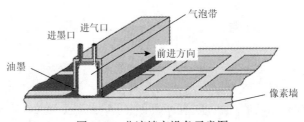

图 3-60　分液填充设备示意图

2. 竖直浸入式填充方法

辛辛那提大学在研究电润湿显示器件的时候，使用的是竖直浸入式填充方法[99]。如图 3-61（a）所示，容器中装入 0.1 mol/L 电解液，加入油墨在电解液上形成相当于几个像素大小厚度的油墨层，将下基板竖直固定在浸涂机上，以 0.5 mm/s 的速度将下基板竖直插入容器中，同样基于氟涂层的疏水性油墨会平铺在像素底部形成均匀的油墨层。当下基板穿过容器中的油墨层时由于像素墙是亲水性的，会阻断油墨在基板上的连续性，从而形成一个一个填充了油墨的像素点。填充完毕后，使用 PDMS 材料的封框，先贴在上基板上，然后沿边缘涂抹环氧树脂防水胶后对准贴合，在封好前上下基板压紧固定。使用该组装方法要准确控制容器中油墨层的厚度，如果增大显示器件面积则需要更大的容器且浪费大量的油墨，填充速度很慢，同时由于油墨本身为挥发性溶液，在填充过程中溶剂挥发很快没有办法保证油墨的浓度。为了保持填充后器件的整洁，填充好的器件需要在水下移动到表面没有油墨的区域进行封装，如果使用该方法实际生产需要设计相对复杂的装配机械。

3. 自组装填充方法

继分液填充方法后，Liquivista 又发明了更加简单、容易操作、造价低的填充方法，如图 3-61（b）所示。

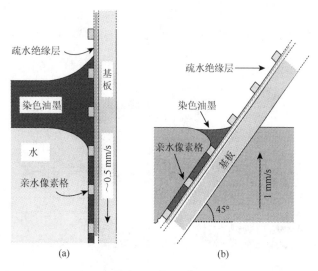

图 3-61　（a）辛辛那提大学的竖直浸入式填充方法和（b）Liquivista 自组装填充方法

和竖直浸入式填充方法相似，自组装填充方法也是在一个装有电解溶液的容器内进行。不同的是，该方法不需要在电解液表面形成一层油墨层，而是将油墨注射到三相界面线处电解液表面形成的凹槽内，并通过电解液面的上升过程进行填充，如图 3-61（b）所示。当油墨接触到憎水的氟化物涂层时，会自动填充到像素点内，具有亲水性的像素墙会阻断油墨残留在像素墙上。自主装填充方法油墨用量少，填充速度相对较快，一般要求液面上升速度为 1 mm/s，但是经实验证明，通过调节氟树脂层和像素墙材料的亲水性差异，可以提高填充速度到 5 mm/s。填充结束后，容器表面没有大量残余油墨。封装使用特殊性能的双面胶，先将胶带贴在上基板后放入电解质溶液中和下基板对齐贴合。取出压合 24 h 后，完成组装。该方法相对竖直浸入式填充方法设计简单，相对之前提到的方法更适合供大量生产使用。

4. 相变填充方法

上述电润湿显示器件填充油墨需要在水相同时存在的条件下进行，使得填充工艺难以控制的问题，中国台湾工研院和华南师范大学先后发布了在空气中填充油墨的方法——相变填充方法。所谓相变填充方法是指将油墨层在空气中用狭缝涂布等方式填充进带有像素格的基板内，然后将该基板放置于冷板上冷却到油墨的凝固点以下，同时将水相材料冷却到油墨凝固点温度以下，但是保证水相材料没有凝固，即 $0\,℃ < T_{导电液体} < T_{油}$。之后，将冷却好的基板放入水相中，并完成后续的贴合和封装工作，其工艺流程如图 3-62 所示。

图 3-62　相变填充油墨及电润湿显示器件制备流程图

5. 喷墨打印技术填充方法

除了以上所提到的填充方法外，目前台湾交通大学和华南师范大学还应用喷墨打印技术填充油墨，如图 3-63 所示。

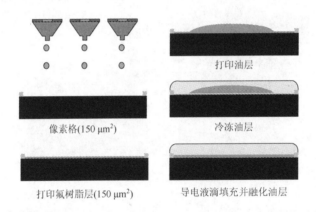

图 3-63　喷墨打印填充油墨及电润湿显示器件制备流程图

台湾交通大学适舒伟等提出在单层电润湿显示器上通过喷墨打印的方法将不同颜色的油墨填充到相邻的像素格中，然后将水覆盖在油墨上方并用 ITO 玻璃完成显示器件的封装[105]，如图 3-63 所示。通过这种方法，器件可以在不需要彩色滤光片的情况下达到彩色显示，驱动电压达到 15 V 时，像素最大开口率可到达 75%，反射率达到 36.2%。

喷墨打印技术填充方法主要的难题在于提高打印的速度，以减少油墨材料或水相材料在打印过程中的挥发造成材料凝结问题。

6. 其他电润湿显示器件组装方法

南京大学的文宸宇等提出了关于利用毛细力填充油墨的方法，该方法和现在的 LCD 液晶屏填充极为相似。将显示器件上下基板左右两边封好，利用毛细力将油墨从开口的一段吸入上下基板，之后利用水将油墨从另一端开口挤出达到填充油墨的目的 [图 3-64（a）] [106]。

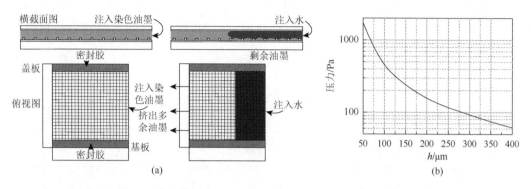

图 3-64　毛细力灌注填充示意图和水进入（a）；压力和上下基板间隙理论关系曲线（b）[106]

该方法通过计算水进入上下基板间隙需要的最小压力和毛细力及阻力的关系得到所需的像素点大小及上下基板之间的距离，如图 3-64（b）所示。

填充和封装问题一直是电润湿显示器件制造工艺上的难点，国内外许多课题组都针对该问题提出了各种解决方案，如自组装式水下填充或相变、喷墨打印等在空气中的填充方式。但是目前还没有一种方法可以很好地适用于工业生产，以至于从电润湿显示技术诞生到现在一直没有产业化的大批量生产。通过综合比较各种填充封装工艺，以及各种工艺的可操作性、填充效率、耗费等，得出电润湿显示器工业制造要求的填充工艺需要满足以下几个条件：油墨的填充需要在空气中而不是水相中进行；填充方式要保证大面积的均匀性；填充过程要避免油墨或水相材料的挥发；填充工艺要满足快速准确的要求。

3.6　电润湿显示驱动电路

电润湿显示驱动电路可以用于驱动电润湿显示面板上显示出字符、图像及视频。要满足上述显示内容必须确定驱动系统对电润湿显示像素的寻址方式和灰阶控制。目前电润湿电子纸驱动电路的像素寻址方式有直接驱动（direct drive）[107]、无源矩阵驱动[108]和有源矩阵驱动[109]。本节针对三种不同的像素寻址方式分别阐述其驱动系统，并讲述驱动波形控制实现多级灰阶显示。

3.6.1　驱动系统

1. 直接驱动系统

直接驱动寻址方式可以直接驱动段式信息的显示。每个像素对应一个驱动输入信号（图 3-65）。其中电源管理模块主要是将所输入的电压进行变压、整流滤波、稳压后为系统提供所需要的电压；主控制器模块用来控制显示元件的信号电平及时序，主控制器模块所输出的信号经过驱动电路模块后提供要施加至电润湿显示元件的显示电压，即将显示控制器的输出变换成适合于控制电润湿显示装置的信号[110]。

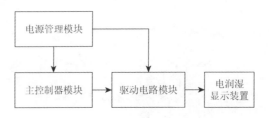

图 3-65　电润湿直接驱动显示系统模块图

在具体的驱动过程中，可以设计简单且方便控制的电路模块来进行驱动，如图 3-66 所示，包括单片机、运算放大器、DAC0832，其中单片机的输出端与 DAC0832 的输入端连接，DAC0832 的输出端与运算放大器的输入端连接，所得到的输出驱动信号可以直接施加在 EFD 显示装置的两电极板上，即可实现驱动。

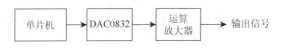

图 3-66　电润湿驱动模块示意图

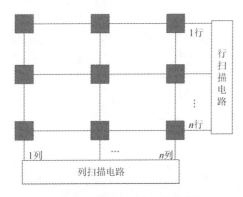

图 3-67　无源矩寻址方式示意图

2. 无源矩阵驱动系统

当单元显示的像素很多时，直接驱动方式有一定的局限性，即需要很多的驱动线与像素一对一连接。无源矩阵驱动即通过对像素进行行列扫描方式编码寻址，减少驱动信号的个数，如图 3-67 所示。这种寻址方式可以减少驱动信号线，但是受到扫描行数和列数的个数限制，容易造成扫描亮度降低，显示像素之间的串扰等问题。

3. 有源矩阵驱动系统

有源矩阵驱动系统即 TFT，有源驱动阵列在每个单元像素内都集成有一个薄膜晶体管，以驱动显示点阵，在整个帧周期内为像素提供持续的工作信号，克服了无源驱动方式中像素交叉影响的缺点，从而实现电润湿像素显示。TFT 的栅极（G）接行（栅）驱动器，源极（S）接列（源）驱动器，漏极（S）与 EFD 的像素电极相连，像素的另一端接公共电极[111]。阵列的左侧和上方分别采用行（栅）驱动器和列（源）驱动器。TFT 的开关作用通过栅驱动器来实现，工作中行（栅）驱动器依据控制电路输出的控制信号，将每一行晶体管依次选通，同时列（源）驱动器将每一列的电压信号通过 TFT 加到像素上，根据所加电压值的不同，实现不同的灰度[112]。

有源矩阵驱动电路系统主要分为电源产生电路、数字信号控制电路、RAM、source driver 电路、gate driver 电路[113]，驱动电路系统框图如图 3-68 所示，各部分功能如下。

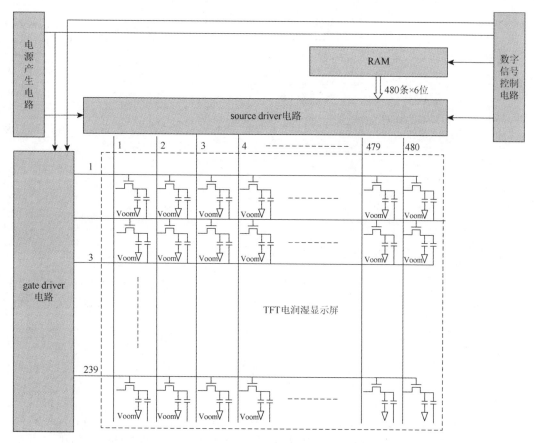

图 3-68　TFT 有源矩阵驱动电路系统框图

①电源产生电路：为 source driver 电路、gate driver 电路提供所需要的直流工作电压。

②数字信号控制电路：将外部供给的数据信号、控制信号和时钟信号转换为片内各模块所需要的数据信号、控制信号和时钟信号。

③RAM：通过对 RAM 的读写操作，实现灰度电压的选择。RAM 在进行写操作时，每次写入一帧画面的数据；在进行行读操作时，每次读出一整行的数据。

④source driver 电路：source driver 电路由 480 条单一的 source driver 电路并联组成，每一条 source driver 电路对应不同的 7-bit RAM 数据以进行三种不同电压的选择。主要是用来控制栅极连接扫描线的 TFT 器件的开态与关态，控制机制为一次打开一条扫描线，其他扫描线都保持关态。

例如，可采用 MXEI1480 来设计 source driver 电路，其结构框图如图 3-69 所示。MXEI1480 是一个可选择的 400 位或 480 位长 2-bit 宽的并行输出寄存器，该 MXEI1480 由一个长度可选择的双向输入寄存器、传送锁存器及 480 位电平移位器/输出驱动器组成。每个"OUT"引脚根据 D0…D7 逻辑电平切换为[VSS，VPOS，VNEG]之一移入 MXEI1480，由 OE 引脚来调整。

⑤gate driver 电路：gate driver 电路由 240 条单一的 gate driver 电路并联组成，相邻的两条 gate driver 依次打开，从而使其所对应行的 source driver 充电。

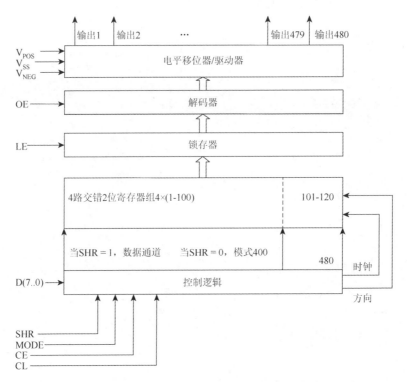

图 3-69　source driver 的结构框图

例如，可采用 MXEI2240 来设计 gate driver 电路，其结构框图如图 3-70 所示。MXEI2240 被分割成数字控制器、移位寄存器和模拟模块。模拟模块将数字逻辑信号转换成高电压，通过浮动电平移位器和信号缓冲器来驱动 240 个高电压输出通道。来自控制器的信号和移位寄存器可以生成 240 位的脉冲模式渠道，从第 1 位到 240 位。模拟模块包括高电压电平转换器（LS/AMP）、缓冲驱动和 VBIAS 发生器。

在上述驱动系统中，主要采用了两个驱动 IC，其中数据驱动 IC（MXEI2240）依照信号提供灰阶电压，TFT 的开或关则由扫描驱动 IC（MXEI1480）来控制。扫描驱动 IC 主要用来控制栅极连接扫描线的 TFT 器件的开态和关态，控制机制为一次打开一条扫描线，其他扫描都保持关态；数据驱动 IC 用来输出每一行像素的灰阶电压，根据扫描线上 TFT 器件打开的顺序输入所有像素的灰阶电压[114]。

有源矩阵 TFT 背板的电润湿前板制造工艺与基于 ITO 背板的相同，而电润湿 TFT 设计参数方面需要考虑更多的是电润湿像素等效模型及更大的像素电容变化。在图 3-70 中，展示了 TFT 阵列像素驱动，包括像素内的等效电路元件。这些值与 LCD 显示器非常相似，这也证实了电润湿显示器可以在有源矩阵背板上运行，电润湿有源矩阵背板与 LCD 上使用的非常相似。而在电润湿 TFT 设计中，需要更多地考虑电润湿像素特有的电容变化等效模型，这一点与 LCD 或电泳电子纸 EPD 的 TFT 设计有不同之处。

有源矩阵背板上像素的形状要跟电润湿显示单元的像素形状一致，而像素的形状会影响电润湿响应特性。像素大小（显示分辨率）的选择会影响光电响应曲线（E-O 曲线）的精确形状及其在电压轴上的位置。E-O 曲线还受其他关键像素参数的影响，包括像素的特

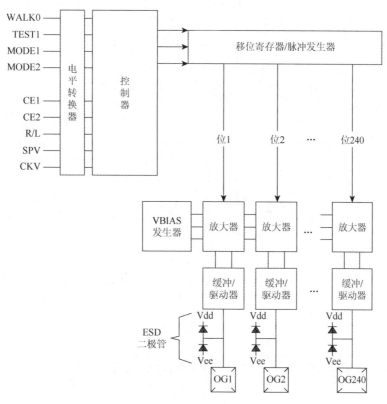

图 3-70 gate driver 的结构框图

定材料和几何形状。当油墨运动到像素不同位置时，像素的电容会发生变化。在像素关闭状态下，像素电容主要取决于油膜厚度（通常约为 4 μm），约为 0.15 pF。在像素打开状态下，电容主要由含氟聚合物绝缘体的厚度（0.5～0.8 μm）决定，电容会随着油膜收缩而显著增加，未被油覆盖的区域也称为"白色区域"（WA）。对于 70% 的白色区域，像素电容增加至约 0.5 pF。当开关切换电润湿像素时，电容的这一显著变化是电润湿显示器的特定特性，需要将其包含在所使用的 TFT 设计方案中。

4. 驱动电压与像素参数的关系

电润湿显示光电响应曲线的位置和形状直接取决于较多的几何和材料参数，我们称其为像素参数，如图 3-71 所示。驱动电压与这些像素参数之间的关系由以下公式给出：

$$V = \sqrt{\frac{2\gamma_{o/w} d_{ins}}{\varepsilon_0 \varepsilon_{ins}}} \tag{3-13}$$

其中，d_{ins} 和 ε_{ins} 分别是电介质（含氟聚合物）的厚度和介电常数；$\gamma_{o/w}$ 是油/水界面的界面张力。因此，减小界面张力和电介质厚度将减小驱动电压，而增加电介质的介电常数将具有相同的效果。当油膜较厚时，将需要更高的阈值电压（V_{th}）才能首先打开，并且会将光电响应曲线移至更高的电压。后者是因为较厚的油膜会增加毛细力，为了将像素打开到所需程度，电场必须克服毛细力。随着像素的开关，油/水界面从基本平坦变为弯曲。当像素完全打开时，油/水界面与像素壁顶部的夹角约为 60°。油墨越多，曲率越大，界面张力越大，有利于油的重新分配。此外，在保持油厚恒定的同时减小像素尺寸将增加工作电压。油膜厚度和像素尺寸的这种影响可以有效地组合为一个我们称为像素长宽比（PAR）的参数。这是油膜厚度与像素尺寸的比率。低 PAR 对应较低的驱动电压（图 3-71）。

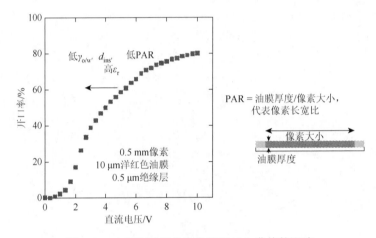

图 3-71　电润湿显示像素参数对 E-O 曲线的影响

3.6.2　驱动波形与多级灰阶显示

在电润湿显示的驱动中，可以通过施加在两电极上的电压来控制像素的开关状态及显示灰阶，而电润湿油墨的驱动具有明显的迟滞现象，也就是同一电压前进过程和后退过程开口率不一致现象，如图 3-72 所示。从图中可以看出，在电压后退过程中，像素的开口率与电压基本呈线性关系，且具有较宽的电压区域，因此电润湿显示灰阶的控制一般在电压下降沿进行。

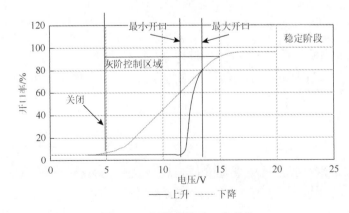

图 3-72　迟滞曲线开口率变化

根据驱动背板可判断电润湿显示器件是有源矩阵还是无源矩阵，分别采用两种不同的驱动波形进行驱动。有源矩阵的驱动主要通过行列扫描芯片来驱动每一个像素，无源矩阵的器件主要通过直接电源电压供电来驱动。

1. 有源矩阵电润湿的驱动波形

（1）芯片输出不同电压驱动

2019 年，华南师范大学课题组设计了具有多级电压输出的芯片替代传统驱动中的
SOURCE 芯片，实现了可以在行列扫描时灵活控制
像素电压显示更多级灰度的驱动系统。该驱动芯
片具有 64 级可调电压输出，其输出范围为 –15～
15 V。显示灰阶采用迟滞曲线的下降沿进行设计，
如图 3-73 所示，第一帧实现像素的打开，第二帧
实现灰度的显示，以后继续保持第二帧的驱动，
直到更新图像时，重复第一帧和第二帧的驱动。

（2）PWM 驱动

在没有适用于电润湿显示的多级电压输出芯
片的情况下，也可以采用 PWM 驱动的方法实现灰
阶显示。2015 年，Yi 等[112]采用电泳芯片驱动有源
薄膜晶体管的电润湿矩阵显示系统，运用 PWM 波

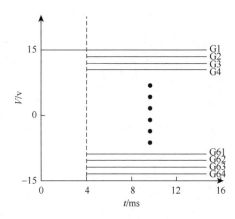

图 3-73　64 级灰阶驱动波形

形调制电润湿显示灰阶，实现了四级灰阶的显示。该方法通过 4 个子帧驱动油墨，一个子帧复位油墨来控制油墨，如图 3-74 所示。具体的驱动波形如下所示：其中驱动信号包括 5 个周期 Frame（帧）0～Frame 4，其中 Frame 0～Frame 3 这 4 个周期直接是驱动像素点的图像帧，使得当前像素点显示对应的灰阶，公共极的电压固定为 + 15 V，因此 Frame 0～Frame 3 相对于公共电极 + 15 V 的总脉宽值为驱动像素灰阶显示的总脉宽。4 个周期总脉宽包括 9 种状态，可实现对应的 9 种灰阶调制，实现电润湿的多灰阶显示驱动，如图 3-74（a～i）所示。驱动系统中 Frame 4 为复位帧，Frame 4 保持像素电极与公共电极的电势差为 0 V，就实现复位。

这种电润湿多灰阶显示驱动方法采用了现有的电泳驱动芯片，将电润湿显示器像素的公共电极的电压固定为 + 15 V，并在此基础上增加一种驱动电压 0 V，为电润湿显示器的像素提供从闭合状态到完全打开状态所需要的各种电压，在加快刷新频率的过程中增加了显示图像的灰阶。采用这种多灰阶驱动方案，可以实现 20 ms 刷新一次，不仅能够显示多种灰阶的图像，还能播放视频。

随后 2016 年，Luo 等[115]提出了 16 级灰阶的电润湿器件驱动波形，驱动有源矩阵电润湿器件进行灰阶显示，系统通过 PWM 调制对驱动波形进行调整。该方法通过 7 个子帧实现油墨开口大小的控制，如图 3-75 所示，加入动态复位帧用于释放电荷，同时对油墨进行一定的控制。

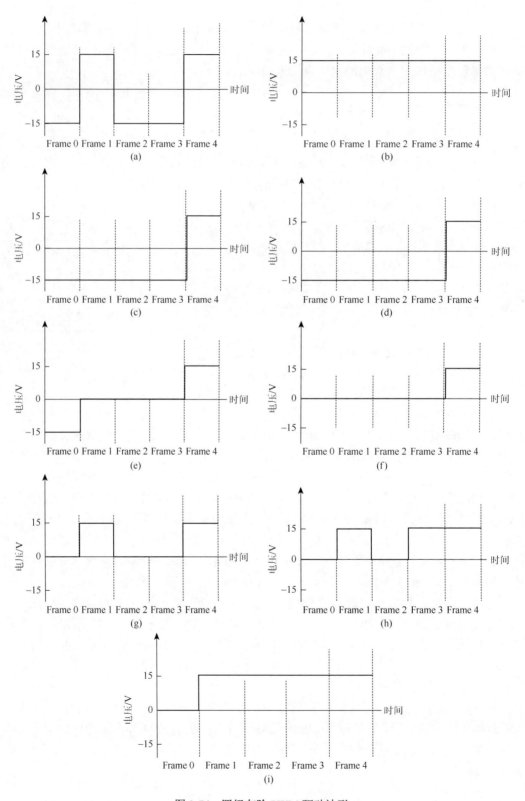

图 3-74　四级灰阶 PWM 驱动波形

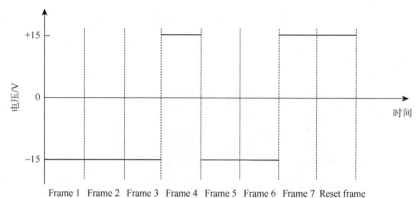

图 3-75 动态复位的 16 级 PWM 调制波形

以上两种电润湿驱动中采用特殊电压供电方式，即在水电极（V_{com}）上接上恒定的正电压 + 15 V，在像素电极上所加的驱动电压和 V_{com} 电压差就是实际的驱动电压。在图 3-75 中每个 Frame 为一个驱动时隙，一个驱动时隙之间所施加的就是驱动电压，时隙像素点受到该驱动电压，油墨在驱动电压的作用下运动；而以上两种驱动方式在最后一个时阶段处于恢复阶段，该阶段加在电润湿器件像素上的电压差为 0 V。在上述波形中，其中横轴为驱动时间，纵轴为驱动电压，分为 3 个节点电压，即+15 V、0 V、–15 V。

PWM 调制时一帧图像由多个子帧组成，通过调节每一帧的高低电压控制灰阶，其理论实质是通过平均有效电压进行驱动油墨移动。目前驱动有源矩阵电润湿的报道均采用电泳电子纸芯片，但是电泳电子纸驱动芯片对刷新速度要求很低，导致在显示多级灰阶的视频时遇到瓶颈。

（3）幅频混合调制驱动

幅频混合调制核心算法就是利用电润湿的迟滞特性进行设计驱动，电压数值的设计是驱动波形设计的关键点。电润湿油墨随着电压的增大，其响应速度也加快。

在幅频混合调制的频域设计中，将一帧灰阶转换分为多个子帧，进行精确灰阶控制。如图 3-76 所示，V_F、V_M 和 V_E 分别为 3 个子帧，并构成了一个完整的灰阶转换驱动波形。在图 3-76 中，V_F 为初始开启像素的初始电压，V_M 为控制油墨开口率震荡的过渡电压，V_E 为目标灰阶的驱动电压。油墨在施加电压 V_F 经过时间 t 后被推挤到像素墙一侧，其表面能减小、动能增大；当施加电压减小为 V_M 时，电场力不足以维持油墨状态，此时油墨通过增大的动能对接触面产生冲击影响，t 时刻油墨重新达到表面能和动能的平衡，再通过 V_M 产生的电场力作用下推挤油墨移动；直到 $2t$ 时刻，将驱动电压减小为 V_E，油墨再次重新达到界面能和动能的平衡。

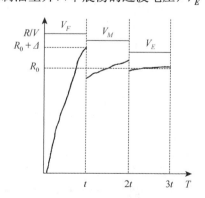

图 3-76 幅频混合调制的驱动波形设计

这一驱动优化方法与之前的技术相比，电润湿的驱动波形不是一直重复输出，而是采用 3 个子帧，到第 3 个子帧时稳定输出，直到下次需要改变时。该方法使初始电压最大，加快了油墨破裂，从而缩短显示的响应时间，并且油墨稳定显示时电压不再变化，减少油墨的震荡带来的闪烁问题，如图 3-77 所示。

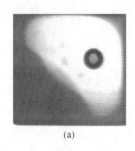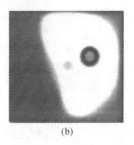

(a)　　　　　　　　　　　　(b)

图 3-77　油墨驱动稳定态图像：（a）PWM 调制像素显示灰阶状态 $G = 3$；
（b）幅频混合调制像素显示灰阶状态 $G = 3$

2. 无源矩阵的电润湿驱动

对于无源矩阵驱动的电润湿显示器件，在像素两电极间施加一起始参考电压并持续一段时间，使电润湿显示器中的油墨收缩，根据电润湿显示器像素的目标灰阶，确定第一预定电压和第一预定时间段。将像素两电极间的电压由其实参考电压降至第一预定电压，并在第一预定时间段内保持第一预定电压值，使油墨收缩状态放缓，像素呈现目标灰阶[116]；充分考虑油墨的收缩状态在驱动电压上升阶段和下降阶段是不同的，利用油墨的收缩形状

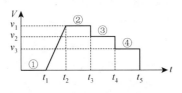

图 3-78　段式 EFD 显示屏多灰阶驱动波形

在电压下降阶段更为稳定的特性，先使油墨处于收缩的状态，然后采用分阶段下降的电压驱动电润湿显示器，让油墨收缩状态放缓，对像素格的可视面积进行准确的调制，使像素呈现目标灰阶，具体参照如图 3-78 所示。

在写入新灰阶前，电润湿显示器中的油墨均匀地平铺在水和驱动电极之间，此时油墨的状态如①所示，俯视图如图 3-79（a）所示；在开始写入灰阶时，电压施加单元在

时间段 $t_1 \sim t_2$ 内在两电极之间施加一个电压值递增的动态电压，且动态电压的电压值在 t_2 时刻增大为起始参考电压 V_1，在实际的操作过程中，这一电压应该大于或等于油墨的饱和电压，使油墨能尽可能地收缩到像素格一角，以获得最大的开口率，将此时的油墨状态标示为②，俯视图如图 3-79（b）所示；依据电润湿显示器像素的目标灰阶，确定第一预定电压 V_2 和第一预定时间段 $t_3 \sim t_4$，在第一预定时间段开始时 t_3，根据所需要达到的灰度，电压施加单元将起始参考电压 V_1 下降至 V_2，并保持至 t_4 时刻，在这一过程中油墨收缩情况有所放缓，实现了对应显示的灰度，此时将油墨的状态标示为③，俯视图如图 3-79（c）所示；第二预定电压 V_3 低于第一预定电压 V_2，在第二预定时间段开始时 t_4，电压施加单元将第一预定电压 V_2 下降至第二预定电压 V_3，并保持第二预定电压 V_3 至第二预定时间段结束，以实现下一个灰度显示的需求，在 $t_4 \sim t_5$ 这一时间段内，油墨的收缩状态进一步放缓，将此时的油墨状态标示为④，俯视图如图 3-79（d）所示。

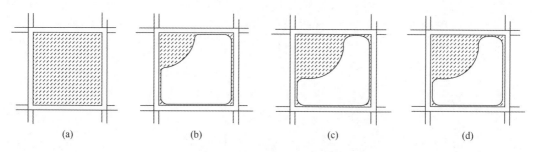

图 3-79　在不同阶段的油墨状态图

（a）～（d）分别对应状态①～④

3. 像素油墨回流控制波形

由于电润湿疏水绝缘层电荷会发生转移，在给电润湿显示屏持续施加特定的直流电压时，油墨随着时间出现回流现象，像素开口率出现逐渐下降的趋势，这种开口率自动下降的缺陷严重影响了电润湿灰阶显示性能，如图 3-80 所示。

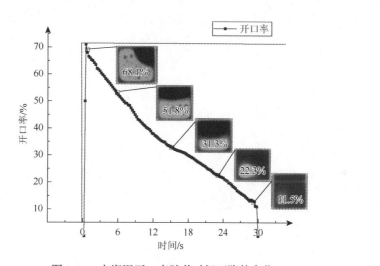

图 3-80　电润湿开口率随着时间下降的变化

为解决油墨回流问题，驱动电润湿显示的波形不能只是单纯的正常传统波形驱动，需要设计特定的复位电压或反向电压来改善离子电荷陷入到疏水绝缘层。因为持续施加电压的时候，随着时间累积，疏水绝缘层积累的电荷就会越来越多，导致驱动电润湿油墨的电场力越来越小，最后出现电润湿油墨回流现象。为了改善油墨回流的缺陷影响，可在电压的驱动波形上每隔 500 ms 设计瞬间的反向脉冲，图 3-81（a）是驱动波形，图 3-81（b）是驱动波形驱动电润湿显示屏后开口率及油墨的变化情况。

4. 油墨残留控制驱动波形

在电压快速上升时，油墨剧烈震动并发生破裂，容易形成油墨点残留现象。可以通过延长驱动波形输入电压上升时间从而有效抑制油墨的剧烈震动从而减少油墨分裂，进而有效

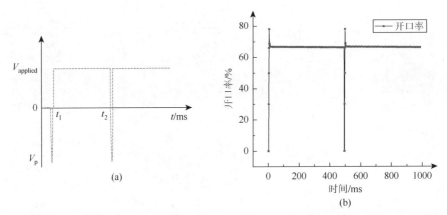

图 3-81　瞬态反向电压改善的电润湿开口率：（a）瞬态反向脉冲驱动波形；
（b）电润湿开口率随时间变化图

改善电润湿开口率的问题，如图 3-82 所示。驱动波形不同输入电压上升时间对应的电润湿开口率如图 3-83 所示。很明显，电润湿开口率随着驱动波形输入电压上升时间的增加而变大。当输入电压上升时间延长时，使油滴有更多的时间与相邻的油滴结合或合并，从而减少了油墨的分裂现象，获得了更大的白色透光面积。

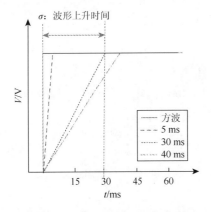

图 3-82　驱动波形不同上升时间

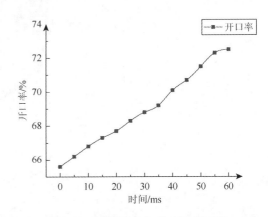

图 3-83　不同输入上升时间-开口率

延长驱动波形上升时间有助于最大限度地提高电润湿显示开口率，但它需要更多的时间并限制帧速率，所以改善电润湿显示质量应充分考虑开口率和响应时间。

3.7　电润湿显示彩色化

目前几乎所有的显示技术都是采用 RGB 子像素并排排列的方式实现全彩显示，但是这会造成近 2/3 的光损失，所以实现高亮度的全彩显示是绝大部分显示技术的一个挑战。但是鉴于电润湿基于彩色油墨收缩和铺展的独特的彩色光调控模式，电润湿显示并不依赖于这种相加混色的模式来实现彩色化，它可以通过不同的结构来实现高亮度彩色显示，同时具有低能耗、高刷新率和多灰阶等特性[117]。

　　总的来说，可实现电润湿彩色显示的结构包括单层结构和多层结构两种，本节将针对各种结构实现彩色显示的机理和特点进行阐述。

3.7.1　单层彩色电润湿显示结构

　　单层电润湿结构的每个像素只能实现对一种颜色光的透光性调制，为了实现彩色显示，需要在水平方向上将 RGB 三原色子像素并排排列，通过相加混色的方式实现彩色显示。实现三原色子像素的方式有三种：第一种是采用 RGB 滤光片，此时电润湿像素只负责白光的开关，类似 LCD 显示；第二种是采用填充三原色油墨的子像素，三个子像素分别负责一种颜色的调制；第三种是采用场顺序光源发出三原色的光，通过电润湿像素控制各颜色光的透过。

　　1. 基于 RGB 滤光片的彩色电润湿显示

　　成本最低、工艺最简单的全彩电润湿显示方法是采用 RGB 滤光片，这种方法是现有彩色显示最通用的彩色化方式，因此技术成熟度高，易于实现产业化生产。但是滤光片的光透过率只有 1/3，因此严重限制了彩色显示器件的亮度。

　　基于 RGB 滤光片的彩色电润湿显示结构如图 3-84 所示[118]。该方法采用黑色油墨实现对可见光的吸收控制，然后像素上方有 RGB 滤光片，每个滤光片子像素对应一个电润湿像素，这样三个电润湿像素组成一个显示像素。黑色油墨可以控制每个子像素的光透过率，当油墨完全打开的时候，光线可以透过，此时该子像素显示上方滤光片的颜色，当油墨铺展时，光线被吸收，此时该子像素显示黑色。三原色光线通过相加混色，实现全彩显示。

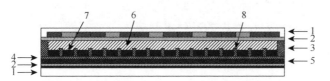

1. 滤光片；2. ITO电极；3. 封装胶框；4. 疏水层；5. 介电层；6. 极性流体；7. 黑色油墨；8. 像素墙

图 3-84　基于彩色滤光片的全彩电润湿显示结构

　　采用这种彩色化方式最大的优点是制造工艺流程成熟，与 LCD 的制造工艺非常相似。与 LCD 相比，这种显示结构不需要偏振片，用作透射式显示的时候，亮度是 LCD 显示的 2 倍。同时，由于电润湿显示本身具有不受视角限制的特性，在实际使用中的显示亮度要更高一些。采用 RGB 滤光片的透射式全彩电润湿显示屏样品如图 3-85 所示[119]。该样品上玻璃基板的内侧有一层滤光片，可以看出采用彩色滤光片，不仅可以实现全彩电润湿显示，同时显示效果几乎不受视角限制。

　　透射式全彩电润湿显示的色域如图 3-86 所示，采用 RGB 相加混色法的显示色域为以三原色的色坐标为顶点的三角形区域。可以看出，当采用普通黑色油墨 A 时，显示屏的色域可以达到 31%NTSC，当采用高摩尔吸光系数的黑色油墨 C 时，显示屏的色域可以达到 104%NTSC。由此可见采用滤光片的透射式电润湿全彩显示屏具有足够高的显示色域。

图 3-85　基于 RGB 滤光片的透射式全彩电润湿显示屏

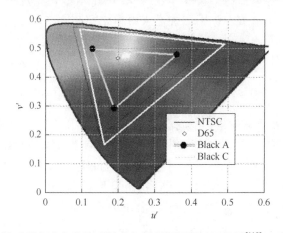

图 3-86　基于彩色滤光片的透射式全彩电润湿显示屏色域[119]（后附彩图）

　　然而，在电润湿电子纸中，是通过反射环境光而实现显示，没有办法通过提高背光源亮度来弥补由滤光片吸收造成的光损失。除了滤光片的光透过率只有 1/3 以外，像素的开口率、各层材料的光吸收及反射板的反射率都会进一步造成反射率的下降，最终显示器件的反射率将低于 20%，严重影响显示的效果，显示屏的色域也会由于亮度的降低而大幅缩减。

　　采用 RGB 滤光片的电润湿电子纸显示屏如图 3-87 所示，在强光环境下，如采用镜面反射的反射板，在入射光的反射角度可以看到颜色鲜明、亮度足够的彩色图像，如图 3-87（a）所示。但如果在其他角度，则无法实现很好的显示效果，如图 3-87（b）所示。如采用漫

(a) 特定角度　　　　　　　　　　　　(b) 其他角度

图 3-87　基于彩色滤光片的反射式全彩电润湿显示屏（后附彩图）

反射的反射板，则会由于在观看角度反射光线的数量有限，显示亮度极低。因此，采用RGB 滤光片可以实现电润湿全彩显示，但是由于滤光片本身的光透过率太低，基于 RGB滤光片的电润湿电子纸亮度很低，显示效果欠佳。

2. 基于单层三原色油墨填充的彩色电润湿显示

为避免滤光片造成的光损失，可采用在像素格中分别填充三原色油墨的方式实现彩色显示，如图 3-88 所示[105, 120]。在该显示结构中，在相邻的像素中分别填充三原色油墨，当油墨全部都铺展开时，显示屏亮度最低，此时为显示屏的"黑色"状态。但是由于各层油墨都会透过对应颜色的光，显示的"黑色"其实是亮度较低的灰色，透射率约为 30%。为了进一步降低黑色状态的亮度，额外加入了一个填充黑色油墨的像素。当某一像素油墨铺展而其他像素油墨收缩时，显示屏将显示该油墨铺展像素的颜色。

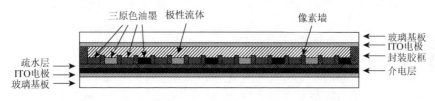

图 3-88　基于单层三原色油墨填充的彩色电润湿显示结构

由于需要在相邻的像素格里面填充不同颜色的油墨，整版填充工艺无法实现，因此需要通过喷墨打印的方式，将各色油墨分别打印到对应的像素格，如图 3-89 所示。油墨和极性流体的打印有两种模式：一种是直接将彩色油墨打印到上面有极性流体的基板上，使油墨沉到下方像素格中；另一种是将彩色油墨打印到像素格内后，再将极性流体打印到油墨的上方，最后封装上基板，完成器件的制备。

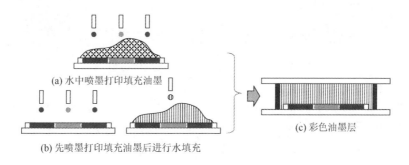

图 3-89　彩色油墨的喷墨打印填充工艺

采用该显示结构在电润湿显示屏在不同电压下的油墨铺展情况及显示效果如图 3-90所示。当电压为零时，所有的油墨均为铺展状态，像素关闭，此时光的透过率最低，随着电压的升高，油墨开始收缩，像素开口率增大，显示亮度增加，最终实现白色显示。油墨全部铺展的状态类似采用滤光片方案时可实现的最大亮度，与油墨全部收缩的状态相比，可以明显看出该结构的显示亮度大幅高于滤光片结构。通过控制不同颜色像素的开关，可以混合出各种彩色。

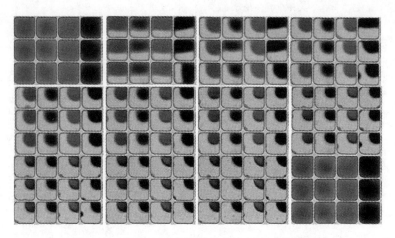

图 3-90　不同电压下各色像素的开口（后附彩图）

但是，该全彩显示方式有一个很大的缺陷是显示色域有限，这是由于无法产生高色彩饱和度的单色光线。以显示红色为例，如图 3-91 所示，如需要显示红色，则需要把红色的像素关闭，其他像素打开，但是打开的像素将透过白光，与需要显示的红色光混杂在一起，大幅降低了红色的饱和度。通过关闭黑色像素，可以减少部分白光的透过，但依然无法解决饱和度的降低问题。

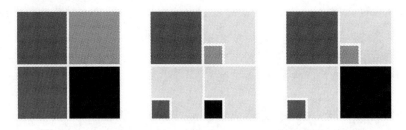

图 3-91　红色显示效果示意图（后附彩图）

由此可见，采用单层彩色油墨填充的电润湿显示结构可以实现高亮度全彩显示，但是该种显示模式不仅制备工艺复杂，同时具有无法显示黑色、色彩饱和度低等缺陷，仅可应用于对显示色彩要求不高的领域。

3. 采用场顺序光源的彩色电润湿显示

还有一种采用单层黑色油墨作为光阀实现电润湿全彩显示的方式是采用场顺序光源，通过控制不同时间背光源的颜色来发出不同颜色的光，如图 3-92 所示[119]。这种方式不需要 RGB 滤光片，而且只采用单种黑色的油墨，但是需要采用可以分别控制的 RGB-LED 光源。在这种情况下，光谱透射率是随时间变化的，它只是由 RGB-LED 的光谱来定义。

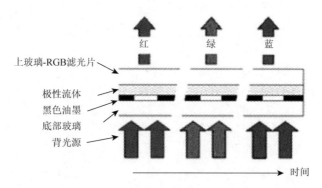

图 3-92　基于场顺序光源的彩色电润湿显示

图 3-93 显示了三个 RGB 颜色子帧中每个像素的选择性激活所产生的后续颜色字段。在图中的灰色区域可以看到油墨的快速响应，通过在每个子帧内的脉冲宽度调制来实现一定数量的灰色标度。为了使人眼看到稳定的彩色图像，RGB 颜色的切换需要具有很高的速度，RGB-LED 的开关速度可达到微秒级别，所以颜色的切换速度主要受制于油墨的收缩、铺展速度。

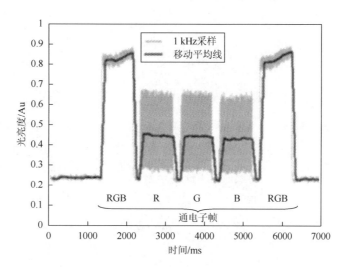

图 3-93　使用场顺序光源的彩色电润湿显示模式（每一帧被划分为三色子帧）

但是，这种实现彩色的方式要依靠背光源，无法用于反射环境光的电子纸显示。

3.7.2　多层彩色电润湿显示结构

与单层彩色显示结构将平面内多个显示不同颜色的子像素作为一个彩色显示像素不同，多层彩色电润湿显示结构是将垂直方向上多个显示不同颜色的子像素作为一个彩色显示像素。因此平面内的每一个像素都可以独立实现全彩显示，具有较高的分辨率。按照叠加层数，多层彩色电润湿显示结构又可以分为两层叠加和三层叠加。

1. 基于三层彩色油墨的彩色电润湿显示

采用 RGB 三原色进行平面混色的方法为相加混色法，而基于 C（青色）、M（洋红色）、Y（黄色）三原色进行垂直混色的方法为相减混色法。如图 3-94 所示，CMY 分别与 RGB 为互补色，吸收对应互补颜色的光线，并透射其他两种颜色的光线。当 CMY 三原色两两叠加时，则会同时吸收 RGB 中的两种互补光线，显示另一种光线的颜色。例如，黄色 Y 和青色 C 叠加时，会吸收蓝色 B 和红色 R 的光线，此时将显示出绿色 G。当 CMY 三种颜色叠加时，则会吸收 RGB 所有的光线，此时显示黑色。彩色图片的印刷就是基于这种相减混色的原理来实现的，如图 3-95 所示。一幅彩色的图像，可以分解成 CMYK 四种颜色的四幅图像，打印机将四种颜色的墨水按照各颜色的图像层叠打印到纸张上，就可以实现彩色图像的印刷。由于打印使用的 CMY 三原色油墨吸光度不足，CMY 三色油墨叠加后并不是理想的黑色，而是灰色，为了矫正颜色并实现黑色打印，一般情况下会再增加一层黑色（K）油墨的打印。

图 3-94　相减混色原理（后附彩图）

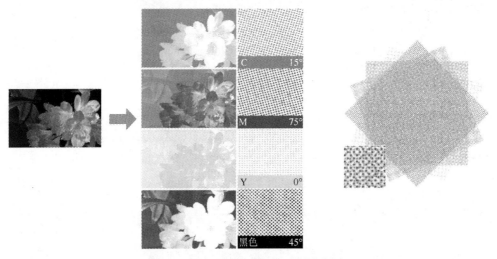

图 3-95　彩色印刷实现方法（后附彩图）

与彩色印刷类似，电润湿显示也可以采用 CMY 三色油墨垂直叠加的方法实现全彩显示，如图 3-96（a）所示[117, 119, 121]。通过将三层可独立控制像素开关的电润湿显示层垂直叠加，每一层像素将负责 RGB 中一种颜色的调控，不影响其他两种颜色的传输，在垂直方向上，通过三层子像素的共同作用，实现全彩显示。该显示结构实现 CMY、RGB 及黑白 8 种颜色状态时的混色方式及三层子像素的开关状态如图 3-96（b）和（c）所示，当三层像素全部铺展时，三层油墨将 RGB 光全部吸收，此时像素显示黑色；当三层油墨全部收缩时，三层像素均不吸光，此时像素显示白色且具有很高的亮度；当三层油墨中的一层铺展，另外两层收缩时，像素显示铺展油墨层的颜色；当三层油墨中两层铺展，另外一层收缩时，像素显示收缩油墨层的互补色。通过控制每一层像素油墨开口率的大小，可获得不同灰阶的三原色，最终实现全彩显示。

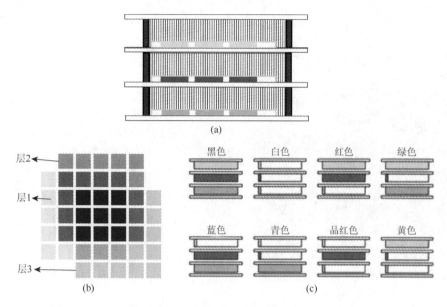

图 3-96　三层叠加彩色电润湿显示器原理图及混色方法（后附彩图）

由三层叠加实现电润湿全彩显示的机理可以看出，该方法具有以下突出优点：

①不需要滤光片，拥有较高的反射亮度；

②拥有反射率较低的黑色状态；

③在垂直方向上混色，水平方向上没有子像素，因此分辨率较高；

④色彩饱和度高，显示色域广；

⑤可现实色彩数为单层灰阶数量的三次方，可以实现全彩、真彩显示。

华南师范大学于 2018 年制作出基于三层叠加的无源矩阵驱动的电润湿全彩电子纸样机，通过将 CMY 三个单色器件逐层对准后利用光学匹配胶水，用紫外线固化的方式将三层单色器件贴合在一起，分别驱动不同的单色电润湿显示器，即可以控制三层叠加器件反射的颜色，进而得到全彩的显示效果，三层叠加彩色电润湿显示器样机如图 3-97（a）所示。该样机仅依赖环境光时，可实现高亮度、高色彩饱和度的反射式显示效果，其白色反射率达 40%以上，色域面积大于 50%NTSC。该样机显示色域如图 3-97（b）所示，可以看出，基于垂直叠加混色的显示色域为以 CMY、RGB 六原色的色坐标为顶点的六边形，而不是以 RGB 三原色的色坐标为顶点的三角形。通过进一步提升像素的开口率、彩色油墨的摩尔吸光系数及光谱、优化器件结构，基于三层叠加的电润湿彩色电子纸显示屏的色域还有很大的提升空间。

2. 基于两层彩色油墨的彩色电润湿显示

采用两层电润湿显示结构实现彩色化的方案包括采用黑色油墨辅助单层三原色油墨实现彩色显示、采用两层彩色油墨实现部分彩色显示、采用两色场顺序光源配合互补色油墨实现全彩显示等。由于电子纸显示无法使用额外光源，因此仅介绍前两种方案。

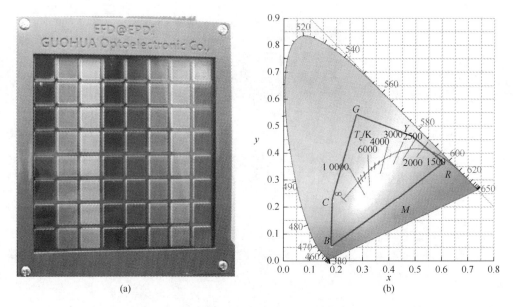

(a)　　　　　　　　　　　　(b)

图 3-97　基于三层叠加的全彩电润湿显示样机及其色域（后附彩图）

（1）基于黑色油墨辅助单层三原色油墨的彩色电润湿显示

前面介绍了基于单层三原色油墨填充的彩色电润湿显示，它具有很高的亮度，但是色彩饱和度低，且无法实现黑色。为了弥补上述缺点，可以采用在彩色油墨填充层下面增加一层黑色油墨电润湿层的方式，辅助白光透过率的调节，如图 3-98 所示。此方案也可以看作单层滤光片实现彩色方案与单层三原色油墨填充实现彩色方案的结合方案，它既可以通过把上层彩色油墨铺展达到滤光片方案中的高色彩饱和度及宽色域，又可以通过把两层油墨全部收缩达到单层三原色填充方案中的高亮度。但是，此方案中高亮度和高色彩饱和度并不能同时达到，需要折中选择最适合的像素开口率大小。

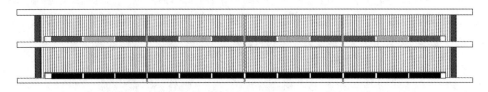

图 3-98　黑色油墨辅助单层三原色油墨的彩色电润湿显示（后附彩图）

（2）基于双层彩色油墨的部分彩色显示

使用两层具有不同颜色的油墨，也可以通过两种颜色的混合实现部分彩色的显示，但无法实现全彩色显示。以采用蓝色和红色油墨的双层电润湿器件为例[122]，如图 3-99 所示，通过分别控制红色和蓝色像素中油墨的收缩和铺展，可以实现紫色、红色、蓝色和白色的显示，通过控制两层子像素的开口率，则可以得到不同的彩色。如果要显示黑色，主要选择互为互补色的两种油墨，例如，红色和青色两层油墨混合可以实现黑色、红色、青色、白色及一系列混合颜色。

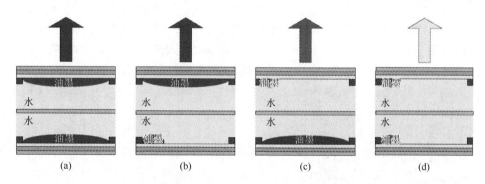

图 3-99　采用红色、蓝色油墨的双层彩色电润湿显示机理[122]（后附彩图）

该显示结构虽然难以实现全彩显示，但是非常适用于电子标签等仅需要有限彩色显示的应用场合。

两层叠加的彩色电润湿显示方案都有自身无法克服的缺点，虽然与三层叠加方案相比结构简单一些，但是显示效果大打折扣，而且双层结构与三层结构的制备工艺基本相同，在成本可控的前提下，三层叠加方案是实现电润湿显示彩色化的最优方案。

3. 多层叠加彩色化存在的问题

对于多层叠加实现电润湿彩色化，其最突出的问题就是由厚度引起的串色问题。如图 3-100（a）所示，目前制备的三层叠加电润湿显示器件是直接将三个完整的单层显示器件粘合制备的，这样两个显示油墨层中间除了油墨和极性流体的厚度外，还间隔着两层玻璃基板和粘合层的厚度。通常情况下，两层显示油墨之间的距离要远远大于像素格的大小。当光线垂直器件入射时，光线将穿过垂直排列的子像素并反射回来，此时油墨层之间的距离并不会对显示造成影响。但是，在实际使用环境中，光线通常是以一定的角度照射到显示器件上面的，如果入射角度偏大，则穿过第一层油墨的光线可能无法从其正下方子像素的油墨层穿过，而是从隔壁其他像素的油墨层穿过，反射回来的光线也会在各层穿过不同的像素，这时光线不能从一个像素的三个子像素穿过，该像素失去了对光线的控制。

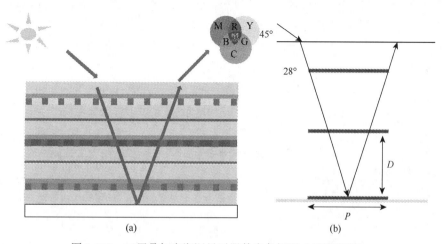

图 3-100　三层叠加电润湿显示器件串色问题（后附彩图）

　　为防止出现串色现象，入射光线与反射光线在最上层油墨处的偏移量应控制在一个像素以内。如图 3-100（b）所示，当光线以 45° 入射时，经玻璃折射后，光线与垂直方向的夹角约为 28°，该光线穿过两倍油墨层间距离 D 后的偏移量应小于半个像素宽度 P，反射回来的光线偏移量才可以小于一个像素宽度 P，经计算可以得出油墨层间距离 D 必须小于像素宽度 P。

　　以分辨率为 120 ppi 的显示屏为例，此时每个像素的大小约为 200 μm，电润湿显示层的厚度约为 50 μm（油墨 5 μm，极性流体 45 μm），那么，玻璃基板及功能层的总厚度要小于 150 μm。然而，为了保证在生产过程中玻璃基板不破碎，一般情况下使用的玻璃基板厚度为 0.4 mm 以上，特殊情况下可以使用 0.2 mm 的玻璃基板，但是仍无法满足层间距要求。一种解决方案是在单层器件制备完成后，采用化学机械研磨或化学腐蚀的方法，将基板的厚度减薄到 100 μm 以下，然后再将三层器件贴合。还有一种方法是减少玻璃基板的层数，如图 3-101 所示，将上层显示结构的下基板用作下层显示结构的上基板，减少了玻璃基板的层数及黏合剂层，可以将显示层间距缩小一半。另外，还可以将两个显示层间共用的玻璃基板换成厚度更小的其他材料基板，进一步缩小显示层间距。

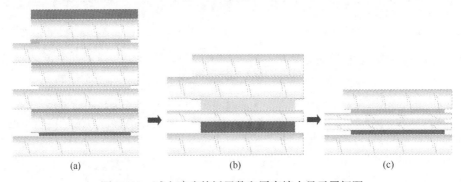

图 3-101　减少玻璃基板层数和厚度缩小显示层间距

　　除了减少玻璃基板层数和降低玻璃基板厚度外，还可以通过共用极性流体的方式进一步缩小显示层间距。如图 3-102 所示，通过将其中两层显示油墨相对放置，可减少一层基板玻璃及一层极性流体，如图 3-102（b）所示。在此基础上让两层显示油墨共用驱动基板可以进一步缩小显示层间距，如图 3-102（c）所示，但是具有双面驱动电极的驱动基板加工难度太大，难以实现。

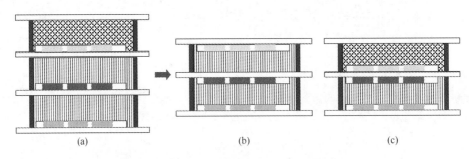

图 3-102　共用极性流体缩小显示层间距

3.7.3　电润湿电子纸彩色化方案性能比较

从上两节的介绍可以看出，实现电润湿显示彩色化的方案中，最可行的是单层显示结构采用滤光片的方案和三层彩色油墨叠加的方案。其中，滤光片方案可以采用 RGB 滤光片或 PGBW 滤光片。这三种电润湿彩色化方案与单色显示的反射率对比如图 3-103 所示。从图中可以看出，采用 RGB 滤光片的器件反射率为单色器件反射率的 $\frac{1}{3}$，采用 RGBW 滤光片的器件反射率为单色器件反射率的 $\frac{1}{2}$。随着像素开口率的增加，单色及采用滤光片的电润湿器件反射率呈线性增长趋势。然而，三层叠加彩色器件的反射率随着像素开口率的增加而快速增长。当器件开口率小于 74% 时，三层叠加彩色器件的反射率要低于采用 RGBW 彩色滤光片的器件，随着开口率的继续增大，三层叠加彩色器件的优势越来越明显，反射率大幅超过采用彩色滤光片的器件。由此可见，三层叠加是实现电润湿彩色化的最优方案，为了充分发挥其优势，需要尽量增大像素的开口率。当像素开口率达到 85% 以上时，器件的反射率可以达到 45% 以上，已完全满足普通照明环境中的显示亮度要求。

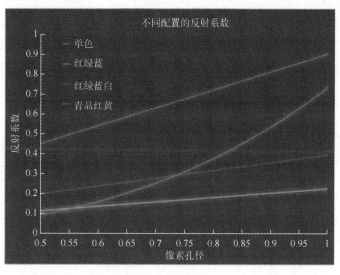

图 3-103　电润湿彩色化方案反射率对比（后附彩图）

3.8　双稳态电润湿显示

双稳态电润湿显示是近年来电润湿显示的研究热点，其特点是：极低能耗（理想状态零功耗），绿色环保，可用于电子书、大型室外广告牌等，代表了未来绿色电润湿显示器的发展趋势。

3.8.1　双稳态电润湿显示原理

双稳态电润湿显示是利用液滴在电场作用下发生的形变。图 3-104 为一种双稳态电润

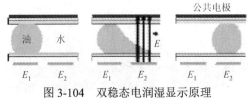

图 3-104　双稳态电润湿显示原理

湿显示原理图[23]，一个像素单元有 E_1 和 E_2 两段电极（图案化电极），无电场时，液滴保持球状；在液滴附近 E_2 电极施加电压时，液滴发生形变，液面向电场方向运动，是一种过渡状态；最终液滴移动到 E_2 电极位置保持不动。能量消耗仅发生在液滴转移过程，显示状态保持时不消耗能量。

3.8.2　双稳态电润湿显示研究现状

2010 年德国 ADT 公司提出了一种 D3（doplet-driven-dgisplays）电润湿显示器件[123]，D3 显示器是一种 U 形双室结构器件，利用可视区 V 与存储区 R 间的室壁垒实现双稳态显示。结构如图 3-105 所示，2D 型 D3 显示器的室壁垒存在于两室连接位置 [图 3-106（a）]，3D 型 D3 显示器的室壁垒是上下两腔体间的中间层 [图 3-106（b）]。显示效果如图 3-107 所示，其中（a）为单色 2D 型 D3 器件；（b）为单色 3D 型 D3 器件；（c）为彩色 2D 型 D3 器件。优点是开口率和反射率都很高，单色 2D 型开口率可达 85%，反射率可达 70%，远高于 Eink 显示器件。

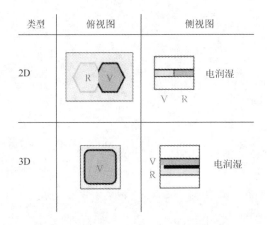

图 3-105　D3 显示器件结构

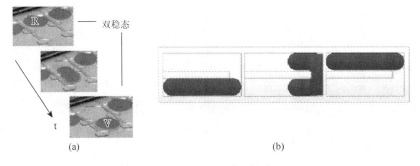

图 3-106　D3 显示器件双稳态显示

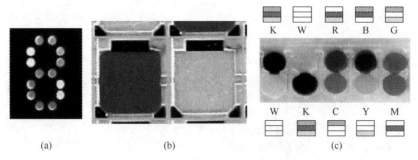

图 3-107　D3 显示器件显示效果图

与此同年，Yang 等[124]利用 PerMX 材料制备 $450 \times 150 \ \mu m^2$ 像素单元的灰度稳定电润湿像素，这种像素可以保持三个月的零功耗灰度显示，反射率 70%，切换速度与视频速率相当（20 ms）。与 D3 器件类似，像素单元分上下两腔，中间层两端各有一个通道，且在下腔体处设计了势垒结构。无电场时，无色油墨在像素平铺，有色颜料液体保持在左侧通道，在电场作用下液体收缩，挤压油墨，使有色液体在像素中平铺，它也是通过像素单元势垒结构实现双稳态显示。图 3-108 展示了灰度稳定 EFD 像素的结构和显示效果，（a）为像素单元结构及驱动状态示意图；（b）是三种配置下的显示效果，从上到下依次是最大反射、中间灰度和最小反射。从图 3-109 中能更加清楚地看到像素的结构，随后两年，ADT 公司公布了高反射率及堆叠 CMY 的显示器件[16]和三维矩阵电极结构的 3D 显示器件[20]。

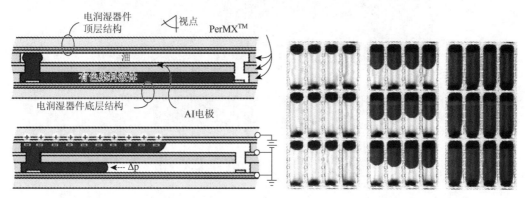

(a) 像素单元结构及驱动状态示意图　　　　　　　　(b) 几种灰度稳态的俯视图

图 3-108　灰度稳定 EFD 像素的结构及显示效果

图 3-109　灰度稳定 EFD 像素的结构 SEM 图（$450 \times 150 \ \mu m^2$）

　　不同于以上结构创新的双稳态电润湿显示，2015 年，Charipar 等[24]通过在 ITO 基板激光刻蚀图案化平面电极实现器件的双稳态显示。该显示器件是采用激光技术刻蚀出通道电极和像素电极，并制备出单色、双色及柔性的激光电极双稳态电润湿显示器件。除图案化电极外，器件上基板还有一个公共电极。图 3-110（a）是单色显示器件驱动通道电极（图中 ITO 下基板上较短部分）和公共电极时，有色油墨平铺在像素内，呈现"关"状态；图 3-110（b）中是驱动像素电极（图中较长部分）和公共电极时，水平铺在像素内，呈现"开"状态。这种结构本质是双电极结构的 3D 型器件，图 3-110～图 3-113 展示了不同类型的激光电极双稳态电润湿显示器件结构和显示效果。图 3-114 更直观地展现了图案化电极结构，由于上下基板结构上都覆盖了介电层保护电极，所以所需驱动电压较大，一般为 80～140 V。

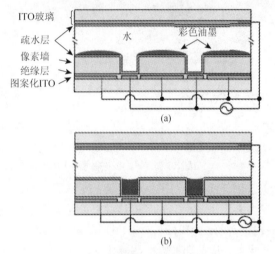

ITO玻璃
疏水层
像素墙
绝缘层
图案化ITO
水　　　彩色油墨
（a）

（b）

图 3-110　单色激光电极器件结构

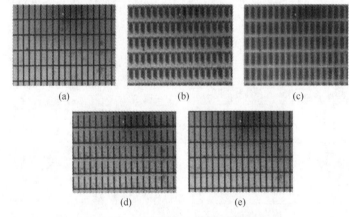

（a）　　　　　　（b）　　　　　　（c）

（d）　　　　　　（e）

图 3-111　单色激光电极器件显示效果

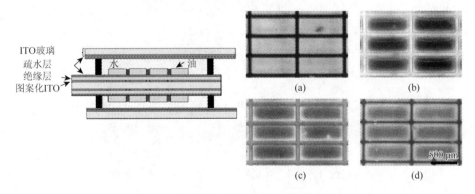

ITO玻璃
疏水层
绝缘层
图案化ITO
水　　　油

（a）　　　　　　（b）

（c）　　　　　　（d）

500 μm

图 3-112　双色激光电极双稳态电润湿显示器件

图 3-113 柔性激光电极双稳态电润湿显示器件

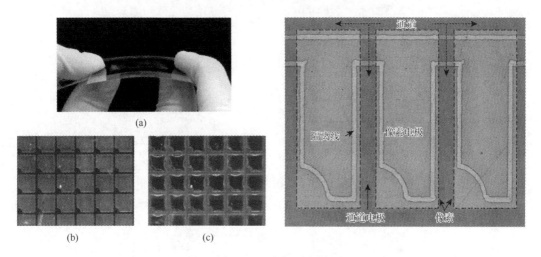

图 3-114 电极示意图

优化后的设计是 2019 年 Zhang 等[125]报道的一种具有非平面控制电极的双稳态电润湿显示器件，器件采用光刻和湿法刻蚀工艺制备。平面通道电极采用磁控溅射一层铝薄膜，再用湿法刻蚀出通道电极图案，而像素电极也采取类似方式，将铝溅射在沿像素墙结构侧壁延伸到其上部边缘部位形成电极。器件结构及制备过程如图 3-115 所示，显示效果如图 3-116 所示，非平面的像素电极设计，能够更加精准地控制像素单元，降低了驱动电压，相较于激光蚀刻电极，成本低且方便易行，但是器件随着驱动有油残留在像素上，显示亮度会随驱动次数及时间减弱。

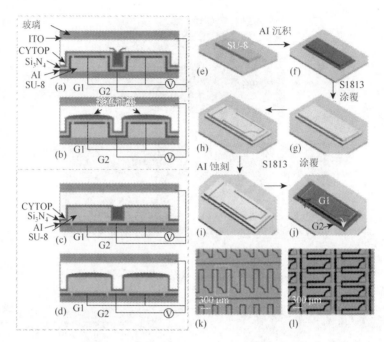

图 3-115　非平面电极双稳态电润湿显示器件

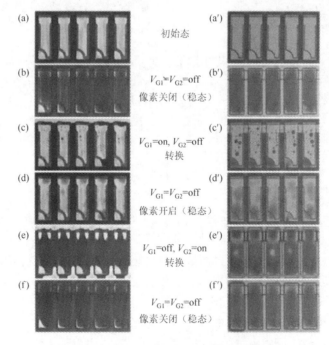

图 3-116　非平面电极器件像素双稳态显示

3.9　柔性电润湿显示

　　柔性显示技术是未来可穿戴电子产业的重要支撑，有望成为全球光电显示产业的下一个引擎。作为柔性显示的技术代表，电子纸显示技术已被成功应用于柔性电子书阅读器，率先吹响了柔性显示向产业化迈进的号角。电润湿电子纸像素结构简单，属软物质材料体系，依赖印刷制程，是柔性化显示技术的极佳载体。

要实现电润湿显示的柔性、可挠曲，首先理论上要理解平面和曲面上电润湿效应对微流体操控性能的差异。Wang 等[126]研究了表面曲率对电润湿中接触角操控的影响。如图 3-117 所示，曲面上接触角定义为三相接触线位置固体基底曲面切线与液滴切线的夹角，定义图 3-117（a）的结构为凸面，其曲率为正，即曲率半径 $R>0$；图 3-117（b）的结构定义为凹面，其曲率为负，即曲率半径 $R<0$。

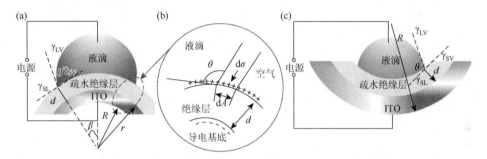

图 3-117　曲面上电润湿示意图：（a）凸面上电润湿示意图；（b）曲面电润湿电荷分布图；
（c）凹面上电润湿示意图[126]

上文中基于能量最小化理论推导出曲面上电润湿的修正方程。对实际柔性电润湿器件通常形成的圆柱曲面，可由以下方程描述：

凸圆柱面：

$$\cos\theta(V) = \cos\theta_0 + \frac{\xi V^2}{2\gamma_{LV}} \frac{1}{(R+d)\ln\left(\frac{R+d}{R}\right)} \qquad (3\text{-}14)$$

凹圆柱面：

$$\cos\theta(V) = \cos\theta_0 + \frac{\xi V^2}{2\gamma_{LV}} \frac{1}{(R-d)\ln\left(\frac{R}{R-d}\right)} \qquad (3\text{-}15)$$

通过以上公式可知，与平面情况相比，接触角变化在凸面上增大，而在凹面上减小；曲面电润湿效应的影响可由 d/R 的比值来决定（图 3-118）。当基底的曲率半径趋近于无穷大时，即 $1/R \to 0$ 时，公式（3-14）和（3-15）曲面电润湿方程退化为平面电润湿方程。在通常显示器件应用状态下（曲率半径 >1 mm），曲率对接触角的影响 $<0.05°$，可忽略。

You 等[127]研究了纸、聚合物（塑料）及金属箔等基材上的电润湿效应（图 3-119 左），演示了柔性电润湿器件的可行性。他们发现某些柔性基板上（铜、铝和纸）的电润湿器件具有非常接近玻璃基板上常规器件的特性（图 3-119 右）。该研究制备了基于 PET 和 PDMS 柔性基材的 45×21 电润湿显示像素阵列，并在 20 V 的驱动电压下实现该柔性电润湿显示原型机的可逆开关（图 3-120）。实验中即使显示器在机械弯曲状态也可以保持像素阵列的开关操作。该实验验证了柔性电润湿的可行性，并展示了柔性电润湿显示器件的可能性。

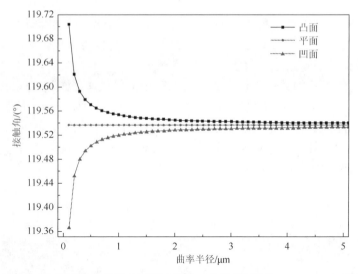

图 3-118　曲率半径对电润湿效应的影响（测试条件：绝缘层厚度为 0.15 μm，初始接触角 1600，
表面张力系数 0.015 N/m，施加电压 30 V）

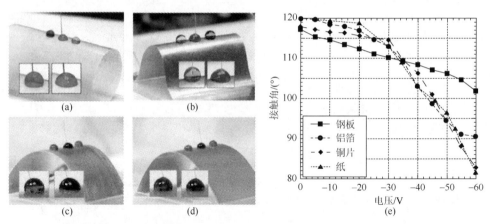

图 3-119　各种柔性基板上电润湿测试图（a）ITO 涂层纸；（b）铜涂层纸；（c）钢板上的铜箔；
（d）钢板；（e）各种柔性基材在空气中的水接触角随电压变化曲线[127]

图 3-120　基于 PET 和 PDMS 柔性基材的电润湿显示像素阵列：（a）关闭电压；（b）接通电压[127]

　　华南师范大学科研团队在柔性电润湿显示技术领域率先开展了基础研究和创新制程工艺探索工作：在器件设计方面，基于有限元仿真工具建立了柔性电润湿显示特有的电/流/固耦合的多物理场动力学模型，分析了器件弯折中油墨翻墙、支撑结构力学等失效窗口；在器件制程方面，形成了一套完整的基于刚性衬底的柔性电润湿显示制备工艺（图 3-121），并实现首款无源驱动 PEN 衬底柔性电润湿显示屏样机的成功点亮和开口率操控（图 3-122）。

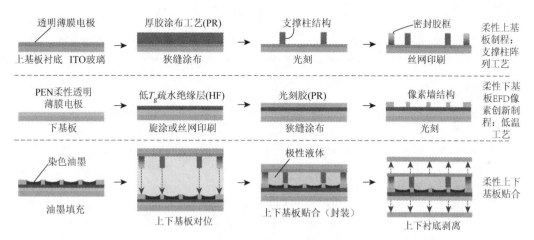

图 3-121　柔性电润湿显示器件制备工艺流程

注：T_g 表示玻璃化转变温度

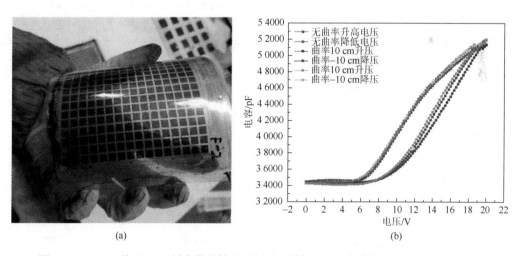

(a)　　　　　　　　　　　(b)

图 3-122　（a）基于 PEN 衬底的柔性电子纸显示样机；（b）在曲率半径为 ±10 cm 下的器件电容随电压变化曲线（后附彩图）

　　电润湿显示属于新型反射式类纸显示技术，在保留电子纸显示的低功耗、视觉健康、可柔性等特性的同时，突破彩色和视频播放两项当前束缚电子纸显示技术应用领域的瓶颈，适用于户外、便携、长时间阅读等场合的穿戴式设备、电子阅读、户外广告等众多应用产品，可为我国军用和民用市场提供全天候"绿色"显示产品，具有千亿级的直接市场规模和巨大产业辐射力。

作为最具潜力的反射式类纸显示技术，电润湿显示自 2003 年发明以来受到国外多家显示巨头的高度重视。目前全球电润湿显示技术正处于量产开发关键阶段，在不久的将来，该新型反射式类纸显示技术或成为电子书市场应用的不二之选，并迅速成为极具市场竞争力的便携式显示屏。

参 考 文 献

[1]　BENI G，HACKWOOD S. Electro-wetting displays[J]. Applied Physics Letters，1981，38（4）：207-209.

[2]　BENI G，TENAN M A. Dynamics of electrowetting displays[J]. Journal of Applied Physics，1981，52（10）：6011-6015.

[3]　LIPPMANN G. Relations entre les phenomenes electriques et capillaries[J]. Annales de Chimie et de Physique，1875，5（11）：494-549.

[4]　BERGE B. Electrocapillarite et mouillage de films isolants par l'eau[J]. Comptes Rendus De Lacademie Des Sciences Paris Serie II，1993，317（2）：157-163.

[5]　HAYES R A，FEENSTRA B J. Video-speed electronic paper based on electrowetting[J]. Nature，2003，425（6956）：383-385.

[6]　CHEVALLIOT S，HEIKENFELD J，CLAPP L，et al. Analysis of nonaqueous electrowetting fluids for displays[J]. Journal of Display Technology，2011，7（12）：649-656.

[7]　MUGELE F B J C. Electrowetting：from basics to applications[J]. Journal of Physics：Condensed Matter，2005，17：705-774.

[8]　GRILLI S，MICCIO L，VESPINI V，et al. Liquid micro-lens array activated by selective electrowetting on lithium niobate substrates[J]. Opt Express，2008，16（11）：8084-8093.

[9]　MARK D，HAEBERLE S，ROTH G，et al. Microfluidic lab-on-a-chip platforms：requirements，characteristics and applications[J]. Chemical Society Reviews，2010，39（3）：1153-1182.

[10]　SUR A，LU Y，PASCENTE C，et al. Pool boiling heat transfer enhancement with electrowetting[J]. International Journal of Heat and Mass Transfer，2018，120：202-217.

[11]　KRUPENKIN T，TAYLOR J A. Reverse electrowetting as a new approach to high-power energy harvesting[J]. Nature Communications，2011，2（1）：448.

[12]　JUNGHOON L，CHANG-JIN K. Surface-tension-driven microactuation based on continuous electrowetting[J]. Journal of Microelectromechanical Systems，2000，9（2）：171-180.

[13]　WALKER S，SHAPIRO B. Modeling the fluid dynamics of electrowetting on dielectric（EWOD）[J]. Microelectromechanical Systems，Journal of，2006，15：986-1000.

[14]　JONES T. An electromechanical interpretation of electrowetting[J]. J Micromech Microeng，2005，15：1184-1187.

[15]　DIGILOV R. Charge-induced modification of contact angle：the secondary electrocapillary effect[J]. Langmuir，2000，16（16）：6719-6723.

[16]　OH J M，KO S H，KANG K H. Analysis of electrowetting-driven spreading of a drop in air[J]. Physics of Fluids，2010，22（3）：32002.

[17]　ZENG J，KORSMEYER T. Principles of droplet electrohydrodynamics for lab-on-a-chip[J]. Lab on a Chip，2004，4（4）：265-277.

[18]　JONES T B. On the relationship of dielectrophoresis and electrowetting[J]. Langmuir，2002，18（11）：4437-4443.

[19]　KANG K H. How electrostatic fields change contact angle in electrowetting[J]. Langmuir，2002，18（26）：10318-10322.

[20]　PAPATHANASIOU A G，BOUDOUVIS A G. Manifestation of the connection between dielectric breakdown strength and contact angle saturation in electrowetting[J]. Applied Physics Letters，2005，86（16）：164102.

[21]　MUGELE F. Fundamental challenges in electrowetting：from equilibrium shapes to contact angle saturation and drop dynamics[J]. Soft Matter，2009，5（18）：3377-3384.

[22]　BIENIA M，MUGELE F，QUILLIET C，et al. Droplets profiles and wetting transitions in electric fields[J]. Physica A-statistical Mechanics and Its Applications-PHYSICA A，2004，339（72-79.

[23]　VERHEIJEN H J J，PRINS M W J. Reversible Electrowetting and trapping of charge：model and experiments[J]. Langmuir，1999，15（20）：6616-6620.

[24]　SHAPIRO B，MOON H，GARRELL R L，et al. Equilibrium behavior of sessile drops under surface tension，applied external fields，and material variations[J]. Journal of Applied Physics，2003，93（9）：5794-5811.

[25]　HAYES R A，JOULAUD M，ROQUES-CARMES，et al. Display device based on electrowetting effect：US7800816[P]. 201-09-21.

[26]　FEIL H. Electrowetting element：EP20080005806[P]. 2020-07-22.

[27]　ISHIDA M，SHIGA Y，TAKEDA U，et al. Ink containing anthraquinone based dye，dye used in the ink，and display：US8999050[P]. 2015-04-07.

[28]　邓勇，唐彪，郭媛媛，等. 电润湿显示彩色油墨材料研究进展[J]. 华南师范大学学报（自然科学版），2016，48（5）：31-36.

[29]　VAN DE WEIJER-WAGEMANS M M，MASSARD R，HAYES R A. Improvements in relation to electrowetting elements：WO2010031860[P]. 2010-03-25.

[30]　DENG Y，LI S，YE D，et al. Synthesis and a photo-stability study of organic dyes for electro-fluidic display[J]. Micromachines，2020，11（1）：81.

[31]　YAO Z，ZHANG M，WU H，et al. Donor/acceptor indenoperylene dye for highly efficient organic dye-sensitized solar cells[J]. Journal of the American Chemical Society，2015，137（11）：3799-3802.

[32]　LI S，YE D，HENZEN A，et al. Novel perylene-based organic dyes for electro-fluidic displays[J]. New Journal of Chemistry，2020，44（2）：415-421.

[33]　LEE P T C，CHIU C-W，LEE T-M，et al. First fabrication of electrowetting display by using pigment-in-oil driving pixels[J]. ACS Applied Materials & Interfaces，2013，5（13）：5914-5920.

[34]　LEE P T C，CHIU C-W，CHANG L-Y，et al. Tailoring pigment dispersants with polyisobutylene Twin-Tail structures for electrowetting display application[J]. ACS Applied Materials & Interfaces，2014，6（16）：14345-14352.

[35]　张冰冰. 无定型透明氟树脂的研究进展[C]//中国氟化工技术与应用发展研讨会暨重庆市氟化工产业园推介会，2012.

[36]　ZHOU R，YE Q，LI H，et al. Experimental study on the reliability of water/fluoropolymer/ITO contact in electrowetting displays[J]. Results in Physics，2019，12：1991-1998.

[37]　MIBUS M，HU X，KNOSPE C，et al. Failure modes during low-voltage electrowetting[J]. ACS Applied Materials & Interfaces，2016，8（24）：15767-15777.

[38]　CAHILL B P，GIANNITSIS A T，LAND R，et al. Reversible electrowetting on silanized silicon nitride[J]. Sensors and Actuators B：Chemical，2010，144（2）：380-386.

[39]　LIU H，DHARMATILLEKE S，MAURYA D K，et al. Dielectric materials for electrowetting-on-dielectric actuation[J]. Microsystem Technologies，2009，16（3）：449.

[40]　DONG B，TANG B，GROENEWOLD J，et al. Failure modes analysis of electrofluidic display under thermal ageing[J]. Royal Society Open Science，5（11）：181-121.

[41]　CHEN X，HE T，JIANG H，et al. Screen-printing fabrication of electrowetting displays based on poly（imide siloxane）and polyimide[J]. Displays，2015，37：79-85.

[42]　赵瑞，田志强，刘启超，等. 介电润湿液体光学棱镜[J]. 光学学报，2014，34（12）：1223003-1223001.

[43]　LAPIERRE F，PIRET G，DROBECQ H，et al. High sensitive matrix-free mass spectrometry analysis of peptides using silicon nanowires-based digital microfluidic device[J]. Lab on a Chip，2011，11（9）：1620-1628.

[44]　LEE J K，PARK K-W，KIM H-R，et al. Dielectrically stabilized electrowetting on AF1600/Si$_3$N$_4$/TiO$_2$ dielectric composite film[J]. Sensors and Actuators B：Chemical，2011，160（1）：1593-1598.

[45]　GRISATYA A，WON Y H J P O S V. Multi-layer insulator for low voltage and breakdown voltage enhancement in

electrowetting-on-dielectric[J]. 2014，89871S-89871S-89876.

[46] XIA Y，CHEN J，ZHU Z，et al. Significantly enhanced dielectric and hydrophobic properties of SiO$_2$@MgO/PMMA composite films[J]. RSC Advances，2018，8（8）：4032-4038.

[47] ZHOU K，HEIKENFELD J，DEAN K A，et al. A full description of a simple and scalable fabrication process for electrowetting displays[J]. Journal of Micromechanics and Microengineering，2009，19（6）：065029.

[48] HEIKENFELD J，STECKL A J. 56.3：Electrowetting light valves with greater than 80% transmission，unlimited view angle，and video response[C]//proceedings of the SID Symposium Digest of Technical Papers，F，2005.

[49] 李岚慧，窦盈莹，水玲玲，等. 水溶液显影环氧乙烷光刻胶的显影条件及机理探索[J]. 华南师范大学学报（自然科学版），2017，49（1）：40-45.

[50] CAMPO A D，GREINER C. SU-8：a photoresist for high-aspect-ratio and 3D submicron lithography[J]. Journal of Micromechanics and Microengineering，2007，17（6）：R81-R95.

[51] WALTHER F，DAVYDOVSKAYA P，ZüRCHER S，et al. Stability of the hydrophilic behavior of oxygen plasma activated SU-8[J]. Journal of Micromechanics and Microengineering，2007，17（3）：524-531.

[52] JOKINEN V，SUVANTO P，FRANSSILA S. Oxygen and nitrogen plasma hydrophilization and hydrophobic recovery of polymers[J]. Biomicrofluidics，2012，6（1）：16501-1650110.

[53] 唐彪，岳巧，窦盈莹，等. 一种光刻胶组合物、像素墙及制备方法和电润湿显示器件：CN201810900155.9 [P]. 2018-12-18.

[54] SAKANOUE T，MIZUKAMI M，OKU S，et al. Fluorosurfactant-assisted photolithography for patterning of perfluoropolymers and solution-processed organic semiconductors for printed displays[J]. Applied Physics Express，2014，7（10）：101602.

[55] WANG Y，BACHMAN M，SIMS C E，et al. Simple photografting method to chemically modify and micropattern the surface of SU-8 photoresist[J]. Langmuir，2006，22（6）：2719-2725.

[56] WANG Y，PAI J-H，LAI H-H，et al. Surface graft polymerization of SU-8 for bio-MEMS applications[J]. Journal of Micromechanics and Microengineering，2007，17（7）：1371-1380.

[57] SCHULTZ A，HEIKENFELD J，KANG H S，et al. 1000：1 contrast ratio transmissive electrowetting displays[J]. Journal of Display Technology，2011，7（11）：583-585.

[58] 周国富，李发宏，罗伯特·安德鲁·海耶斯，等. 具有亲水 SOG 材料的电润湿支撑板及其制备方法、电润湿显示器（CN104409414B）[P]. 2014.

[59] 刘怡君，郭书玮，陈品诚. 电润湿显示组件及其制造方法：CN201210558907.0[P]. 2014-05-21.

[60] 水玲玲，窦盈莹，李发宏，等. 电润湿基板及其制备方法、电润湿组件：CN20151004/478.3 [P]. 2015-05-13.

[61] CHIANG C，FRASER D B. Understanding of spin-on-glass（SOG）properties from their molecular structure，F，1989[C]. IEEE.

[62] MUGELE F，KLINGNER A，BUEHRLE J，et al. Electrowetting：a convenient way to switchable wettability patterns[J]. Journal of Physics Condensed Matter，2005，17（9）：S559-S576.

[63] RAJ B，DHINDSA M，SMITH N R，et al. Ion and liquid dependent dielectric failure in electrowetting systems[J]. Langmuir，2009，25（20）：12387-12392.

[64] RACCURT O，BERTHIER J，CLEMENTZ P，et al. On the influence of surfactants in electrowetting systems[J]. Journal of Micromechanics and Microengineering，2007，17（11）：2217-2223.

[65] ROQUES-CARMES T，GIGANTE A，COMMENGE J M，et al. Use of surfactants to reduce the driving voltage of switchable optical elements based on electrowetting[J]. Langmuir，2009，25（21）：12771-12779.

[66] BURGER B，RABOT R. Design of low hysteresis electrowetting systems in non-aqueous media by the addition of low HLB amphiphilic compounds[J]. Colloids and Surfaces A：Physicochemical and Engineering Aspects，2016，510：129-134.

[67] DECAMPS C，DE CONINCK J. Dynamics of spontaneous spreading under electrowetting conditions[J]. Langmuir，2000，16（26）：10150-10153.

[68] NANAYAKKARA Y S，PERERA S，BINDIGANAVALE S，et al. The effect of AC frequency on the electrowetting behavior

of ionic liquids[J]. Anal Chem，2010，82（8）：3146-3154.

[69]　ZHANG S，HU X，QU C，et al. Enhanced and reversible contact angle modulation of ionic liquids in oil and under AC electric field[J]. ChemPhysChem，2010，11（11）：2327-2331.

[70]　LIU H，JIANG L. Wettability by ionic liquids[J]. Small，2016，12（1）：9-15.

[71]　PANERU M，PRIEST C，SEDEV R，et al. Static and dynamic electrowetting of an ionic liquid in a solid/liquid/liquid system[J]. Journal of the American Chemical Society，132（24）：8301-8308.

[72]　MILLEFIORINI S，TKACZYK A H，SEDEV R，et al. Electrowetting of ionic liquids[J]. Journal of the American Chemical Society，2006，128（9）：3098-3101.

[73]　RESTOLHO J，MATA J L，SARAMAGO B. Electrowetting of ionic liquids：contact angle saturation and irreversibility[J]. Jphyschemc，2009，113（21）：9321-9327.

[74]　WANIGASEKARA E，ZHANG X，NANAYAKKARA Y，et al. Linear tricationic room-temperature ionic liquids：synthesis，physiochemical properties，and electrowetting properties[J]. ACS Appl Mater Interfaces，2009，1（10）：2126-2133.

[75]　KRAUSE C，SANGORO J R，IACOB C，et al. Charge transport and dipolar relaxations in imidazolium-based ionic liquids[J]. J Phys Chem B，2010，114（1）：382-386.

[76]　窦盈莹，邓勇，蒋洪伟，等. 咪唑类离子液体的亲疏水性对电润湿器件性能的影响[J]. 华南师范大学学报（自然科学版），2018，50（3）：29-35.

[77]　PENSADO A S，COSTA GOMES M F，CANONGIA LOPES J N，et al. Effect of alkyl chain length and hydroxyl group functionalization on the surface properties of imidazolium ionic liquids[J]. Phys Chem Chem Phys，2011，13（30）：13518-13526.

[78]　CARRERA G A V S M，AFONSO C A M，BRANCO L C. Interfacial properties，densities，and contact angles of task specific ionic liquids[J]. Journal of Chemical & Engineering Data，2010，55（2）：609-615.

[79]　LIU Z，CUI T，LI G，et al. Interfacial nanostructure and asymmetric electrowetting of ionic liquids[J]. Langmuir，2017，33（38）：9539-9547.

[80]　RICKS-LASKOSKI H L，SNOW A W. Synthesis and electric field actuation of an ionic liquid polymer[J]. Journal of the American Chemical Society，2006，128（38）：12402-12403.

[81]　LU J，YAN F，TEXTER J. Advanced applications of ionic liquids in polymer science[J]. Progress in Polymer Science，2009，34（5）：431-448.

[82]　邹华生，黎民乐，陈江凡. 聚丙烯酸酯乳液型压敏胶的聚合方法研究[J]. 化学与黏合，2008，30（5）：28-32.

[83]　YANG G，TANG B，YUAN D，et al. Scalable fabrication and testing processes for three-layer multi-color segmented electrowetting display[J]. Micromachines，2019，10（5）：341.

[84]　BERRY S，KEDZIERSKI J，ABEDIAN B. Irreversible electrowetting on thin fluoropolymer films[J]. Langmuir，2007，23（24）：12429-12435.

[85]　CHEN X，JIANG H，HAYES R A，et al. Screen printing insulator coatings for electrofluidic display devices[J]. Application and Materials Science，2015，212（9）：2023-2030.

[86]　KOO B，KIM C J. Evaluation of repeated electrowetting on three different fluoropolymer top coatings[J]. Journal of Micromechanics and Microengineering，2013，23（6）：067002.

[87]　MOON H，CHO S K，GARRELL R L. Low voltage electrowetting-on-dielectric[J]. Journal of Applied Physics，2002，92（7）：4080-4087.

[88]　IM M，KIM D H，LEE J H，et al. Electrowetting on a polymer microlens array[J]. Langmuir，2010，26（14）：12443-12447.

[89]　WU H，TANG B，HAYES R A，et al. Coating and patterning functional materials for large area electrofluidic arrays[J]. Materials，2016，9（8）：707.

[90]　ONG B H，YUAN X，TAO S，et al. Photothermally enabled lithography for refractive-index modulation in SU-8 photoresist[J]. Optics Letters，2006，31（10）：1367-1369.

[91]　WU H，HAYES R A，LI F，et al. Influence of fluoropolymer surface wettability on electrowetting display performance[J].

Displays，2018，53：47-53.

[92]   CHUNG S，IM Y，CHOI J，et al. Microreplication techniques using soft lithography[J]. Microelectronic Engineering，2004，75（2）：194-200.

[93]   水玲玲，窦盈莹，金名亮，等. 电润湿显示下基板的制备方法：CN201510512530.9[P]. 2015-11-11.

[94]   肖长诗，徐庆宇，梁学磊，等. 一种通过压印制备电润湿显示单元的方法：CN201410181896.8 [P]. 2014-07-30.

[95]   水玲玲，窦盈莹，金名亮，等. 电润湿显示装置基板的制备方法、电润湿显示装置：CN201510512331.8[P]. 2015-11-11.

[96]   水玲玲，窦盈莹，金名亮，等. 一种电润湿显示装置基板的制备方法及电润湿显示装置：CN201510512541.7[P]. 2015-11-25.

[97]   周国富，朱智星，窦盈莹，等. 一种电润湿显示装置像素墙的制备工艺：CN201610102358.4 [P]. 2016-06-15.

[98]   ROQUES-CARMES T，HAYES R A，FEENSTRA B J，et al. Liquid behavior inside a reflective display pixel based on electrowetting[J]. Journal of Applied Physics，2004，95（8）：4389-4396.

[99]   SUN B，ZHOU K，LAO Y，et al. Scalable fabrication of electrowetting displays with self-assembled oil dosing[J]. Applied Physics Letters，2007，91（1）：011106.

[100] DEAN K A，JOHNSON M R，HOWARD E，et al. 51.4: Development of flexible electrowetting displays for stacked color[J]. Sid Symposium Digest of Technical Papers，2009，40（1）：772-775.

[101] LI X T，BAI P F，GAO J W，et al. Effect of pixel shape on fluid motion in an electrofluidic display[J]. Applied Mechanics & Materials，2014，635-637：1159-1164.

[102] DOU Y，TANG B，GROENEWOLD J，et al. Oil motion control by an extra pinning structure in electro-fluidic display[J]. Sensors，2018，18（4）：1114.

[103] GIRALDO A，VERMEULEN P，FIGURA D，et al. 46.3: improved oil motion control and hysteresis-free pixel switching of electrowetting displays[C]//SID，2012.

[104] DOU Y，CHEN L，LI H，et al. Photolithography fabricated spacer arrays offering mechanical strengthening and oil motion control in electrowetting displays[J]. Sensors，2020，20（2）：494.

[105] KUO S W，LO K L，CHENG W-Y，et al. 63.2: Single layer multi-color electrowetting display by using ink jet printing technology and fluid motion prediction with simulation[J]. Sid Symposium Digest of Technical Papers，2010，41（1）：939-942.

[106] WEN C，REN J，XIA J，et al. Self-assembly oil-water perfusion in electrowetting displays[J]. Journal of Display Technology，2013，9（2）：122-127.

[107] BLANKENBACH K，CHIEN L C，LEE S-D，et al. Advances in display technologies；and e-papers and flexible displays[C]. proceedings of the Advances in Display Technologies；and E-papers and Flexible Displays，F，2011.

[108] BLANKENBACH K，SCHMOLL A，BITMAN A，et al. Novel highly reflective and bistable electrowetting displays[J]. Journal of the Society for Information Display，2008，16（2）：237-244.

[109] YANG G，LIU L，ZHENG Z，et al. A portable driving system for high-resolution active matrix electrowetting display based on FPGA[J]. Journal of the Society for Information Display.

[110] KU Y S，CHENG W Y，KUO S W，et al. Electrofluidic display device and driving method thereof：US20120170101[P]. 2012-07-05.

[111] 马召钰，魏廷存，于海勋，等. 手机用彩色 TFT-LCD 驱动控制芯片的驱动电路设计[J]. 微电子学与计算器，2006，23（3）：165-168.

[112] YI Z，SHUI L，WANG L，et al. A novel driver for active matrix electrowetting displays[J]. Displays，2015，37：86-93.

[113] KAO W C，KANG Y C，LIU C H，et al. Hardware engine for real-time pen tracking on electrophoretic displays[J]. Journal of display technology，2013，9（3）：139-145.

[114] 马群刚. 非主动发光平板显示技术[M]. 北京：电子工业出版社，2013.

[115] LUO Z J，ZHANG W N，LIU L W，et al. Portable multi-gray scale video playing scheme for high-performance electrowetting displays[J]. 2016，24（6）：345-354.

[116] SHUI L，HAYES R A，JIN M，et al. Microfluidics for electronic paper-like displays[J]. Lab on a Chip，2014，14（14）：2374-2384.

[117] FEENSTRA J. Video-Speed Electrowetting Display Technology[M]. Berlin: Springer，2016.

[118] KUO S W，CHANG Y P，CHENG W Y，et al. 34.3：novel development of multi-color electrowetting display[J]. Society for Information Display，40（1）：483-486.

[119] GIRALDO A，AUBERT J，BERGERON N，et al. 34.2：transmissive electrowetting-based displays for portable multimedia devices[J]. Journal of the Society for Information Display, 2010，18（4）：317-325:.

[120] KU Y S，KUO S W，HUANG Y S，et al. Single-layered multi-color electrowetting display by using ink-jet-printing technology and fluid-motion prediction with simulation[J]. Journal of the Society for Information Display，2011，19（7）：488-495.

[121] YOU H，STECKL A J. Three-color electrowetting display device for electronic paper[J]. Applied Physics Letters，2010，97（2）：1-3.

[122] LEE W Y，CHIU Y H，LIANG C C，et al. 7.4：a stacking color electrowetting display for the smart window application，F，2011[C].

[123] RAWERT J，JEROSCH D，BLANKENBACH K，et al. Bistable D3 Electrowetting Display Products and Applications[J]. 2010，

[124] YANG S，ZHOU K，KREIT E，et al. High reflectivity electrofluidic pixels with zero-power grayscale operation[J]. Applied Physics Letters，2010，97（14）：143501.

[125] ZHANG H，LIANG X L. Bistable electrowetting device with non-planar designed controlling electrodes for display applications[J]. Frontiers of Information Technology & Electronic Engineering，2019，20（9）：1289-1295.

[126] WANG Y，ZHAO Y P. Electrowetting on curved surfaces[J]. Soft Matter，2012，8（9）：2599-2606.

[127] YOU H，STECKL A J. Electrowetting on flexible substrates[J]. Journal of Adhesion Science and Technology，2012，26（12-17）：1931-1939.

第4章 IMOD 显示技术

4.1 概　　述

随着便携式显示核心产品的普及，人们对高质量反射式显示器的需求持续增长。显示产品愈加复杂，对显示带宽（即颜色深度和分辨率）和降低功耗的需求也会增加。与此同时，业内人士也意识到消费者已经开始关注技术的更多细节属性，如视频帧率、色彩丰富度、高亮度、对比度和清晰度等。因此，将这些特性引入家用和便携设备中，将加快反射式显示器被市场接受的速度，并为反射式显示提供更多的应用场景和可能性。

微光机电系统（micro-optoelectromechanical systems，MOEMS）在显示中的应用，已有较长时间，被认为是一种有前景的反射式显示技术，并已经被一些公司和研究机构开发并尝试产业化。MOEMS 具有速度快、能耗低、驱动简单和单片制造性等特征，因此，对于科学家和产业界都具有强大的吸引力。这些显示技术中，干涉式调制器显示技术（interferometric modulator display，IMOD），顾名思义，就是一种基于微机电系统来调制光学性能的技术，由 Iridigm Display 公司（后来并入 Qualcomm）首先提出并开发。这种技术综合了光学、电子学、微机电加工等多学科交叉领域，基于半导体制造技术与 MEOMS 解决方案的工作原理相结合，可弥补当前反射式显示的一些不足，本章主要介绍 IMOD 技术原理和发展过程。

微机电系统是一种集成了机械与电器元件，且具有明确功能的微小系统，主要应用于传感器、执行器等[1,2]。微机电系统部件的尺寸为 1～100 μm，工作器件的尺寸一般在 20～1000 μm。目前在很多领域都占有一席之地，例如：射频领域中的射频微机电系统（radio-frequency MEMS，RF MEMS），应用于光学设备的微光机电系统（MOEMS），应用于纳米尺度的纳机电系统（nanoelectromechanical systems，NEMS），以及生物领域的生物微机电系统（bioMEMS）。

微机电系统的加工制备技术主要基于半导体器件制备工艺发展和延伸而来，其加工技术基于传统的半导体技术，在光刻技术的基础上，采用薄膜沉积、图案化和刻蚀工艺制备微机电系统。微机电系统最初是从硅片制造技术发展而来的，硅、聚合物、金属和碳化硅或氮化硅是 MEMS 的基本材料[3]。由于微机电系统结构或器件在工作过程中可以是动态的（通过压电或静电的作用发生运动），因而有利于在微机械和微系统中的应用[4]。因此微机电系统具有高集成度、小型化、低成本、低功耗等优势。微机电系统加工制备技术的发展也为显示技术提供了重要支撑，基于 MEMS 原理的显示技术逐渐成了受到广泛关注的领域。

早在 1987 年，德克萨斯仪器公司就基于 MEMS 原理开发出基于数字微镜装置（digital

micromirror device，DMD）的数字光处理（digital light processing，DLP）投影仪[5, 6]。数字微镜装置由悬挂在芯片上的铰链式静电驱动双稳态微镜组成，在 DLP 投影系统中，每个微镜对应一个图像像素，通过在两个倾斜状态之间的切换来控制投影像素的亮度。在打开状态下，光线通过投影透镜引导并产生一个明亮的像素，而在关闭状态下，它会定向地变成一个暗像素的光吸收体[7]。衍射型光学元件除了采用反射型 MEMS 反射镜外，还可以进行光调制。光栅光阀（grating light vlve，GLV）显示技术是由 Solgaard 等提出的[8]，由每个像素的固定和可移动色带组成，并用作可调谐光栅。GLV 显示器的核心思想是使用可移动的色带来调节光的相位，因此，它可以看作一个 MEMS 可调谐相位光栅。三对色带构成一个 GLV 的像素。每对缎带由一个固定的条带和一个可移动的条带组成[9, 10]。GLV 带是由氮化硅制成，铝薄膜被涂在带的表面。此外，该器件构建在硅衬底上，使其能够与电子电路集成并且能够包含高密度像素阵列[11]。此外，在基本 GLV 像素的制作过程中只需要两个掩模，降低了制作成本。GLV 器件采用主流指集成电路（integrated circuit，IC）工艺制作简单，功耗低。

干涉调制器（IMOD）芯片是由 MEMS 法布里-珀罗标准具组成，其中每个元件的作用是红色、绿色和蓝色的亚像素[12, 13]，这项技术是由高通公司开发的。IMOD 显示技术在多种基于 MEMS 反射式显示技术中具有众多优势，以下将详细介绍此项技术。

4.2　IMOD 显示技术原理与器件结构

干涉式调制器（IMOD）显示技术是基于微机电系统的一种反射式显示技术，是由 M. W. Miles 等开发的一种显示技术[14-17]。基于 IMOD 的显示系统也被称为 Mirasol 显示技术，利用光干涉原理的微机电系统（MEMS）技术来实现。这种技术原理，最早可以追溯到 1989 年基于共振膜空间光调制器（RMSLM）的相关研究。

IMOD 显示器是一种基于玻璃基板的静电驱动来调制单元像素内的 MEMS 结构的光干涉效果，实现色彩的产生，具有双稳态特性。IMOD 元件可以描述为两个导电反射器，由气隙和作为薄膜叠层一部分的电介质隔开，薄膜堆叠与反射膜之间存在约 1 μm 的气隙。由于其中一个反射膜（金属膜反射膜）可以通过静电力相对于另一个反射膜进行位移，因此反射器之间的间隙可以实现动态和可逆的变化。

IMOD 显示技术的单元像素中，可变形膜用于调整腔体的几何形状，如图 4-1 所示，当环境光照射到结构上时，它被薄膜堆叠的顶部（L1）和反射膜（L2）反射。根据腔体的高度，一定波长的反射光在被 L1 和 L2 膜反射时，会有轻微的相位不一致。因此，特定波长的光线会因相位差的不同而产生相长性干涉或相消性干涉。人眼会接收到特定波长的颜色（如红色）的光，该颜色波长的光通过相长性干涉相较于其他颜色被放大，而相消干涉将产生一个黑暗的状态（即黑色）。当施加电压时，柔性膜将被吸引上来，在机电力的驱动下调整间隙的高度。因此，所显示的颜色（光波）可被施加的驱动电压选择性地操纵，从而实现动态显示效果。

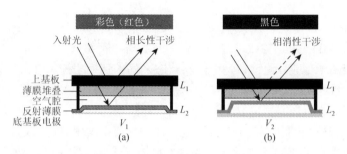

图 4-1　IMOD 显示原理示意图（a）为相长性干涉，显示出所需颜色（如红色）；
（b）为相消干涉，显示黑色

IMOD 的像素实际上是一种光学谐振腔，类似于法布里-珀罗干涉仪（Etalon），当环境光进入这个腔体并被薄膜镜反射时，它会自身相互干涉，产生由腔体高度决定的共振颜色。因此，法布里-珀罗标准的理论也适用于 IMOD 器件中，即谐振腔内光的波长与腔的高度具有如下的关系式：

$$h = \frac{m\lambda}{2} \tag{4-1}$$

其中，h 为腔的高度；m 为整数；λ 为腔内光的波长。因此，反射出来的光波可由入射流介质（空气腔）来控制。

实际上，一个 IMOD 显示屏是由成千上万个红、绿、蓝（RGB）三原色像素单元组成的，每一个 RGB 像素则由一个或多个子像素构建而成，因此，一组单色子像素共同作用就可以显示出不同色彩及彩色的层次[14, 15]。在 IMOD 中，通过施加的电压调整两膜间隙，结合环境光，不但可实现某种特定颜色的显示，还可以调节多色彩同时工作，实现色彩绚丽的显示效果。

4.3　IMOD 显示技术特性

4.3.1　双稳态

IMOD 显示的双稳态特性是元件在电力学影响下的结果，是单元像素中运动膜固有的机械滞后现象。双稳态特性可以使 IMOD 在较低的维持能量情况下，长时间保持某种状态的显示效果。通常，维持像素状态所需能量要远小于改变像素状态所需的能量，更具体地说，IMOD 显示单元像素中机械薄膜的线性恢复力和外加电场的非线性力之间的平衡，决定了其具备的迟滞效应。IMOD 的驱动电压受到几何结构、电气和材料的性质综合影响，它们之间的关系可以用式（4-2）来描述[16]：

$$V_{\text{actuation}} = \frac{1}{L} \sqrt{\frac{\sigma t k^3 \left(h + \dfrac{\lambda}{k}\right)^3}{\varepsilon_0 (1 + 2k)^3}} \tag{4-2}$$

其中，L 为支柱间距；σ 为剩余应力；t 为机械层厚度；h 为气体间隙高度；λ 为氧化膜厚度；ε_0 为真空介电常数；k 为材料的介电常数。分析式（4-2）可知，IMOD 的光电机械行为本质上是滞后的，了解滞后规律可为 IMOD 驱动方案的设计提供重要的参考。

IMOD 彩色显示屏的驱动方案设计相对比较复杂，因为，每个不同间隙的单元对驱动器的需求也有所不同。如果驱动方案无法完善，就很难利用设备的滞后作为阵列寻址的手段。常用的基本解决方案之一，是调整不同子像素的结构和/或几何形状，以补偿这些电压差异。另一种解决方案是在驱动电路中引入更多的复杂性（如电压或驱动时钟对应不同像素点的差异做出调整），使其能够在任意电压下驱动每个子像素。每一种解决方案的选择，均代表一种技术选择与显示效果的平衡，前者会影响光学性能，后者则增加了驱动电子的成本，这些也为实际应用提供了灵活可靠的选择。

根据光学谐振腔内的气隙大小，IMOD 显示器件在小于等于 5 V 的驱动电压下，响应时间可以达到几微秒，可以实现黑色、白色和彩色等多种反射式显示状态。IMOD 的设计随着技术的发展，也逐渐得到改善，包括在像素单元中减小支撑结构尺寸而增加可活动面积，优化彩色处理过程电流填充因子达到 86%[16]；根据微结构尺寸，使用基于液晶显示（liquid crystal display，LCD）的设计规则可制作分辨率高达 1000 dpi（单色）或 300 dpi（彩色）的显示屏[16]。

从 IMOD 的解决方案派生出的显示体系结构比基于液晶显示技术的解决方案表现出更高程度的功能集成度，因此在显示单元结构上具有优势。例如，考虑每个显示单元都有三项操作功能，即颜色选择、颜色强度调节（如更多的蓝色、更少的红色等）和内存（每个像素只针对一小部分帧时间，但必须记住整个帧时间的设置）。液晶显示技术需要利用彩色滤光片、偏振器、校准层、液晶材料、TFT 和光学薄膜来完成这三种功能；而 IMOD 中的镜子结构能够在一个微单元中完成颜色选择、调制和内存（及其固有的滞后）。这种显示单元的结构也带来了许多其他的优势。

4.3.2　亮度

作为调制器，IMOD 显示器在阅读方面具有非常高效的表现。例如，对比杂志（亮度一般在 80%左右）和报纸（平均亮度为 55%）等普通的纸质阅读介质，IMOD 像素可以超过 85%的反射峰值。在平均亮度为 30%时，IMOD 即使在非常昏暗的环境中也依然能够清晰地显示图形，在特定情况下，可以减少为屏幕添加外接照明系统的需要。

IMOD 的光学性能优于胆甾相液晶反射式显示屏。在无前灯前提下，IMOD 显示屏的表现更加出色，显示出的亮度状态更加一致和均匀，其亮度值是基于胆甾相液晶的反射式显示屏的 2 倍左右。这个结果与光学模型得到的结果是吻合的，并且可以继续优化。使用分光光度计测量 IMOD 的反射率，显示出彩色和黑色模式的光谱响应，颜色峰值可达到90%以上，黑色状态达到 5%以下[16]。

4.3.3　特殊环境下的可阅读性

IMOD 的显示外观和适用效果类似于纸张打印显示的效果，它可以在任何照明条件下使用（包括阳光直射）。相较于其他的显示技术（如通常使用偏振效应的滤色片来实现彩色造成亮度的严重损失），IMOD 显示技术的亮度是其他反射式显示技术的 2～3 倍。IMOD 技术在可见光谱上的反射率是最常用的彩色反射式液晶显示技术的 2 倍[15]。IMOD 的光源来自环境光源，相比于传统液晶显示技术可极大降低背光使用的功耗，大多数情况下功耗小，只有在黑暗环境中才需要外接的照明系统。

IMOD 显示光学性能稳定，受观察角度影响小。与基于偏振原理的液晶显示器的调制不同，IMOD 显示屏没有因为偏振导致的对比度倒置效应，所以具有较宽视锥。因此，IMOD 的观测对比度或亮度不会随着相对于显示器角度的改变而明显变化。实际上，IMOD 显示屏的可见性仅受限于干涉组件的离轴反射率。对于一块裸露的 IMOD 显示屏，其视角范围超过 60°[17]。

4.3.4　低功耗

IMOD 显示屏的性质非常适合各种应用场景的显示，特别是在入射光和功率不足的情况下。在视频播放速率刷新的情况下，IMOD 显示屏的功耗测量结果为每平方英寸数百微瓦。随着对驱动设计的改进，功耗的数值预计还会下降。IMOD 显示屏的双稳态特性意味着它可以在低功耗的条件下正常工作。传统的液晶显示技术需要不断刷新以保持或更改图像，而 IMOD 显示技术的能耗主要在更改（刷新）像素图像时发生，微小 IMOD 元件发生移动，所需的驱动电压不到 10 V，功耗也较低。在阅读个人邮件或新闻等长时间无须刷新的情况下，显示器的功耗更低。

IMOD 的显示像素阵列与基于 TFT 阵列的液晶显示相比，在显示两种数据时（如视频或文本文件），TFT 阵列在驱动液晶显示屏来说，显示视频和文本文件的功耗是一样的；而 IMOD 的功耗则与带宽相关，在显示文本类信息时所需功耗明显低于视频显示。当需要更新的数据越多，更新速度越快时，消耗的电能就越多，这也为需要关注功能的系统设计人员提供了额外的灵活性，为节能的驱动方案设计提供了更多可能性。

4.3.5　可靠的设计

由于 IMOD 显示器是由无机材料制成的，产品不会受到极端温度、湿度或紫外线辐射等环境因素的显著影响。因为不需要使用染料或颜料进行色彩构建，IMOD 的显示质量不会随着时间的推移而褪色或退化。与使用液晶或其他显示材料构建显示单元的显示技术相比，IMOD 在高低温环境和其他极端条件下的性能不会发生巨大变化。此外，IMOD 的 MEMS 元件设计和优化的材料选择确保了在结构损耗方面不会限制 IMOD 显示器的使用寿命。经过了超 10 年的加速寿命测试（高温和高湿）规范，IMOD 显示屏通过了这些测试并满足应用所需的规格的要求[15]。

4.3.6　加工集成性

在设计阶段，IMOD 在加工方面与液晶显示行业的加工技术兼容性好，它利用了液晶显示常用的材料和成熟的加工工具；此外，其显示组件与现有的液晶显示模块集成技术兼容性也很好。因此，IMOD 显示屏可以直接从现有的液晶显示模块供应商获得，可以向现有的客户群提供高质量、功能差异化、低成本的技术，因此，也大大减少了采用 IMOD 技术所需的工作量。

4.4　器件加工工艺

IMOD 显示器已经可以基于 Gen 2.5 或更大尺寸的基板进行加工制造。在 IMOD 制造过程中，牺牲层刻蚀和封装是两个较为关键的步骤。由于 IMOD 元件是一种 MEMS 器件，因此需要去除牺牲层才能使机械元件自由移动。湿法蚀刻技术要求用其他液体去除蚀刻剂并最终升华，以避免在释放过程中 MEMS 结构的不可逆坍塌。通过气相 XeF_2 蚀刻用于释放蚀刻，以降低释放过程的复杂性，并解决许多过程集成问题[15]。在牺牲层被腐蚀后，可以进行封装。在封装过程中，阵列板与大面积的嵌壁式玻璃板连接在一起。

玻璃基板经过加工和组装，形成一个双平面的具有单元结构的组件，随后将其模拟成封装的显示面板。封装过程是为了保护 IMOD 阵列的可移动膜免受颗粒、磨损和潮湿。由于运动部件的黏结力，MEMS 设备有功能失效的可能。这种黏结力通常是由 MEMS 设备表面的吸水性引起的，可导致相邻的部件粘连。因此，需要注意的是，高质量的 IMOD 阵列不会因为短期暴露于环境氧或空气中而失效。但是稳定可靠的环境可明显提升 IMOD 的功能，延长其生存期。IMOD 面板的封装通过一个带有凹槽的玻璃背板容纳干燥剂来创造这样的环境，最后再使用封装胶黏剂将背板密封到 IMOD 阵列上。IMOD 的像素结构阵列的制造工艺流程如图 4-2 所示。

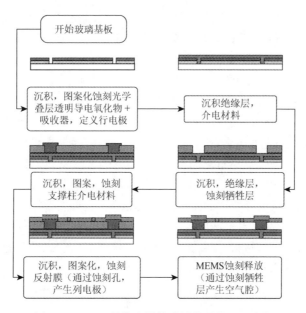

图 4-2　IMOD 的像素结构阵列的制造工艺流程

另外，IMOD 体系的结构允许晶片级的开发。例如，QUALCOMM MEMS Technologies, Inc.（QMT）使用 6 in（150 mm）的芯片制造技术来加工这种玻璃圆片[15]。由于 QMT 没有在 FPD 生产工具上开发 IMOD 技术，无法实现精确的复制过程转移。作为大多数的单元用于构建 IMOD 中的阵列的物理原理类似于 FPD 过程，IMOD 的结构可以比较容易地按比例扩大 FPD 线制造，使后期显示器可以灵活选择分辨率、像素、长宽比等。

4.5　产业化进程

基于 IMOD 原理的显示屏被称作 Mirasol 技术，最初是由 Iridigm 公司开发的，而后被高通公司于 2004 年以 1.7 亿美元收购成功。Iridigm 成立于 1995 年前后，创始人 M. Miles 与 E. J. Larson 毕业于麻省理工学院。Iridigm 最初几年在开发 IMOD 技术方面发展较为缓慢，在被高通全盘收购后，将该业务更名为高通 MEMS 技术部门，并花了近 4 年时间开发屏幕技术，现在被称为 Mirasol。高通计划旨在为智能手机、平板计算机和电子阅读器引入一个低功耗，可以在全日光下阅读的彩色显示屏。

平板显示领域有着巨大的利润潜力，但同时有一系列的技术存在相互竞争的关系。没有一种技术可以同时提供低成本、长寿命、丰富的色彩、可视性和速度。高通具有的 IMOD 显示技术在发展的过程中面临 5 种主要竞争技术，分别为液晶显示（LCD）、电泳显示（EPD）、半反射 LCD-Pixel Qi、有机发光二极管（OLED）和电润湿显示（EWD）。

高通建立了最先进的研发设施，并花了数年时间完善制造技术。在 2009 年，它与 Foxlink（成瑞精密工业股份有限公司）成立了一家合资企业，生产 IMOD 显示产品，直到 2011 年第一季度准备发布 Mirasol 电子阅读器，后来又被推迟，同年夏天又被取消。CEO 雅各布斯对他们的产品并不满意，并表示他们将"专注于下一代产品"。同年 11 月，该公司宣布计划在台湾建立制造厂，并计划投入 9.75 亿美元，在 2012 年投产。韩国的 Kyobo 电子阅读器使用了 5.7 in 的 Mirasol 显示屏。2012 年夏天，雅各布斯向行业分析师们宣布了决定，尽管高通斥资 7 亿美元建立了一家制造厂，并进行了 8 年的研发，但该公司将停止生产 Mirasol 电子阅读器显示屏。

回顾 Mirasol 技术的发展历史，虽然其具有低功耗的优点，适用于轻便移动显示设备。但是，这相比于高通产品在真正应用上还存在一些缺陷。例如，以清晰的图像、宽阔的视角、反光的特性和更长的电池寿命吸引用户的电泳电子纸显示技术统治着电子阅读器的黑白世界，当时占据了非平板电脑市场的绝对份额。相比之下，IMOD 显示器中每一个显示像素单元就是一个 MEMS 器件，其结构并非那么简单，需要在玻璃基板、夹层柱和波长间隙的铺设上有更精确的公差，因此，产品的良品率低，再加上昂贵的专用制造工厂建造费用[18]，造成了其生产成本比预计的要高很多，而当时用户产品对这种技术的需求相对于成本来说还未形成匹配。因此，即使 IMOD 技术具有反射式技术的很多优点，但是目前未能真正形成瞩目的市场化新产品。

参 考 文 献

[1]　HARTZELL ALLYSON L, DA SILVA MARK G, SHEA HERBERT R. MEMS Reliability[M]. Berlin: Springer, 2010.

[2]　GILLEO K. MEMS/MOEMS Packaging：Concepts，Designs，Materials and Processes[M]. New York：McGraw-Hill Companies，Inc.，2005.

[3]　SPEARING S M. Materials issues in microelectromechanical systems（MEMS）[J]. Acta materialia，2000，48（1）：179-196.

[4]　GOOSSEN K W，WALKER J A，ARNEY S C. Silicon modulator based on mechanically-active anti-reflection layer with 1 Mbit/sec capability for fiber-in-the-loop applications[J]. IEEE Photonics Technology Letters，1994，6（9）：1119-1121.

[5]　SAMPSELL J B. An overview of Texas Instruments digital micromirror device（DMD）and its application to projection display[J]. Texas Instruments Incorporated，1993，24：1012-1015.

[6]　HORNBECK L J. Current status of the digital micromirror device（DMD）for projection television applications[C]// Proceedings of IEEE International Electron Devices Meeting. IEEE，1993.

[7]　VAN KESSEL P F，HORNBECK L J. A MEMS-based projection display[J]. Proceedings of the IEEE，1998，86（8）：1687-1704.

[8]　SOLGAARD O，SANDEJAS F S A，BLOOM D M. Deformable grating optical modulator[J]. Optics letters，1992，17（9）：688-690.

[9]　PERRY TEKLA S. Tomorrow's TV-the grating light valve[J]. IEEE Spectrum，2004，41（4）：38-41.

[10]　BLOOM D M. Grating light valves for high resolution displays[C]//Proceedings of 1994 IEEE International Electron Devices Meeting. IEEE，1994.

[11]　TAKAHASHI K，FUJITA H，TOSHIYOSHI H，et al. Tunable light grating integrated with high-voltage driver IC for image projection display[C]//2007 IEEE 20th International Conference on Micro Electro Mechanical Systems（MEMS）. IEEE，2007：147-150.

[12]　GALLY BRIAN J. P-103：wide-gamut color reflective displays using iMoD™ interference technology[J]. SID Symposium Digest of Technical Papers，2004，35（1）：654-657.

[13]　MILES MARK W. A new reflective FPD technology using interferometric modulation[J]. Journal of the Society for Information Display，1997，5（4）：379-382.

[14]　MILES M W，LARSON E，CHUI C，et al. Digital paper™ for reflective displays[J]. Journal of the Society for Information Display，2003，11（1）：209-215.

[15]　SAMPSELL J B. MEMS-based display technology drives next-generation FPDs for mobile applications[J]. Information Display，2006，22（6）：24.

[16]　MILES M W. Interferometric modulation：MOEMS as an enabling technology for high-performance reflective displays[C]//Proceedings of SPIE 4985，MOEMS Display and Imaging Systems，2003.

[17]　MILES M W. 5.3：Digital paper™：reflective displays using interferometric modulation[J]. SID Symposium Digest of Technical Papers，2000，31（1）：32-35.

[18]　MCKEAG T. Innovation doesn't guarantee success：Mirasol's market journey[Z/OL].（2013-04-02）[2020-04-12]. /https://www.greenbiz.com/blog/2013/ 04/02/innovation-doesnt-guarantee-success-mirasols-market-journey.

第5章 反射式液晶显示

5.1 胆甾相液晶显示的发展历史与现状

液晶是介于晶态固体和无定性液体的中间聚集态，是独立于气态、液态、固态之外的又一物质形态。液晶分子的排列状态按其对称性可分为大类向列型、胆甾型和近晶型，目前液晶显示器经过多年的发展，已是众多平面显示器中发展最成熟、应用面最广、已经产业化且仍在迅猛发展着的一种显示器。TN-LCD、STN-LCD、TFT-LCD 透射式液晶显示器在显示中占有很大比重，但透射式液晶显示器需要背光源因而较厚，且不易弯曲，同时由于显示过程中需要持续开启背光，功耗相对较大而限制其应用[1]。图 5-1 为透射式液晶显示器件的结构图，可以看到多层结构及背光板。相反，胆甾相液晶特定的螺旋结构，赋予了它选择性反射的性质。正是因为这一特殊性质，科研人员将其应用于新型的液晶显示模式——反射式胆甾相液晶显示。反射式胆甾相液晶的主要特性是反射型显示[2]和双稳态工作模式[3]，因此，不需要背光，主要功耗是用于维持系统工作和控制，而画面保持时，液晶器件本身几乎不耗电。图 5-2 为反射式胆甾相液晶显示器件结构。

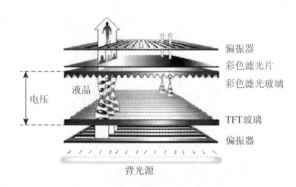

图 5-1 透射式液晶显示器件结构图

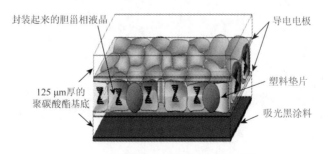

图 5-2 反射式胆甾相液晶显示器件[4]

　　反射式胆甾相液晶显示是发现胆甾相液晶在零场下拥有双稳态特性的应用，并迅速成为一种新型的显示模式，与透射式液晶显示器相比，反射式胆甾相液晶显示器件具有体积小巧、重量轻、能耗低、对比度高等优点，在通信设备、小尺寸显示及电子书等科技产品上得以应用，因此也掀起了胆甾相液晶显示的高潮。

　　根据当前市场上的显示需求，大尺寸显示器应用越来越广泛，更多的场景都有所需求，在转播大型赛事、演唱会投影等场景下能够给观者一种震撼感，代入感极强，给人一种身临其境的感受。在实际应用上，显示器需要适用于各种外界条件并保持其优良的性能，但目前来说似乎没有任何一种显示器能够达到这样的要求。如图 5-3 所示，三菱电子开发了一款尺寸介于 2~13 m^2 的大屏户外液晶显示屏。为保持显示屏正常的工作温度，在显示屏外面加装了一层保护罩。该显示屏的对比度能达到 6~8.1，平均功耗只有 17 W/m^2。该显示屏功耗跟普通电灯的功耗相差无几。

图 5-3　第一款反射式胆甾相液晶显示器件[5]

　　近年来，柔性显示的潜在优势日益突出，与普通的刚性显示相比，柔性显示耐冲击、抗震能力更强；重量轻、体积小，携带更加方便；其可挠曲的特性使得显示器件的工程设计不局限于平面化，从而可实现多元化的显示模式，并且采用类似于报纸印刷工艺的卷带式工艺，成本更加低廉，柔性显示已被广泛地应用于人们的生活和工作领域。

图 5-4　在 PET 基板上的反射式显示器

　　社会在进步，人类在发展。显示器进入了人们工作生活的方方面面。人们越来越倾向于轻薄、小巧的显示器。传统的以玻璃为基板的显示器件已不能满足人民的需求。Kent Display 正大举进军刚性显示器和柔性显示器领域。图 5-4 展示了一个制作在 PET 基板上的柔性显示器，显示对角线 1.85 in，分辨率 100 dpi[6]。该显示器为 16 级灰度，工作温度范围 –5~50 ℃，用在安全卡上或其他方面。显示器以矩阵形式在约 320 mm×370 mm 的尺寸范围内制作，然后用激光分割，加热密封，配置连接。

　　虽然这样的显示器是在稍微有弹性的聚合基板上制作的，但它本身并不是很有弹性。密封垫不可靠，弯曲引起的流动将破坏存储在显示器上的图像。因此，这种形式的显示器发展受到了阻碍。Kent Display 是当前开发柔性液晶器件的主导企业，其主要应用胆甾相液晶微胶囊在柔性聚碳酸酯基底及纤维布基板上研制柔性液晶显示器件，来实现反射式、双稳态、彩色柔性显示，器件结构如图 5-2 所示[2]。聚合物的锚泊作用使胆甾相液晶分子获得了稳定的多畴分布，进而使胆甾相液晶有效地固定到聚合物网络中，减小了外界压力对显示效果的影响，有效防止了液晶在器件弯曲过程中的流动，最终实现反射式、双稳态、彩色柔性显示。选择将液晶材料封装在液滴中，以防止在弯曲过程中材料的流动，并提供两种基材更好的附着力。封装可采用相分离或乳化方法。在分相过程中，首先涂敷液晶材料与单基物的均匀混合物，然后采用聚合诱导分相（polymerization induced phase separation，PIPS）形成滴状[4]。在此过程中，当聚合物链的分子量增加时，通过相分离将液晶液滴从本体中排出。预聚物溶液混合后加入液晶混合物中。预聚物由甲基丙烯酸乙酯、三羟甲基丙烷三丙烯酸酯和光引发剂组成。预聚物以重量约 20% 的比例存在于混合物中。ITO-coated 聚碳酸酯基板用于显示。这两种基片层压在一起，形成了柔性的胆甾相显示器，如图 5-5 所示。

图 5-5　利用聚合诱导相分离法
制作柔性显示器件[4]

最近，有机发光二极管（OLED）显示正在兴起，它的应用主要集中在智能手机和电视机上[7]。这对于液晶显示行业是一个很大的挑战。一般来说，液晶显示器具有寿命长、亮度高、成本低等优点；而 OLED 在黑暗状态、灵活性和响应时间方面表现得更好[8, 9]。液晶显示急需在响应时间这方面寻找突破。Tan 等通过对 3 种短螺距胆甾相液晶、蓝相液晶（BPLC）、均匀躺螺旋液晶（UHL）和均匀站立螺旋液晶（USH）进行总结，这 3 种胆甾相液晶响应时间可达到亚毫秒级，且它们有很好的宽视角特性[10]。图 5-6 展示了这 3 种胆甾相液晶的结构。

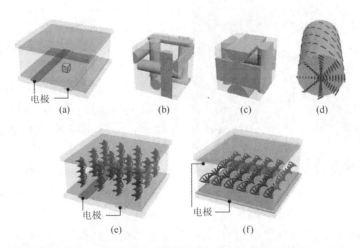

图 5-6　（a）液晶盒中的蓝相液晶；（b）蓝相 1 的晶格结构；（c）蓝相 2 的晶格结构；（d）蓝相液晶；（e）液晶盒子中的均匀站立螺旋液晶（USH）结构；（f）均匀躺倒螺旋液晶（ULH）结构

　　由于胆甾相液晶材料的螺距改变，其黏性也发生改变，而黏性越大所需要的驱动电压越大。它们的驱动电压相对较高,是后续需要解决的问题[10]。另外,针对反射不同波长光的胆甾相液晶,所需驱动电压通常不同,从而导致驱动电压及制造成本的增加;而高分子量液晶的黏度大、响应时间长及不可逆性,也使得胆甾相液晶在动态彩色显示上的应用受限。由此可见,如何选择合适的液晶材料、进行合理的面板设计以降低成本和能耗,以及选择什么样的驱动方式来控制胆甾相液晶,使得彩色胆甾相液晶显示器得到更加广泛的应用仍然有待进一步探索。

5.2　胆甾相液晶显示的原理与电子纸显示的机制

5.2.1　胆甾相液晶显示的原理

早在 20 世纪 60～70 年代,液晶显示器发明时,美国、欧洲国家就有许多学者及实验室从事胆甾相液晶显示的相关研究。

胆甾相液晶[11-13]周期性的螺旋结构可对入射光线产生布拉格反射,螺旋结构的螺旋性决定了以波长 $\lambda_o = n_{av} \times p_o$ 为中心的光谱反射,其中 n_{av} 是液晶的平均折射率,P_o 是螺距长度。在反射可见光波段内,可以显现多彩的颜色,而在反射波段外,光均被透过。图 5-7 为胆甾相液晶反射光的示意图,其中图 5-7(a)为胆甾相液晶周期性的螺旋结构,图 5-7(b)为反射中心波段在近红外的光谱图。

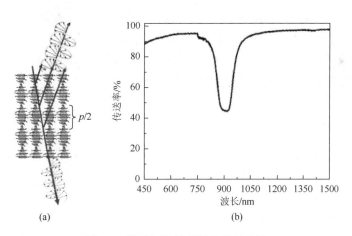

图 5-7　胆甾相液晶反射光的示意图

胆甾相液晶具有三种不同的分子排列结构[14],一种是平面织构(planar texture)态,称为 P 态。胆甾相液晶分子围绕垂直于透明导电基板的表面的螺旋轴在空间呈螺旋状排列,层层连续呈周期性;第二种是焦锥织构(focal conic texture)态,称为 FC 态。这种状态下的液晶分子仍然呈螺旋排列,但不同的是液晶的螺旋轴的方向随机分布,分子呈多畴态,入射光在相邻的液晶畴交界处由于折射率的突变而发生散射;第三种是垂直织构(homeotropic texture)态或称为场致相列相,称为 H 态。此时胆甾相液晶分子的螺旋织构被解螺旋，呈向列相垂直透明导电基板垂直排列，液晶层是一个折射率均匀的介质，故呈透射态，如图 5-8 所示。

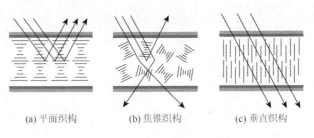

(a) 平面织构　　　　　(b) 焦锥织构　　　　　(c) 垂直织构

图 5-8　胆甾相液晶的三种织构

在零电场下，液晶分子排列处于 P 态的胆甾相液晶，其螺旋轴基本与液晶盒表面垂直，反射波长可由螺距来控制，通过调节手性液晶材料浓度，可以改变胆甾相液晶螺距，从而改变反射光的波长，对 P 态施加一定强度的电场，则胆甾相液晶可以从 P 态转换成 FC 态，FC 态是一种多畴结构，其螺旋分布杂乱无章，但每个螺旋结构依然存在。FC 态会对入射光产生散射。如果在胆甾相液晶上施加足够高的电压，液晶分子将会转换成 H 态，此时液晶器件是无色透明的，处于 H 态的胆甾相液晶，当电压迅速降到零时，液晶分子可以回到 P 态，当电压缓慢降低时，液晶分子会变成 FC 态，P 态和 FC 态在零场下均为稳态，所以，P 态时的反射态和 FC 态的散射态形成对比态。这就是反射式胆甾相液晶显示的工作原理。

胆甾相液晶显示器件具有反射亮度高、对比度高、功耗小、视角宽等特点，且断电后能长期保留图像，是天然反射式的全彩色显示，同时在阳光下具有可读性，并可以制备在软基底上，因为不使用偏振片，光亮度损失很小，非常适合移动电子产品类的显示器，如手机、数字相机、电子书本和个人数据助理等。

5.2.2　电子纸显示的机制

电子纸，又称为数码纸，它是一种超清超薄的显示屏，即理解为"像纸一样薄，柔软，可擦写的显示器"，由印有电极并可弯曲的底板和面板及电子油墨组成。也可以理解为电子纸就是一张印有电极的薄胶片，在胶片上涂一层带电的电子油墨，对它给予适当的电击，即可使数以亿计的油墨颗粒变幻出不同的颜色，从而能够根据人们的设定不断改变显示的图案和文字[15, 16]。它具有多层结构：由特殊材料制成的面层、底层及中间层。中间层由无数个微小的油墨粒子所构成，直径大约 100 μm，这些能够感应电荷的微粒在通电情况下能够显示出不同的颜色，能够根据人们的设定不断改变显示的图案和文字。传统意义上的纸，是由纤维和其他固体物质交织结合而成的，具有多孔性网状物性质的特殊薄张材料，因此，电子纸突破了传统意义上的纸的概念，以数字化的形式重新诠释了纸的功能。

1. 电泳电子纸的显示机制

电泳电子纸是基于电泳显示原理显示图像，电泳图像显示是利用胶体化学中的电泳原理，把带电的颜料颗粒稳定分散在非水体系分散介质中，使分散相与分散介质呈强烈反差，胶体悬液呈电中性，所述的带电颗粒表面有静电荷，带电颗粒分为白色和黑色两种，白色和黑色颗粒在布朗运动的作用下随机分布，此时呈现中间色。如图 5-9 所示，包裹黑白带电颜料和液态分散介质的墨水微胶囊置于上下极板之间，两极板内侧分别镀有透明电极，上极板电极均匀，下极板电极根据像素大小成正方形排列，通过改变后者的电场可以控制微粒在微胶囊内的上下运动：黑色颗粒带正电，白色颗粒带负电，给下极板加负电白色粒子上移到上极板，显示白色，反之则显示黑色。加以合适的驱动波形，可控制上极板黑白颗粒的比率，实现不同灰度的显示[17]。电泳电子纸的显示不仅不需要背光灯，还具有双稳态的性能，显示内容在撤去电压后仍可保持数月，只有在更新页面时才会产生电量消耗。然而，由于电泳显示存在响应延迟的现象[4]，最快刷新速度仍需 100 ms 左右。

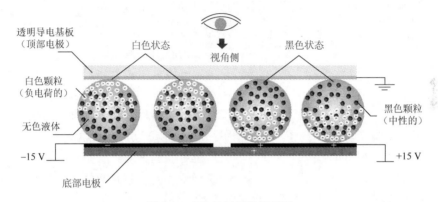

图 5-9　电泳显示器的原理图

2. 电润湿电子纸的显示机制

2003 年荷兰飞利浦公司提出了基于电润湿的显示技术，自此电润湿电子纸[18-20]显示技术开始逐渐发展并在显示领域中占有一席之地。与传统的电泳电子纸显示器（electrophoresis electronic paper display）相比，电润湿电子纸显示器响应更快，可实现动态视频的播放。除此之外，与 LCD 和 OLED 等显示器相比，电润湿电子纸显示器与电泳电子纸同样属于反射型显示器，无需背光源，利用环境光就可以进行显示。电润湿电子纸显示器的像素单元结构如图 5-10 所示，电润湿电子纸显示器主要由上下基板、油墨、水、疏水涂层、

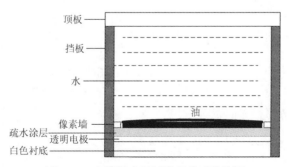

图 5-10　电润湿电子纸像素单元结构图

像素墙等组成。电润湿显示的基本原理就是利用界面电荷对界面张力的影响，改变液滴的接触角，使液滴实现收缩或扩张，从而实现光学开关的作用。电润湿显示器具有便携轻薄、柔性、高对比度和低功耗等优点。

5.3　胆甾相液晶材料的组成和分子排列特点

5.3.1　胆甾相液晶分子排列及光学性质

胆甾相液晶可以由单一成分的胆甾型液晶或多组分的胆甾型液晶混合物构成。单一成分的胆甾相液晶：此类胆甾相液晶分子本身就具有旋光性，大部分是胆甾醇的卤化物、脂肪酸或碳酸酯等衍生物[21]。分子通式如图 5-11 所示。最早发现的液晶就是由胆甾醇形成的胆甾相液晶。

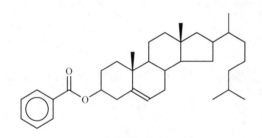

单一组分的液晶物质难以满足液晶显示应用对液晶各方面性质的要求，故应用于液晶显示器件的胆甾相液晶一般是混合物。多组分的胆甾相液晶可以由不同种胆甾相液晶互混而成，也可以通过向具有不对称碳原子，存在互相成对映体的旋光异构体的向列相液晶分子中

图 5-11　胆甾醇酯分子通式

添加手性掺杂剂来获得[22, 23]，转变过程如图 5-12 所示。向列相液晶分子呈棒状随机杂乱排布，但分子之间长轴指向有序，分子之间基本依靠端基的相互作用彼此趋于平行排列呈层状结构，手性掺杂剂的加入可以诱导向列相液晶分子形成层状螺旋排列，且层与层之间互相平行转变成胆甾相液晶。相邻两层分子间的取向不同，一般相差 15°左右。

图 5-12　手性掺杂剂的加入使向列相转变为胆甾相

手性掺杂剂用于诱导形成或者增加液晶分子的扭转螺距，而手性掺杂剂螺旋扭曲力常数（helical twisting power，HTP）及其在液晶混合物中的含量（C_X）直接影响液晶材料的螺距（P_0），三者间存在如下关系，

$$P_0 = \frac{1}{C_X \cdot \text{HTP}} \tag{5-1}$$

胆甾相液晶的旋转扭曲可以是右手螺旋，也可以是左手螺旋，其取决于手性分子的构造，其自发扭曲轴，称为螺旋轴，是分子优先取向的法线。分子的长轴取向在旋转 360° 后复原，两个取向度相同的最近层面间距称为螺距。这种特殊的螺旋状结构使得胆甾相液晶具有明显的旋光性，圆偏振光二向色性及选择性布拉格反射。如图 5-13 所示，故这种螺旋结构可以对入射光进行一定程度的反射，其反射带宽由螺距和双折射同时决定：

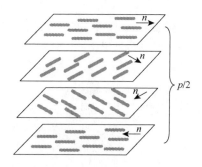

图 5-13　胆甾相液晶分子的
排列方式示意图

$$\Delta\lambda = (n_e - n_o)p \qquad (5\text{-}2)$$

其中，$\Delta\lambda$ 为反射带宽；n_e 和 n_o 分别为非寻常折射率和寻常折射率；p 为螺距。

胆甾相液晶由于其螺旋结构，使得其对入射光线有独特的调制作用。不同的入射光波长，胆甾相液晶会表现出光波导效应、布拉格反射和旋光效应等不同的光波调制效应。

光波导效应：入射光波长远小于液晶的光学螺距时，光波的偏振方向伴随分子螺旋同步扭曲。手性液晶的光波导特性主要作为研究液晶材料物理性质的手段，通过测量泄露波导的波导模可以得到液晶光学常数、液晶排列特性及揭示外场下液晶分子的行为等。光波导测试法的高精度，使得其在高质量液晶显示器的盒厚精确控制、取向层厚度测量中起到了重要作用。

布拉格反射特性：入射光波长与手性液晶的螺距相匹配时，手性液晶反射入射光，这种反射遵守晶体衍射的布拉格公式，反射光的波长遵从公式（5-2），胆甾相液晶显示正是基于这一原理。肯特大学在这方面的研究成果居多，其提出的双稳态显示及聚合物网络稳定等原理已应用于电子书[24]。而后人们对胆甾相液晶各种稳态的光学性质进行了全面的研究，手性液晶的应用由针对平面态对可见光的选择布拉格反射性质而展开[25, 26]。目前，利用手性液晶的布拉格反射效应对光线的选择性反射，手性液晶的双稳态柔性和彩色显示也在实验室研究中取得了很大的进展。

旋光效应：入射光波长远比手性液晶的光学螺距大时，手性液晶分子的扭曲排列，使得入射线偏振光的左旋和右旋分量在液晶相中产生不同的传播速度而导致透射光场的合振动面发生了转动，因此出射光的偏振方向偏转而产生旋光。手性液晶在光学器件中的应用很少被研究，但手性液晶的旋光效应在液晶相控阵技术中具有很好的应用前景。

5.3.2　胆甾相液晶分子在电场下的不同排列状态

胆甾相液晶分子在平行取向的液晶盒中，其螺旋轴垂直导电基板排列。由于施加电场会改变液晶分子取向，在这里我们讨论其中螺旋轴平行导电基板排列时，施加不同电场所对应的分子排列状态。我们在前面章节提到过，由于施加电压的高低不同，可以实现三种不同的状态，如图 5-14 所示。当施加零电场时，器件处于平面织构态，称之为 P 态，如图 5-14（a）所示，胆甾相液晶分子围绕垂直于透明导电基板表面的螺旋轴在空间上呈螺旋状排列，层与层之间呈周期性，此时入射光被选择性反射；当慢慢施加电压时到达某一数值时，器件处于焦锥织构态，称之为 FC 态，如图 5-14（b）所示，液晶分子仍然呈螺旋排列，但不同的是液晶分子排列的螺旋轴的方向随机分布，呈多畴态，此时入射光被散射；当电压突然上升到某个值时，器件处于垂直织构态，称之为 H 态，如图 5-14（c）所示，此时胆甾相液晶分子被解螺旋，垂直基板排列，此时入射光透射。所以根据以上所述，可以对胆甾相液晶施加不同的电压来实现不同状态的转变，从而实现对光的不同调制。

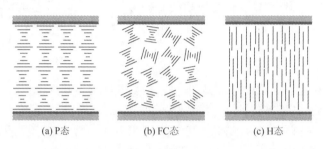

(a) P态　　　　　　　　(b) FC态　　　　　　　　(c) H态

图 5-14　胆甾相液晶分子在电场下的不同排列状态

5.4　胆甾相液晶的显示器件结构、各部分单元介绍或工艺流程

由于具有薄结构、高质量图像、节能和集成制造基础设施的优点，液晶显示器被广泛应用于信息设备，如计算机显示器、电视和移动显示器。在发展过程中，一种价格低廉、重量轻、功耗低、灵活的新型显示器在电子图书和纸张应用中具有很大的吸引力。胆甾相液晶显示器因其低功耗、双稳定性、反射率和与塑料基板的相容性而成为候选。胆甾型液晶反射可见光，波长可调，广泛用于彩色显示[27-29]。

胆甾相液晶由多层向列相液晶堆积形成，层层叠成螺旋结构，当分子的排列旋转了360°而又回到原来方向为一个螺距。胆甾相液晶的反射遵从布拉格反射定律[30]。由于胆甾相液晶对光具有选择性反射特性且其螺距可以通过外部条件（温度、光照、电场等）进行调节。通常将胆甾相液晶应用于反射式液晶显示器中，形成反射式胆甾相液晶显示器[31]。液晶显示器是一个由上下两片基板制成的液晶盒，盒内充满液晶，四周用密封材料密封。上下基板内侧镀有由透明的氧化铟锡（简称 ITO）导电薄膜形成的电极图形，上下电极交叠处可以产生电场，控制液晶分子的状态，形成显示。其主要结构如图 5-15 所示。

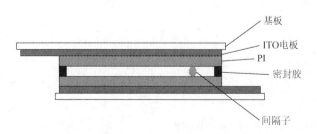

基板
ITO电极
PI
密封胶
间隔子

图 5-15　胆甾相液晶显示器件结构示意图

反射式胆甾相液晶显示器主要由导电基板、液晶、封接材料、导电胶、取向层、衬垫料等组成。液晶显示器件主要有光刻、制备取向层、丝印成盒、灌装液晶等工序。

5.4.1 光刻

透明导电膜是一层透明导电的金属氧化物，目前有两种材料，一种是 ITO，它是掺锡的氧化铟；另一种是 SnO_2。一般采用溅射法或蒸发沉积法整板涂敷透明导电膜，膜厚要均匀，以保证有均匀的亮度。透明导电电极的形状由显示方式或内容决定，可用光刻法来完成。

光刻工序是在 ITO 基板上刻出电极图形，其中曝光中所用的掩模版需要设计。光刻中要用到具有特定图形的光刻掩模版。光刻掩模版分铬板和胶片两种，常用的软性胶片掩模版通常称为菲林，习惯上又叫作掩模。由于使用正性胶设计成正版图，通过制版方法在胶片上制成与电极图形对应的黑白图案，黑色区域能遮挡光，而透明区域能让光通过，它类似平常所见的黑白照相底片。

通常因为液晶盒由上、下两层基板组成，所以有上基板光刻掩模版和下基板光刻掩模版之分。由于科技的发展，用于基板的材料也多种多样，下面将主要以玻璃为基板进行讲述。具体步骤如图 5-16 所示[32]。

①为确保光刻胶能和晶圆表面很好地粘贴，形成平滑且结合得很好的膜，必须进行表面处理，保持表面干燥且干净，然后在已经电镀上氧化铟锡（ITO）层的玻璃上旋涂上光刻胶，使其均匀覆盖在玻璃基板的表面。

②将旋涂好光刻胶的基板在热台上加热软烘焙。目的是去除胶层内的溶剂，提高光刻胶与基板的黏附力及胶膜的机械擦伤能力。然后将掩模版紧密地覆盖在玻璃的表面上，过程不能产生气泡，否则影响曝光质量。

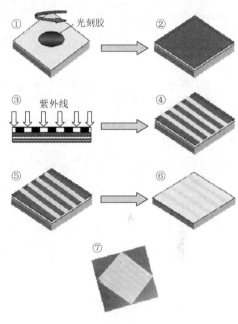

图 5-16 光刻的工艺流程图

③用紫外线进行曝光，曝光后使用显影剂进行显影将掩模版上的图案转移到玻璃基板上。显影是将非聚合的光刻胶除去。

④显影后还要经历一个高温处理过程，称为硬烘焙。目的是除去光刻胶中多余的溶剂，增强光刻胶对基板的附着力，同时提高在刻蚀过程中的抗蚀性与保护能力。

⑤用超纯水清洗，风干后使用强酸溶液刻蚀掉电极图案以外的 ITO。

⑥（⑦）经历刻蚀图案后，基板不再需要光刻胶作保护层，因此可以去除。用碱性溶液中和基板，再用超纯水进行多次清洗。风干后用有机溶剂清洗光刻胶。

5.4.2 制备取向层

胆甾相液晶的螺旋结构赋予其选择性反射的性质，液晶取向在这个结构中起着决定性作用。在反射式胆甾相液晶显示样屏制备工艺中，取向排列是一道关键工艺，它能使液晶分子在屏内按一定方向排列。取向的方式有摩擦取向、光取向、拉伸取向、应力取向。但由于受限于成本、取向效果，显示上一般使用摩擦取向的方式。摩擦的方法是用包在旋转滚筒上的绒布对传送带或运动台面上的玻璃基板进行摩擦。滚轮的旋转方向一般选择正向，即旋转的方向与玻璃前进的方向相同。用棉布等材料摩擦玻璃基片表面可以实现对液晶分子取向的约束，但其取向效果不佳。一般采用的方法是在玻璃基片上涂覆一层无机物膜或有机物膜，再进行摩擦，这样可以获得较好的取向效果。目前使用最广泛的是聚酰亚胺，因为聚酰亚胺不仅涂覆方便，对液晶分子有良好的取向效果，而且还具有强度高、耐腐蚀、致密性好等优点。制备取向层的流程包括清洗、成膜、固化及摩擦取向[33]。

5.4.3　丝印成盒

　　丝印成盒是指将印刷了密封胶的两片玻璃对叠、贴合，固化形成特定厚度的玻璃盒子，其流程如图 5-17 所示。丝印成盒分为两条线：一条是印密封框；另一条是印导电线。前者是起支撑和密封成盒的作用，密封胶是环氧胶加一定比例的玻璃球混合搅拌而成。后者起连通上下电极的导电功能，导电胶是环氧胶加一定比例的玻璃球和导电金球混合搅拌而成。

　　丝网印刷步骤如图 5-18 所示[34]。

　　①丝网四周用木条封住，让丝网紧绷，测量好玻璃大小，设计边框胶宽度为适合大小，中间和周围用计算好的塑料片封住丝网，要封框的地方就裸露出来，固化胶从其中流出，不需要固化胶的地方由于有塑料片阻挡无法流出，形成所需的固化胶边框。

　　②将处理好的基板置入丝网之下，丝网上涂好紫外固化胶，用表面平整的塑料棒从紫外固化胶上均匀地抹过去。

　　③基板四周留下了紫外固化胶，其他区域由于有塑料片的阻挡，其他紫外固化无法残留在基板上。

```
┌──────────────┐      ┌──────┐
│ 印刷封框胶玻璃 │ ───→ │ 预烘 │ ──┐   ┌──────┐
└──────────────┘      └──────┘   │   │ 对位 │     ┌──────┐
                                  ├──→│ 成盒 │ ──→ │ 固化 │
┌──────────────┐      ┌──────┐   │   └──────┘     └──────┘
│ 印导电点胶玻璃 │ ───→ │ 喷粉 │ ──┘
└──────────────┘      └──────┘
```

图 5-17　丝印成盒的流程图

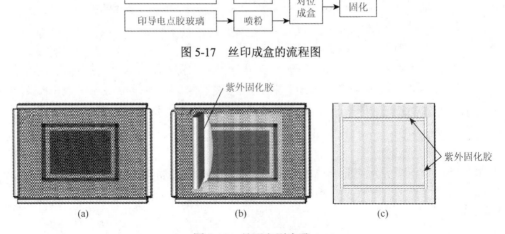

图 5-18　丝网印刷步骤

印导电胶后的玻璃为获得均匀厚度的液晶层，一般用塑胶球作液晶盒中间的衬垫料，玻璃球与塑料球两者共同作用以保证盒间隙的一致性来支持一定的盒厚。玻璃球与塑胶球不能与液晶发生任何化学反应，并且热膨胀系数要和液晶的相一致。在下玻璃上均匀分布支撑材料。将一定尺寸的衬垫料均匀分散在玻璃表面，制盒时就靠这些材料保证玻璃之间的间距，即盒厚。喷洒垫料的示意图如图 5-19 所示[35]。其工作原理是在一定的气压下，使固态衬垫在一定大小的空腔内以一定速度运动，从而使衬垫均匀地撒布在空腔中放置的 ITO 玻璃上。为了保证撒布的均匀性，需要严格控制电压、气压、速度及衬垫用量的调整。此种机器操作过程为：放置玻璃→加料（开机喷撒）→取走玻璃。印刷完封框胶的上、下玻璃基板在一基板已撒布好衬垫料后，就可进行对位压合工艺。首先，按照对位标记，上、下玻璃基板先对位粘合进行预压，至预定的厚度后就在 150 ℃左右烘烤 60～90 min，使封框胶固化。固化时在上、下玻璃上加一定的压力，以使盒厚保持均匀。

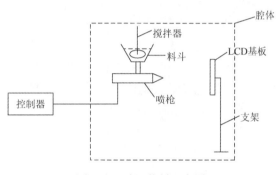

图 5-19　喷洒垫料示意图

5.4.4　灌注液晶

灌注液晶的方法有灌注法[36]及近来发展起来的滴下式注入（one drop filling，ODF）法[37]。灌注法是利用虹吸原理使液晶通过注入口注入已抽取真空的玻璃基板内，最后当液晶充满后再将注入口封闭形成液晶盒。ODF 法[38]区别于传统工艺的主要一点为液晶不再通过毛细现象被注入面板内，而是通过液晶滴下装置直接滴在面板上，再经过真空贴合机将玻璃贴合直接形成盒子，不用再涂布封口胶。灌注法示意图如图 5-20 所示，ODF 法工艺图如图 5-21 所示。

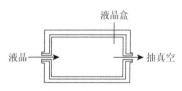

图 5-20　灌注法示意图

液晶盒灌注液晶之后，通常液晶的排列取向达不到要求，需要进行再排向工艺处理。方法是将液晶盒放入烘箱，在一定的温度（如 80 ℃）下保温一段时间（如 30 min）。依靠加热使液晶分子之间相互作用从而调整液晶分子指向矢的排列状态，最后达到液晶盒内液晶的规则排列。

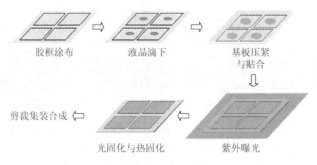

图 5-21 ODF 法工艺示意图

5.5 双稳态显示的胆甾相液晶实现方法

如前面章节所述,胆甾相液晶在平行取向层及手性掺杂剂的作用下,会平行于基板螺旋排列,螺旋轴垂直基板排列,此时液晶处于所谓的平面态,反射自然光;当液晶盒加一定的电压时,螺旋轴与基板保持非垂直状态,几乎是随机排列,对光随机散射,此时为焦锥态。升高电压,液晶依旧保持螺旋结构,螺旋轴平行基板排列,即为指纹态。继续升高电压,液晶解螺旋,垂直于基板排列,即为垂直态,如图 5-22、图 5-23 所示[39]。平面态和焦锥态是一种稳定的状态,双稳态指的就是这两种对光运动方向有不同影响的两种稳定状态,在这种情况下,原始图像可以不加任何电力保持,从而使胆甾型液晶双稳态显示器成为低能耗的开关显示器[40]。

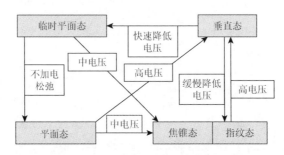

图 5-22 胆甾相液晶排列结构转化过程

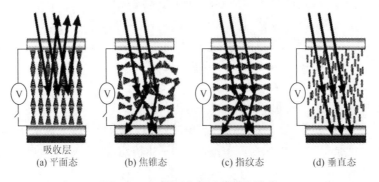

图 5-23 胆甾相液晶四种结构模型

平面态和焦锥态之间的切换是最小化弹性能与应用场合提供的电能之间的较量。平面态的自由弹性能为零，因为它处于最低能量的自然状态，由于取向层的作用，分子有无规则向上弯曲的趋势，因此焦锥态具有负的自由弹性能。在所施加的电场中，平面态具有零自由电能，因为指向矢在任何地方都垂直于电场，而焦锥态具有负自由电能，因为指向矢可以与电场平行。换句话说，弹性力阻碍了胆甾相液晶从平面态到焦锥态的过渡，而电场则促进了过渡。要从平面态转变为焦锥态，应施加足够高的电压，以使分子脱离表面取向层的稳定作用而保持在焦锥态（即使在关闭电压时也是如此）。要切换回平面态，需要施加更高的电压以将分子推向垂直态，在该状态下，当电场被关闭时，它们会放松回到平面态。在这种情况下，无电状态可以保持原始图像，从而使胆甾相双稳态显示器成为低能耗的开关显示器，但是显示器的开关速度相当慢，响应时间较长[41]。

在可变的电场下，液晶盒可以产生不同的反射，产生灰度，与彩色滤光片一起则产生颜色，或者使用不同间距的胆甾醇型液晶层（布拉格反射不同波长的光）来产生颜色。在实际应用中，胆甾相液晶盒常与彩色基板配合使用，如在底部基板没有滤光片时，螺旋结构液晶层反射红色，显示器平面态显示出红色，焦锥态显示出白色；如在液晶盒底部基板为黑色滤光片，螺旋结构液晶层控制在反射红色光，则显示器在平面态显示出红色（红色＋黑色），在焦锥态显示出黑色；再如底部基板为黄色滤光片，液晶层控制在反射红色光，显示器平面态时显示出橙色（黄色＋红色），焦锥态显示器显现出黄色。

在具有单层结构的双稳态胆甾相液晶显示中，由于胆甾相液晶的特殊性，仅能反射一种颜色，为了能够让显示器显示出多种颜色，可以采用多种方法对液晶层进行处理。目前较常用的方法有：①红绿蓝三原色液晶盒堆积法。该方法主要是通过垂直堆积多个具有不同螺距（即能反射不同颜色）的液晶盒，通常是每层可以分别反射红绿蓝三原色的液晶盒，如图 5-24 所示。实验表明，显示效果最好的液晶盒排列顺序分别为红色、绿色、蓝色[42-45]。②像素格法。该方法主要的优势是一层液晶盒可以显示出多种颜色，通过聚合物形成像素格后，在相邻像素格的控制胆甾相液晶层分别反射红绿蓝三种颜色。像素格法是通过光敏手性掺杂剂添加到 LC 中，掺杂剂在 UV 辐射下经历化学反应，因此其手性改变。通过改变照射时间，可获得不同的螺距，如图 5-25 所示；同样在像素格中加入不同的手性掺杂剂，也能达到同样的效果，即在相邻的像素格里，掺杂不同的手性掺杂剂，胆甾相液晶具有不同螺距，分别反射出红绿蓝三种颜色[46]。

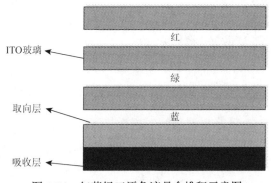

图 5-24 红蓝绿三原色液晶盒堆积示意图

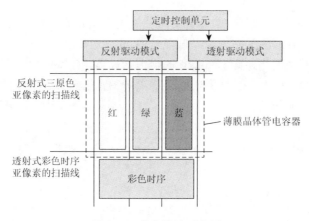

图 5-25　像素格法示意图

通过上文可以分析出，胆甾相双稳态显示器在平面态时，是通过布拉格反射来显示出颜色，具体反射的波长可以根据公式：$\lambda = n_0 \times p$，$p = 1/(\text{HTP} \times c)$，其中 n_0 为平均折射率，p 为螺距，HTP 为螺旋扭曲力，c 为手性掺杂剂浓度。根据公式可以明显地分析出在不同的角度观察可以得出不同的颜色，这对胆甾相液晶在显示器中的应用极为不利。为了改善这种情况，可以在胆甾相中添加少量的聚合物或是使取向层产生少量的缺陷，以适当削弱取向层的锚定作用，可以部分解决此问题。如图 5-26 所示，添加少量分散的聚合物和取向层产生缺陷可以让规则的平面态胆甾相液晶产生多畴结构[47]。在这种不完美的平面状态下，多畴胆甾相液晶的螺旋轴不再完全垂直于基板，而是围绕着原螺旋轴分布。对于一个角度的入射光，从不同域反射的光在不同方向上，如图 5-27 所示。室内光是从不同的角度射入，因此，当观察者在某一角度观察时，可以观察到不同颜色光的混合。由于观察到的光是不同颜色的混合，因此在不同视角下观察到的颜色差别不大。平面状态不完美的多畴结构和室内光线的各向同性入射是胆甾相液晶显示器大视角的原因。

图 5-26　胆甾相平面状态多畴
结构的显微照片

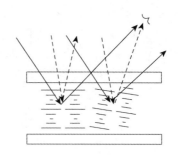

图 5-27　室内光线条件下从胆甾相平面
状态多畴结构的反射

胆甾相显示器封装时，液晶以液滴的形式封装，如果液滴尺寸远大于间距，也可以保持双稳态。液晶液滴封装的方法通常有两种：相分离法和乳化法。相分离法是将液晶和手性掺杂剂及低聚物混合成均匀的混合物，将混合物涂在基板上，然后将另一块基板压在上面，照射紫外线或升高温度使聚合物单体聚合，以引起相分离，封装过程如图 5-28 所示[48]。乳化法是将液晶手性掺杂剂和水溶性聚合物盛放在装有水的容器中，水溶性聚合物形成黏稠的溶液，用搅拌器以足够高的转速搅拌该混合物，形成微米级的液晶液滴，封装过程如图 5-29 所示[49]。将液晶液滴涂覆在基板上，以一定的温度蒸发水分，最后盖上另一块基板形成胆甾相显示器的调光层部分。对于以液滴的形式封装液晶具有比其他封装方法明显的优势，该方法封装的液晶具有良好的黏性，可以制备柔性显示器。

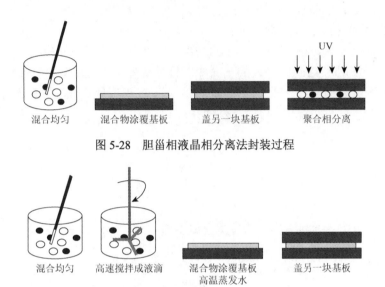

图 5-28　胆甾相液晶相分离法封装过程

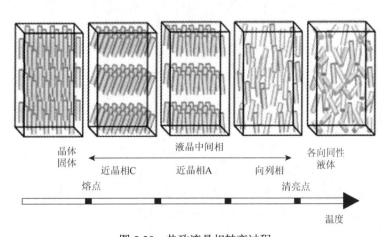

图 5-29　胆甾相液晶乳化法封装过程

5.6　基于近晶相液晶的显示器

我们知道液晶材料在不断升高温度的过程中，会经历晶态—液晶态—液态三种形态，然而在液晶态时，随着温度的升高，还会经历近晶相 C—近晶相 A—向列相三种形态，如图 5-30 所示。近晶相液晶是液晶从晶体转变为液晶的第一个形态，与晶体的位置与取向

图 5-30　热致液晶相转变过程

有序性相比，近晶相 C 液晶进行分层，并且液晶层取向会稍微偏移。随着温度的继续升高，近晶相 C 会转变为近晶相 A，并且与近晶相 C 具有相似分层排列，不同的是，近晶相 A 分子的取向比较垂直排列，倾斜角度较小[50]。

　　近晶相向分子每层结构都是均匀地以一个方向取向，并以一定角度倾斜，如果在近晶相分子中添加手性掺杂剂以促进各层扭曲，使得分子在每一层内以螺旋扭曲的形式取向，如图 5-31 所示，这种近晶相液晶掺杂手性掺杂剂的结构称为手性近晶 C（也称为近晶 C*）。手性掺杂剂具有螺旋扭曲力，使得分子长轴指向矢（n）的方向不再是单向的，并且由于固有电荷的分离，手性近晶 C 产生一定的极性。手性近晶 C 的偶极矩既不绕分子轴旋转对称，也不绕分子轴和指向矢形成的平面相对旋转对称，而是螺旋上升排列，如图 5-31 所示。这种特殊的结构导致分子具有可辨、方向不同的固有偶极矩，从而产生了所谓的自发极化，这意味着手性近晶 C 是自然极性的。

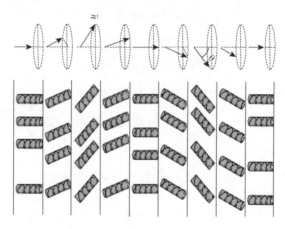

图 5-31　近晶 C*结构示意图

　　有趣的是，手性向列相本身并不是极性的，因为分子结构在 180° 旋转时是不变的，在旋转螺旋平面上的排列方式也是不变的。对于近晶 A，几乎没有倾斜的垂直方向，分子旋转不会对称性进行破坏，因此近晶 A 是非极性的，即使添加了手性掺杂剂也将是非极性的[51]。因为液晶分子具有明确的指向方向，就像铁和其他磁性材料中的分子一样，这种内在极性被称为铁电性。当然，手性近晶 C 中没有铁，而是由于其极性被称为"铁电体"。除了铁电性之外，伴随分子手性的另一特性是分子的固有螺旋性，在液晶体内部，局部分子将沿着近晶分子层法线方向排列。也就是说，分子的方位角为 ϕ，这个方位角沿着轴将单调均匀地增加（右旋）或减小（左旋），使得液晶整体上失去铁电性，局部电偶极矩将随着分子的螺旋而旋转[52, 53]。

　　近晶相液晶显示器即是液晶调光层采用的是近晶 C 形式的显示器。1980 年，Clark 与 Lagerwall 发现若将铁电液晶置于两片间隔约等于液晶固有螺距的玻璃片中时，铁电液晶的固有螺旋性将被表面作用抑制[54]。如图 5-32 所示，如果表面与液晶分子的相互作用使得分子平行于表面，那么当分子层垂直于玻璃片，液晶在近晶 C*相时，分子只能有 $\phi = 0$ 和 $\phi = \pi$ 两个取向，相对应的电偶极矩将指向两个相反的方向，即上（下）与下（上）。若分子与表面的作用足够强，那么这两个状态都是稳定的。当对这一结构施加外加电场时，由于电偶极矩与外场的耦合，外场可以驱动该结构，使液晶分子处于两个稳定状态之一。而反转电场则又可以驱动分子到另一状态。这一发现开辟了铁电液晶显示研究与应用的崭新领域，也使整个铁电液晶的研究进入了全新的阶段。目前开发的近晶 C 显示器采用具有铁电性的近晶相液晶，其特点是响应速度极快，且具有图像储存功能，可做成大面积，且可做成柔性显示[54]。

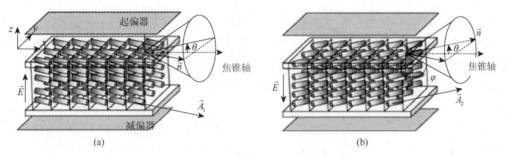

图 5-32　近晶 C 相显示器两种稳态

　　将具体的近晶 C 液晶盒应用于显示器时，通常需要在液晶盒的上下面添加起偏器和减偏器，以实现显示器明暗的变化。在添加起偏器和减偏器前，工程师一般会确定好液晶的取向方向，保持起偏器和液晶的取向方向一致，减偏器与起偏器保持垂直[55]。在这种设置下，近晶 C 液晶盒未加电时，自然光进入减偏器，由圆偏振光变成线偏振光，线偏振光进入液晶盒，光偏振方向与液晶层取向方向一致，则液晶不会改变线偏振光的偏振方向。偏振光经过液晶层后，进入减偏器，由于减偏器的方向与偏振光相互垂直，最后偏振光被减偏器阻挡，此时，没有或仅有很小部分的光透过减偏器，显示器为黑色状态。当液晶层加电时，液晶层旋转，改变起偏器的进入液晶层偏振光的偏振方向，因此在进入减偏器时，有大量的光穿过减偏器，此时显示器为明亮的状态，如图 5-33 所示。

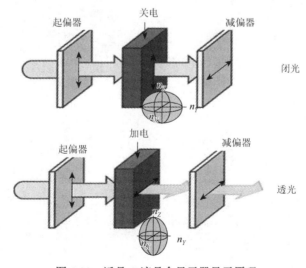

图 5-33　近晶 C 液晶盒显示器显示原理

如同向列相液晶显示结构一样，若想利用铁电液晶作为显示材料，必须掌握获得均匀排列分子的技术。与向列相液晶不同，对于铁电液晶，除了分子本身的排列之外，还必须考虑分子层的排列。一个理想的铁电液晶显示器结构要求液晶分子与分子层两者都均匀完美地排列整齐。自然分子取向与分子层的排列之间有很大的关系。对分子层排列与液晶盒厚度均匀性的严格要求，是铁电液晶显示难以商品化的主要原因。

5.7　其他相关内容

上述所介绍的是目前较为成熟的胆甾相液晶反射显示的技术。但是由于液晶固有的流动性，在精准电控方面还是存在一定难度，因此在未来，液晶的微胶囊化将成为研究的主流方向。液晶的微胶囊化是指利用乳化、溶质扩散控制等技术，制备得到液晶胶囊，用液晶胶囊替代前面的整个液晶相。液晶的微胶囊化不仅可以解决液晶在应用过程易被污染和稳定性不高的问题，还能延长其使用寿命。液晶微胶囊对液晶实施了一个三维的保护，使其在受到外界压力时，壳层受力而液晶本身不受力，保护了液晶材料的功能特性，如电光响应性和热色显示性。在柔性显示方面更是独具优势[56]。目前，韩国（Hanyong University）、日本（Fuji Xerox Co., Ltd.）、美国（Kent Display）在这一领域处于领先地位，而国内目前对这一领域的研究则相对较少，有一大片领域等着开拓。

微胶囊主要是指一类由天然或合成高分子材料通过不同的制备方法研制而成的微型容器。一般尺寸为微米到毫米级别。被包裹的材料称为芯材，用来包裹的称为壳材。在胆甾相液晶显示领域中，胆甾相液晶作为芯材，一些高分子材料作为壳材[57]。微胶囊化方法、胶体质法[58]、界面缩聚法[59]等大多数运用界面化学的原理，通过两相乳化聚合从而得到微胶囊。胶体法和界面缩聚法示意图分别如图 5-34、图 5-35 所示。

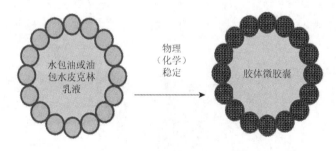

图 5-34　胶体质法制备微胶囊

单体溶解在水　　单体在界面上　　膜的缩聚和形成　　继续聚合形成
和油相中　　　　分散　　　　　　　　　　　　　　微胶囊

图 5-35　界面缩聚法制备微胶囊

　　液晶为油溶性物质，若以油溶性溶剂作为连续相，液晶会溶于连续相，很难形成包覆结构，故以水为连续相，并添加适量的乳化剂后搅拌均匀作为水相。油溶性单体和液晶的混合物为分散相，将油相和水相混合再通过高速分散器的乳化作用，形成水包油的乳液，通过一定的条件引发单体聚合,在乳液液滴中，随着聚合过程的进行预聚物分子量的增大，其在液晶中的溶解度降低而逐渐析出，最后沉积于油水界面，形成微胶囊壳层。或者使用乳液界面聚合的方法，调控单体在油水界面发生聚合反应，并同样沉积于油水界面形成微胶囊壳层[60]。

　　图 5-36[56]为乳液制备过程。以液晶、聚合物单体、引发剂为油相，乳化剂、水为水相。先通过超声、搅拌的方法分别把水相、油相混合均匀，然后将两相混合。混合后的溶液放进高速分散器中乳化。图 5-37 为用界面缩聚法制备液晶微胶囊的示意图。乳化后得到水包油的状态，对乳液进行加热，让其发生聚合反应。液晶微胶囊基本呈规则球状，表面致密，粒径比较均匀。图中球体表面颗粒状物质为未除净的乳化剂 PVA 析出沉积物，粒径在 70 nm 左右[61]。

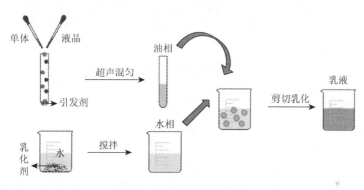

图 5-36　乳液的制备过程

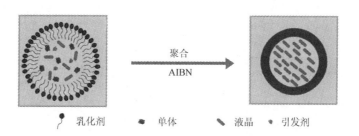

图 5-37　壳层为聚甲基丙烯酸酯类的液晶微胶囊的制备

　　Nakai 等[62]以宾主型液晶为芯材，采用大区域微胶囊化的方式制备了反射式液晶显示器件。将其与常规宾主型液晶显示器相比并对其电光性能进行了表征，发现在组成和结构基本一致时，基于微胶囊化工艺的显示器件驱动电压由 30 V 下降到 10 V 左右，而且器件具有良好的耐冲击性，显示效果受外界压力影响小。

　　吕奎[63]根据不同壳材的特性，分别选用不同的制备方法来实现液晶微胶囊。以 PMMA 为膜材料采用溶剂蒸发法、以 gelatin-GA 为膜材料采用复凝聚法和以 U-F 为膜材料采用原位聚合法制备了液晶微胶囊，成功制备了粒径分布单一、表面光滑、单核结构、囊壁透明、热稳定性好、芯材包裹率达到 85%以上的胆甾相液晶微胶囊。与 CLC 材料本身相比，基于微胶囊分散和保护的 PSCT 器件在显色上的视角范围更大。如图 5-38 所示在外加电场为零的情况下，显示器件可以保持彩色状态：当器件被驱动到近似无色透明后，将驱动电压缓慢降低为零（60 V/min），此时显示器件保持为无色透明状态；当 PSCT 器件被驱动到近似无色透明后，快速断开驱动电压，显示器件会呈现为亮丽彩色。这两种不同的显示状态都能够稳定地存在，不需要电场的维持。该器件显示出很好的双稳态特性。

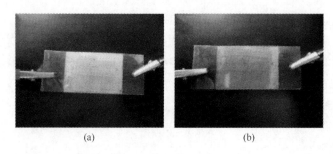

图 5-38　微胶囊液晶在外加电压（a）0 V 和（b）60 V 下的实物图

王兴苗[64]以紫外固化剂 CBU 和明胶-阿拉伯胶作为壳材，运用溶剂蒸发-光聚合-复凝法，最终成功制备显色性能好、形变能力强、密封性良好、芯材包裹率高达 97%的胆甾相液晶微胶囊。将其涂布在 ITO 基板、ITO-PET 薄膜中制备反射式胆甾相液晶器件，器件呈现出很好的双稳态特性和抗疲劳性。经历 400 次开关特性试验后，器件还保持很好的光电特性。抗疲劳测试曲线如图 5-39 所示，器件弯曲性能试验如图 5-40所示。

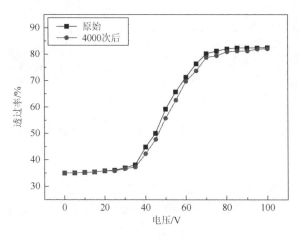

图 5-39　液晶显示器件抗疲劳测试曲线

图 5-40　液晶器件弯曲性能试验

　　反射式液晶显示器件是利用胆甾相液晶的选择性反射、双稳态等特点而制备出的光学器件，根据其基板类型，可以分为柔性显示和非柔性显示。其工艺流程十分简单。光刻、制备取向层、丝印成盒、灌注液晶四步即可获得器件。利用外加电场强度的变化，就可以对器件有无颜色进行简单控制，进一步使用红绿蓝三原色液晶盒堆积法或像素格法，则可以获得颜色变化的器件。目前基于这一原理的显示器件技术已经基本成熟，然而液晶自身的流动特性让这一器件需要很大的驱动电压。在未来如何降低驱动电压是这一研究领域的重中之重，成为很多国际实验室的研究热点，相信更为轻便、高清、节能的液晶显示器件在不久的将来能够问世。

参 考 文 献

[1]　马群刚. TFT-LCD 原理与设计[M]. 北京：电子工业出版社，2011.

[2]　卜倩倩，王丹，邱云，等. 反射显示技术的研究进展[J]. 液晶与显示，2019，34（2）：170-176.

[3]　ASAD K. Reflective cholesteric displays：From rigid to flexible[J]. Journal of the SID，2005，13（6）：469-474.

[4]　王昊，路洋，魏杰，等. 双稳态液晶显示技术的研究进展[J]. 信息记录材料，2011，12（6）：25-33.

[5]　DAVID C，王鹏. 低功耗大尺寸胆甾型液晶显示器的发展[J]. 现代显示，2009（104）：9-11.

[6]　ASAD K，SCHNEIDER T，MONTBACH E，et al. Recent progress in color flexible reflective cholesteric displays[J]. Advanced Display，2007（80）：5-7.

[7]　徐丰. Mini LED 将切入大屏显示市场[N]. 中国电子报，2020-03-13（007）.

[8]　UKAI Y. 5.2：Invited paper：TFT-LCDs as the future leading role in FPD[J]. SID Symposium Digest of Technical Papers，2013，44（1）：28-31.

[9]　PENG F L，CHEN H W，GOU F W，et al. Analytical equation for the motion picture response time of display devices[J]. Journal of Applied Physics，2017，121（2）：023108.1-023108.8.

[10]　TAN G J，LEE Y H，GOU F W，et al. Review on polymer-stabilized short-pitch cholesteric liquid crystal displays[J]. Journal of Physics D：Applied Physics，2017，50：：493001.1-493001.13.

[11]　BOULIGAND Y. Liquid crystals and biological morphogenesis：Ancient and new questions[J]. Comptes Rendus Chimie，2007，11（3）：281-296.

[12]　MULDER D J，SCHENNING A P H J，BASTIAANSEN C W M. Chiral-nematic liquid crystals as one dimensional photonic materials in optical sensors[J]. J Mater Chem C，2014，2（33）：6695-6705.

[13]　BROER D J，BASTIAANSEN C M，DEBIJE M G，et al. Functional organic materials based on polymerized liquid-crystal monomers：supramolecular hydrogen-bonded systems[J]. Angew Chem Int Ed Engl，2012，51（29）：7102-7109.

[14]　冯伟功，吕国强，陆红波. 一种反射式胆甾相液晶显示研究[J]. 现代显示，2007（11）：44-48.

[15]　陈港，王芳，刘映尧，等. 电子纸的研究进展及应用[J]. 中国造纸，2008（9）：47-50.

[16]   何燕卉. 电子纸才是未来科技[J]. 计算机与网络, 2017, 43 (15): 20-21.

[17]   尹倩, 白鹏飞, 周国富. 电泳电子纸驱动方式的优化[J]. 电子技术应用, 2016, 42 (4): 25-27.

[18]   易子川, 曾磊, 周莹, 等. 电润湿电子纸多级灰阶研究与设计[J]. 华南师范大学学报 (自然科学版), 2017, 49 (6): 17-23.

[19]   唐彪, 赵青, 周敏, 等. 印刷电润湿显示技术研究进展[J]. 华南师范大学学报 (自然科学版), 2016, 48 (1): 1-8.

[20]   钱明勇, 林珊玲, 曾素云, 等. 电润湿电子纸的实时动态显示驱动系统实现[J]. 光电工程, 2019, 46 (6): 87-95.

[21]   DIERKING I. Chiral liquid crystals: Structures, phases, effects[J]. Symmetry, 2014, 6: 444-472.

[22]   GRAY G W, Mcdonnell D W. Optically active cynobiphenyl compounds and liquid ceystal materials and devices containing them (US4077260) [P].1978-03-07.

[23]   欧阳艳东, 吕秀品, 聂传岗, 等. 胆甾型液晶双稳态器件光电特性研究[J]. 汕头大学学报 (自然科学版) 2012, 27 (3): 50-53.

[24]   张天翼, 许军, 董佳垚. 胆甾型液晶显示技术和产业[J]. 液晶与显示, 2011, 26 (6): 741-745.

[25]   TAHERI B, WEST J M, YANG D K. Recent development in bis table Ch-LCD[J]. SPIE, 1998, 3297: 115-134.

[26]   SHA Y A, FUH Y G, HUANG Y. et al. Paper-like cholesteric liquid crystal display[J]. Proc SPIE, 2005, 5741: 39-46.

[27]   CHEN K T, LIAO Y C, YANG J C, et al. 22.3: High performance full color cholesteric liquid crystal display with dual stacking structure[J]. SID Symposium Digest of Technical Papers, 2009, 40 (1): 1-3.

[28]   DAVID C, 王鹏. 低功耗大尺寸胆甾型液晶显示器的发展[J]. 现代显示, 2009 (104): 9-11.

[29]   王新久. 液晶光学和液晶显示[M]. 北京: 科学出版社, 2006.

[30]   DIERKING I. Chiral liquid crystals: Structures, phases, effects[J]. Symmetry, 2014, 6 (2): 444-472.

[31]   李英杰, 陆洪波, 韩少飞, 等. 表面性能对胆甾相液晶显示性能的影响[J]. 现代显示, 2011 (10): 5-9.

[32]   田雨. TFT-LCD 制造工艺的研究[D]. 武汉: 华中科技大学, 2008.

[33]   马颖, 张方辉, 盛锋, 等. 液晶显示器摩擦取向技术的新发展[J]. 液晶与显示, 2003 (4): 279-285.

[34]   蔡秋萍. 反射型胆甾相液晶显示器件多畴结构形成及研究[D]. 南京: 东南大学, 2004.

[35]   夏亮. 柔性三基色聚合物分散胆甾相液晶显示器件的研究[D]. 合肥: 合肥工业大学, 2012.

[36]   张俊. 反射型胆甾相液晶显示器件光电特性研究[D]. 南京: 东南大学, 2006.

[37]   王晓丽. 柔性反射式胆甾相液晶显示器件的制备工艺与性能研究[D]. 天津: 天津大学, 2012.

[38]   周华. 液晶显示器盒厚控制工艺及其对显示效果影响的研究[D]. 上海: 上海交通大学, 2014.

[39]   杨国波, 王永茂, 赵军, 等. ODF 工艺的进展[J]. 光电机信息, 2011 (28): 23-27.

[40]   GENNES P G D. The Physics of Liquid Crystals[M]. Clarendon: Clarendon Press, 1974.

[41]   YANG D K, LU Z J, CHIEN L C, et al. Bistable polymer dispersed cholesteric reflective display[C]//SID Symposium Digest of Technical Papers. Oxford, UK: Blackwell Publishing Ltd, 2003, 34 (1): 959-961.

[42]   LAVRENTOVICH O D, YANG D K. Cholesteric cellular patterns with electric-field-controlled line tension[J]. Physical Review E, 1998, 57 (6): R6269.

[43]   OKADA M. Reflective multicolor display using cholesteric liquid crystals[C]//SID Int. Symp. Dig. Tech. Pap., Boston, Massachusetts. 1997, 28 (42): 1019-1022.

[44]   DAVIS D, KAHN A, HUANG X Y, et al. Eight-color high-resolution reflective cholesteric LCDS[C]//SID Symposium Digest of Technical Papers. Oxford, UK: Blackwell Publishing Ltd, 1998, 29 (1): 901-904.

[45]   WEST J L, BODNAR V. Optimization of stacks of reflective cholesteric films for full color displays[C]//Proceedings of 5th Asian Symposium on Information Display. ASID'99 (IEEE Cat. No. 99EX291). IEEE, 1999: 29-32.

[46]   DAVIS D, KHAN A, JONES C, et al. Multiple color high resolution reflective cholesteric liquid crystal displays[J]. Journal of the Society for Information Display, 1999, 7 (1): 43-47.

[47]   VICENTINI F, CHO J, CHIEN L C. Tunable chiral materials for multicolour reflective cholesteric displays[J]. Liquid Crystals, 1998, 24 (4): 483-488.

[48]   YANG D K, DOANE J W, YANIV Z, et al. Cholesteric reflective display: drive scheme and contrast[J]. Applied Physics

Letters，1994，64（15）：1905-1907.

[49]　SCHNEIDER T，NICHOLSON F，KHAN A，et al. Flexible encapsulated cholesteric lcds by polymerization induced phase separation[C]//SID Symposium Digest of Technical Papers. Oxford，UK：Blackwell Publishing Ltd，2005，36（1）：1568-1571.

[50]　SHIYANOVSKAYA I，KHAN A，GREEN S，et al. Single-substrate encapsulated cholesteric LCDs：Coatable，drapable，and foldable[J]. Journal of the Society for Information Display，2006，14（2）：181-186.

[51]　廖松生. 奇异的液晶[M]. 北京：人民教育出版社，1985.

[52]　MEYER R B. Piezoelectric effects in liquid crystals[J]. Physical Review Letters，1969，22（18）：918-921.

[53]　GAROFF S，MEYER R B. Electroclinic effect at the A-C phase change in a chiral smectic liquid crystal[J]. Physical Review Letters，1977，38（15）：848.

[54]　CLARK N A，LAGERWALL S T. Submicrosecond bistable electro-optic switching in liquid crystals[J]. Applied Physics Letters，1980，36（11）：899-901.

[55]　范志新. 液晶器件工艺基础[M]. 北京：北京邮电大学出版社，2000.

[56]　江文红. 液晶微胶囊的制备、结构及性能[D]. 武汉：华中科技大学，2017.

[57]　宋健，陈磊，李效军. 微胶囊化技术及应用[M]. 北京：化学工业出版社，2001.

[58]　VELEV O，NAGAYAMA K. Assembly of latex particles by using emulsion droplets.3. Reverse（water in oil）system[J]. Langmuir，1997，13（6）：1856-1859.

[59]　BOUCHEMAL K，BRIANÇON S，PERRIER E，et al. Nano-emulsion formulation using spontaneous emulsification：solvent，oil and surfactant optimisation[J]. International Journal of Pharmaceutics，2004，280（1）：241-251.

[60]　CRAIG P A Q，ALMAR P，ALEXANDER N，et al. Microfluidic polymer multilayer adsorption on liquid crystal droplets for microcapsule synthesis[J]. Lab on a Chip，2008，8（12）：2182-2187.

[61]　孙聪. 多彩液晶微胶囊的制备及性能研究[J]. 液晶与显示，2019，34（7）：682-689.

[62]　NAKAI Y，TANAKA M，ENOMOTO S，et al. Large area microencapsulated reflective guest-host liquid crystal displays and their applications[J]. Japan J Appl Phys，2002，41：4781-4784.

[63]　吕奎. 液晶微胶囊的制备与显示应用性能研究[D]. 天津：天津大学，2012.

[64]　王兴苗. 微胶囊化制备柔性胆甾相液晶显示器件[D]. 天津：天津大学，2013.

第6章　电致变色电子纸

电致变色是指在外加电场的作用下物质的颜色发生可逆变化的现象，宏观上表现为材料的颜色、透明度的变化。由于其独特的光电特性，电致变色广泛应用于电致变色显示器、汽车后视镜、智能窗、军事防伪等领域。因此，具有电致变色性能的材料通常被称为电致变色材料，而具有电致变色性能的器件，统称为电致变色器件。

6.1　电致变色的提出与发展历史

6.1.1　电致变色的提出

电致变色最早由 Deb 于 1969 年提出[1]。在将 1 mm 厚的 WO_3 薄膜表面的两端分别蒸镀上金属金电极，并施加 110 V 的电压后，从阴极至阳极逐渐出现了显色现象，直到几乎铺满整个 WO_3 薄膜表面，如图 6-1 所示。Deb 称这种现象为"electrophotography"。

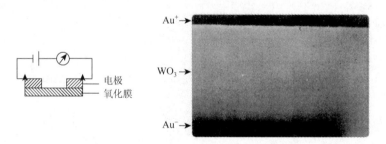

图 6-1　Deb 电致变色器件结构（左）与电场诱导 WO_3 薄膜表面的显色现象（右）[1]

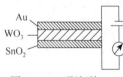

图 6-2　三明治型 WO_3
电致变色器件结构[1]

在此基础之上，为了降低器件两端施加的电压，Deb 进一步制备了三明治结构的电致变色器件（图 6-2），在施加 2 V 电压的情况下，实现了 WO_3 的快速变色（几秒钟）。三明治型电致变色器件结构，也作为基本的器件结构沿用至今。

6.1.2　电致变色的发展历史

在 1971 年，Blanc 和 Staebler 通过在掺杂结晶的 $SrTiO_3$ 两端加入电极，观察到了从电极处到晶体的变色现象[2]。其中，氧化物离子在晶体内部迁移，以实现对电极处的氧化还原变化的响应。在 1972 年，Beegle 则采用独立的对电极与工作电极，对 WO_3 变色器件进行改良[3]。在 1973 年，Deb 经过研究，认为 WO_3 变色机理中的离子源不是质子的插入，而是 WO_3 晶格中的氧化物离子[4]。直到 1975 年，普林斯顿 RCA 实验室的 Faughnan 将 WO_3 置于硫酸水溶液中，并对颜色变化的速率进行系统分析，才首次报道出 WO_3 变色的机理模型[5]。

与此同时，有机电致变色材料与器件也逐渐受到关注。1974 年，Ronlan 制备了甲氧基联苯，并发现在电化学反应后产生的阴离子自由基呈现出很深的颜色[6]。之后，美国 IBM 公司的 Kaufman 通过将变色官能团接枝在烷基链上，发表了第一篇聚合物电致变色的文章[7]。1979 年 IBM 公司的 Diaz 在电化学法聚合聚吡咯过程中也发现了变色性能，由此获得了第一张具有电致变色性能的导电薄膜[8]。

在之后的 40 多年，关于电致变色材料与器件的研究从未中断，并发展出可以覆盖全光谱的电致变色器件，以及可穿戴的柔性显示器件。与此同时，基于无机氧化物的电致变色器件，也逐渐走向了产业化，广泛应用于汽车防眩后视镜、智能窗、广告显示牌等。

6.2 电致变色器件结构

完整的电致变色器件结构包括玻璃基底（glass substrate）、透明导电层（transparent conducting layer）、电致变色层（electrochromic layer）、离子导电层（ion conducetinglayer）、离子存储层（ionstoragelayer）等，基本结构如图 6-3 所示。其中电致变色层是核心层，离子导电层提供离子的传输通道，离子存储层则是起存储离子及平衡电荷的作用。在透明导电层施加正向电压后，离子存储层中的离子被抽出，通过离子导层，进入电致变色层，引起颜色变化。当施加反向电压时，电致变色层中的离子被抽出后再重新进入离子存储层，整个装置恢复原来的颜色。

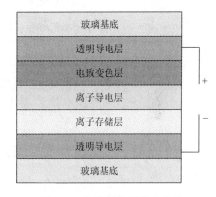

图 6-3　电致变色器件的结构

透明导电层：透明导电层直接沉积在玻璃上，作为器件与外部电源之间的连接，要求有极高的电导率、小的方阻，且在可见光区有良好的透光性。目前主要有两类材料用作透明导电层，一类是掺杂的宽带隙氧化物半导体膜，膜厚通常为 0.1 μm 左右，需通过精准的化学计量比来控制膜厚度，同时其沉积速率也较低。常用的有 In_2O_3:Sn（ITO）、SnO_2:F、SnO_2:Sb、Cd_2SnO_4 和 ZnO:Al 等。另一类为合金膜，膜厚度约为 0.01 μm。此类薄膜制备不需要严格的化学计量比控制，沉积速率也较高，膜的厚度对导电率的影响很大[9]。ITO 玻璃是最常用的一种透明导电层材料，目前已开发出方阻小于 10 Ω 的产品。

电致变色层：由电致变色材料构成，是电致变色器件的核心层。实用的电致变色材料应具有良好的电化学氧化还原可逆性，变色灵敏度高，较长的使用寿命，一定的记忆储存功能，高的化学稳定性，等等。电致变色材料的结构、薄膜的制备工艺对电致变色器件的性能有非常重要的影响[10]。

　　离子导电层，也称电解质层：在电致变色层和离子存储层之间起传输离子和阻隔电子的作用。它提供了材料变色时所必需的离子通道，同时又不至于在电极之间形成短路。电解质层一般需满足以下条件：高的离子电导率（大于 10^{-4} S/cm）和低的电子电导率（小于 10^{-10} S/cm）；在要求的光谱区域内具有高的透射率或反射率；足够的热力学稳定性、化学稳定性和电化学稳定性；良好的机械稳定性和成膜性。电解质按形态的不同可分为固体电解质和液体电解质。聚合物电解质是目前研究得比较多的固体电解质，是全固态器件的首选材料。聚合物电解质由高分子量的聚合物和电解质盐构成，具有良好的成膜性、挠曲性、黏弹性和透光性等特点。目前常用的聚合物有聚甲基丙烯酸甲酯（PMMA）、聚氧化乙烯（PEO）、聚丙烯腈（PAN）、聚环氧丙烷（PPO）、聚氯乙烯（PVC）、聚偏氟乙烯（PVDF）等。金属盐则常选用无水锂离子盐，虽然 Li^+ 离子扩散速率低，但它稳定性高、记忆效应好，因此受到了人们的关注。

　　离子存储层，也称对电极层：在电致变色器件中起平衡电荷传输的作用，可阻止离子在电极上沉积。当离子注入电致变色层时，对电极层供给离子到电解质层；当工作电极被抽出离子时，又将离子收集起来，以保持电解质层的电中性，因此要求离子存储层是电子和离子的混合导体。离子存储层在实际应用时要求有强储存和提供离子的能力，可逆的氧化还原状态，高的透明性和良好的化学稳定性。

　　但是，实用化的电致变色器件并不一定必须由五层构成。为了降低成本，提高效益，减少技术复杂性，常将 ECD 的结构简化为四层或三层。如简单三明治型由两层 ITO 及电致变色层组成；单一型电致变色器件由两层 ITO、电致变色层及电解质层组成。早期的电致变色系统电解质通常为液态，如碳酸丙烯酯与高氯酸锂的混合物。近期的研究逐渐广泛采用固态或半固态电解质。应用液态电解质的优点主要是可以实现对于外加电压的快速响应，但是可能引起漏液等问题，使器件的封装成为影响其使用寿命的主要因素。相比之下，半固态的器件结构响应速度较慢，但是与液态电致变色器件相比，半固态的器件结构更加适合实际的应用。

6.3　电致变色材料与变色机理

　　一直以来，电致变色材料的变色机理受到了研究人员的广泛关注。1969 年 Deb 发现了 WO_3 的电致变色现象，并提出"氧空位色心"机理以解释这一现象。迄今为止，尽管人们已经对电致变色材料及产品进行了大量的研究和探索，但对电致变色机理还没有令人信服的、统一的结论。这主要是由于电致变色的原因比较复杂，涉及材料的化学组成及掺杂过程、薄膜精细结构、能带结构及氧化还原特性等方面。随着材料研究的不断深入，科学家们提出了多种电致变色机理模型，主要有电化学反应模型、价间跃迁模型、色心模型、能级模型、极化子模型和配位场模型等[11]。而对导电聚合物来说，由于其本身结构的复杂性，其研究起步又较晚，因此其电致变色机理就更为复杂，目前仍在研究中。现在常见的变色机理一般均是参照无机材料的相应理论。氧化还原理论认为导电聚合物在变色过程中一般都有电子的得失，即发生氧化还原反应，聚合物的电子结构发生了变化，对光的吸收随之发生变化，因而其颜色也有改变。另一种比较认可的机理是能带理论[11]。导电

聚合物 π 电子占据的最高能级（HOMO）和未占据的最低能级（LUMO）之间的能隙决定了材料内在的光学和电学性质。导电聚合物在掺杂过程中，随掺杂程度的变化，在聚合物的导带和价带之间依次出现了极子能级、双极子能级，价带电子向不同能级跃迁，使吸收光谱发生变化，进而显示出不同的颜色，就发生了电致变色现象[12]。

6.3.1　过渡金属氧化物

多种过渡金属氧化物的薄膜在氧化还原态下因带间电荷转移，而产生强烈的电子吸收谱带，发生电致变色行为[1, 4]。其中一个很好的例子就是 WO_3。WO_3 中所有的 W 原子都是氧化的 +6 价，薄膜处于透明状态。在发生电化学还原反应后，生成 +4 价的 W 原子，从而发生颜色变化。尽管目前关于 WO_3 的变色机理仍有争议，但是，普遍认为电子和金属阳离子（如 Li^+、H^+ 等）的注入与提取在变色过程中发挥了重要作用。以 Li^+ 为例，反应式可以写成

$$WO_3(透明) + x(Li^+ + e^-) \rightarrow Li_x W^{VI}_{(1-x)} W^V_x O_3(蓝色) \tag{6-1}$$

当 x 较小时，WO_3 薄膜由于临近 W^{4+} 与 W^{6+} 处的带间电荷转移效应，呈现为深蓝色；当 x 较大时，Li^+ 的插入，形成了非可逆的红色或金色的金属色。

用于电致变色的 WO_3 薄膜的制备技术包括热蒸发、钨的电化学氧化、化学气相沉积（CVD）、溶胶凝胶法及磁控溅射。基于 WO_3 薄膜电致变色器件的主要应用就是汽车防眩目后视镜与智能窗。其中，智能窗通过控制室内光线的调节，从而实现减少冬季供暖与夏季制冷的目的。在这些应用中，电致变色器件主要采用如前所述的两电极三明治结构。而电致变色器件的生产厂商也更倾向于使用基于现有设备与成熟工艺的磁控溅射技术。

其他过渡金属氧化物薄膜，如 MoO_3、V_2O_5，同样具有电致变色性能。变色机理如下：

$$M_oO_3(透明) + x(M^+ + e^-) \rightarrow M_x MO^{VI}_{(1-x)} MO^V_x O_3(蓝色) \tag{6-2}$$

$$V_2O_5(黄色) + x(M^+ + e^-) \rightarrow M_x V_2O_5(蓝色) \tag{6-3}$$

以上所列变色材料，其着色态均处于电化学还原态。与之对比，Ⅷ族金属氧化物的着色态则是材料发生氧化的结果，如 $Ir(OH)_3$。

6.3.2　紫精及其衍生物

早期变色材料的研究主要集中在过渡金属氧化物上，在外加电场下可以在无色和蓝色之间转换。经历了广泛的研究后，这些无机材料的电致变色器件已经实现商业化。然而，考虑质量轻、灵活度高、低耗并且电学性能可以调节等优点，有机材料作为潜在的电致变色活性材料吸引了大量的关注。

紫精及其衍生物是首先受到研究的体系之一，如二甲基取代紫精（MV）[13]。在紫精的三种氧化还原态中，无色的双阳离子最稳定。在电子向双阳离子发生转移发生还原反应后，生成了着色的阳离子自由基。由于其自由基电子离域到二吡啶的整个共轭体系，因此，这种阳离子自由基也具有一定的稳定性。另外，阳离子自由基中正电荷发生离域，分子内

电荷的转移，使其阳离子自由基着色，由此观察到电致变色现象，如图 6-4 所示。通过调整吡啶上 N 原子的取代基团，可以调节分子轨道能级，从而实现颜色的调整。当 N 原子上发生烷基取代时，紫精的阳离子自由基呈现蓝色-紫色，而芳香性的取代基则使其呈现绿色。当紫精的双阳离子全部还原后，体系内不存在任何光学电荷转移或分子间电荷转移，因而观察不到强烈的色彩。

　　针对显示器件来说，高的写入与擦除效率十分关键。然而，短烷基链取代的紫精的双阳离子与阳离子自由基均具有优异的水溶性，导致其电致变色器件具有较低的写入与擦除效率。改进方法包括：将双阳离子束缚在电极表面，或者将紫精固定在半固态电解质（如全氟磺酸树脂）中，以降低生成的阳离子自由基脱离电极、溶解进溶液中的速率。另外，通过延长烷基链，可有效缓解紫精的溶解与扩散问题。例如，庚基取代紫精（HV）的双阳离子易溶于水，但还原后生成的深红色阳离子自由基盐不溶于水，并紧紧附着于电极表面。基于 HV 的电致变色显示器件（图 6-5），响应时间为 10～50 ms，氧化还原循环寿命大于 100 000 次[14]。

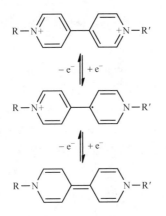

图 6-4　MV 的电致变色机理

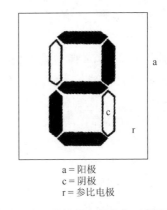

a = 阳极
c = 阴极
r = 参比电极

图 6-5　基于紫精的电致变色显示器件[14]

　　尽管在显示等应用上，响应时间是至关重要的参数之一，但在其他类型的电致变色器件应用中，对其要求并不高，如汽车后视镜及智能窗。Gentex 公司生产的汽车防眩目后视镜（图 6-6）全部由溶液法进行加工生产。器件结构与前述相似，由 ITO 玻璃、电致变色材料、电解质及金属反光表面组成。其变色机理如下：紫精衍生物作为阴极着色材料，苯二胺作为阳极着色材料；器件启动时，电场驱动两种材料分别向各自的电极进行迁移，并发生氧化还原反应，形成着色态；之后，反应产物反向向溶液扩散，再次发生反应，还原成起始无色状态。可见，维持此类型的电致变色器件的着色态需要使用连续的微电流，以弥补溶液中着色态物质发生氧化还原反应带来的损失。而褪色过程则只需保持短路或开路状态，提高溶液

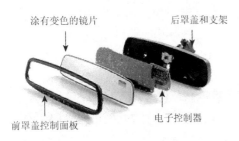

涂有变色的镜片　　后罩盖和支架
前罩盖控制面板　　电子控制器

图 6-6　汽车防眩目后视镜结构图

的均匀性，实现高效的电子转移。与此同时，电致变色后视镜的控制系统也十分值得一提。首先，设置一个面向后方的光敏探测器，以感应令人眩目的入射光，再设置一个面向前方的光敏探测器，以探测日光，最后，通过程序控制，以实现电致变色后视镜只对黑暗状态下汽车后方强光的响应。

6.3.3　导电聚合物

导电聚合物可以直接通过单体的电化学沉积聚合到玻璃电极上，主要以早期的聚吡咯（1.1）、聚噻吩（1.2），以及之后发展的聚（3，4-二氧乙基噻吩）（1.3）、聚苯胺（1.5）和其他窄带隙共轭聚合物为代表（图 6-7）。通常可以将氧化态的导电聚合物与反阳离子发生的反应视为对其进行了 p 型掺杂，形成具有离域 p-电子的能带结构，其最高被占据分子轨道能级与最低未被占据分子轨道能级间的带隙决定了材料的本征光学性能。掺杂（氧化）过程产生了极化子（例如，聚吡咯中极化子为离域到四个单体单元上的阳离子自由基），而极化子是体系中最主要的载流子。当导电聚合物再次与反阴离子反应，去除了电子的共轭效应，将其回归到非掺杂（中性）的不导电状态。反之，导电聚合物的还原，伴随反阳离子的离去，可视为发生掺杂（n 型掺杂）。但其 n 型掺杂态的稳定性通常低于 p 型掺杂。

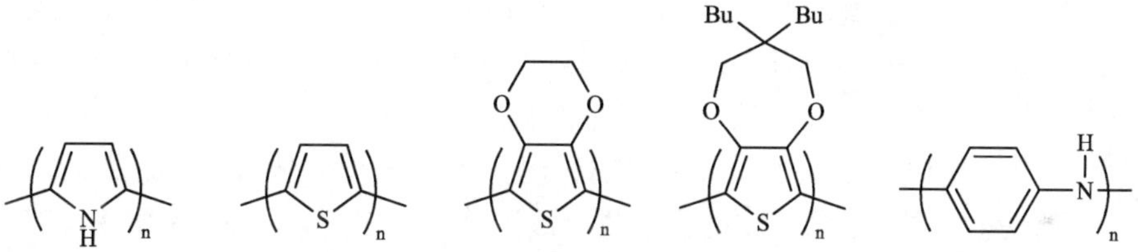

1.1　1.2　1.3　1.4　1.5

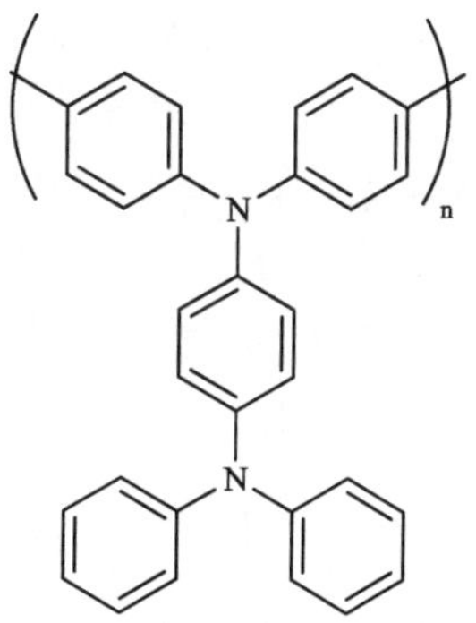

1.6

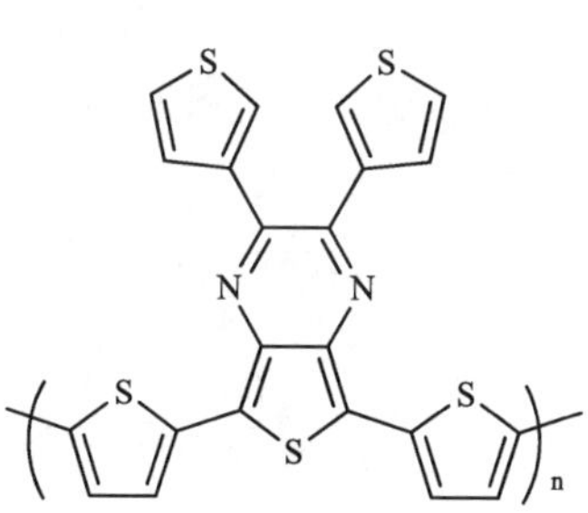

1.7

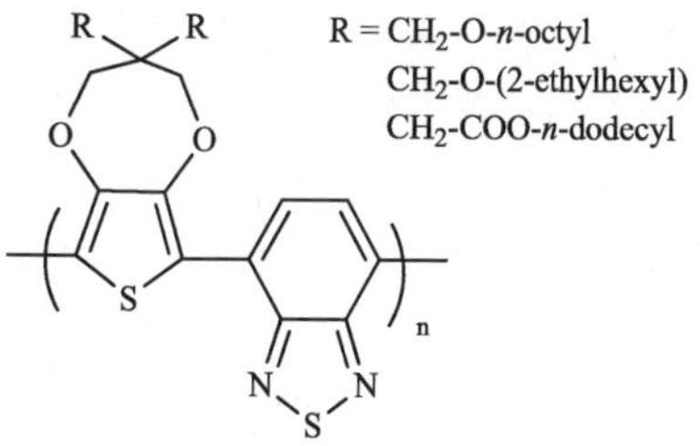

1.8

图 6-7　化合物 1.1～1.8 的化学结构式

在溶液中进行电化学聚合得到的聚吡咯[15]，其氧化态呈现蓝-紫色（λ_{max} = 670 nm），通过电化学还原，可以观察到非掺杂的黄绿色（λ_{max} = 420 nm）（图 6-8）。若移除所有的掺杂阴离子，聚吡咯的薄膜将呈现鹅黄色，但这要求薄膜很薄，这就意味着变色器件的对比度将极低，并不可行。然而，在重复的颜色变化时，聚吡咯的膜也逐渐发生了降解，因此，聚吡咯的电致变色研究也仅限于早期的研究。

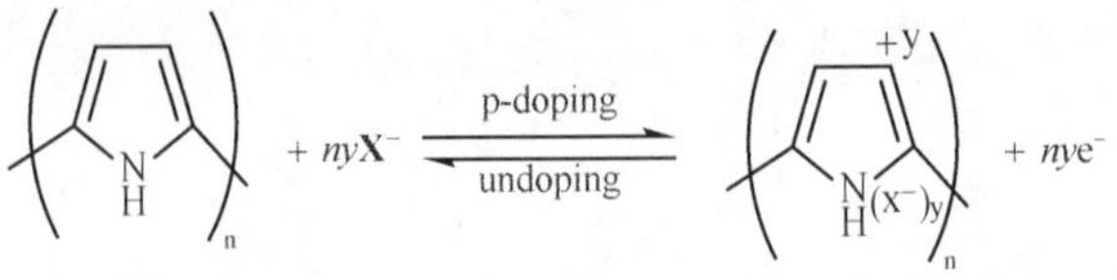

图 6-8　聚吡咯变色机理图

　　早在 1983 年 Garnier 就首次介绍了电化学聚合得到的聚噻吩（PT），并且说明它可以在红色和蓝色之间转换[16]。自此之后，大部分工作集中在 PT 的 3 位和 4 位进行取代并以此来调节颜色，如改变烷基取代的长度、排布顺序或共轭长度等。鉴于单独的 3 位或 4 位取代有可能在聚合过程中存在 a-b 或 b-b 两种不利的偶联方式，同时考虑烷氧基的强给电子特性，由此引入了 3，4-二烷氧基取代的聚噻吩[17]。

　　在 20 世纪 80 年代，聚（3，4-二氧乙基噻吩）（PEDOT）由拜耳公司主导研究。PEDOT 不仅拥有大约 1.6 eV 的窄光学带隙，而且相比于没有取代的母体 PT（1.2），它有一个很低的起始氧化电压。Inganäs 等首先报道了电化学方法制备的 PEDOT 电致变色器件：处于稳态的氧化 PEDOT 呈现半透明的天蓝色，一旦被还原为中性态，颜色则转变为深蓝色[18]。Reynolds 和他的同事们进一步研究了聚（3，4-丙烯二氧噻吩）（ProDOT）衍生物（1.4）的电致变色性能[19]。在 2002 年，他们报道了丁基取代的聚合物可以在深紫色和透明的天蓝色之间转换[20]。其课题组在应用了电子给体-电子受体（D-A）方法后，通过系统地调节聚合物中给体受体的种类及比例，实现了全彩色覆盖。在 2012 年，每个单体单元有四个酯基的水溶性聚合物也被报道出来[21]。

　　利用聚合物阴离子（如 PSS）进行掺杂，可以获得稳定的、高导电的水溶性聚合物体系。例如，PEDOT：PSS 具有水溶性，可以利用传统的成膜工艺制备成膜，因此，可适用于像素电极材料，如可打印的纸张。与传统基于无机材料的电致变色器件相比，PEDOT：PSS 在可打印的纸张显示方面具有巨大优势，即 PEDOT：PSS 可以作为导线以进行信号的提升，而且，在实际显示器件中，还可以被当作对电极、像素电极，乃至变色材料来使用[22]。PEDOT：PSS 的变色机理如下：

$$PEDOT^+PSS^- + M^+ + e^- \rightarrow PEDOT + PSS^-M^+ \tag{6-4}$$

　　聚三苯胺（polyTPA）也是一类研究较多的电致变色活性材料。其较高的电荷传输速率，实现了稳定的中性态和氧化态之间快速的响应[23]。Huang 的研究结果表明，polyTPA 聚合物的颜色主要是单阳离子自由基的绿色及双阳离子自由基的蓝色[24]。但是，作为一种重要的功能性结构单元，三苯胺具有两个关键特性：①三苯胺的中心 N 原子很容易发生氧化；②三苯胺的阳离子自由基的空穴传输性能。通过对三苯胺氧化路径的研究，发现其产生的单阳离子自由基并不稳定，极易发生头尾偶合，形成四苯基联苯胺。但当苯基上对位取代有给电子基团时，由于稳定的阳离子自由基的生成及聚合物氧化电势的降低，这种电化学氧化偶合反应将得到极大的抑制。聚苯胺的变色性能不仅仅依赖于它的氧化态，同时也依赖于它的质子化状态，也就是电解质的 pH[25]，而且它的变色过程是多种颜色变化的过程，包括了由透明的黄色到绿色到深蓝色再到黑色[26]，其中，黄色和绿色之间的转换具有多次循环可逆性。

6.3.4　齐聚噻吩

齐聚噻吩及其衍生物是一类聚合度及聚合位置可控、具有确定分子量的高纯度化合物。齐聚噻吩及其衍生物不仅是研究聚噻吩的"模型"化合物，其自身也是一种具有优异光、电性能的 π 电子共轭化合物。与聚噻吩及其衍生物相比，齐聚噻吩类电致变色材料可克服聚合物分子量多分散性的不足，使颜色的变化更纯正。

Deb 等合成了一系列带有烷氧基苯环的齐聚噻吩衍生物，研究了其液晶性能、光电性能和氧化还原性质，并对其中一种化合物 TCBOA（图 6-9）进行了电致变色性能研究[4]。他们将 TCBOA 涂覆于 ITO 玻璃上作为工作电极，另一块 ITO 玻璃作为对电极置于 TCBOA 涂层上制成夹片，两片玻璃中间留 1 mm 空隙，注入 0.1 mol/L 的 Bu4NClO4 乙腈溶液作为电解质，最后用环氧树脂封装边缘制成电致变色器件。该器件在施加 + 3 V 电压后，从黄色中性态变为深蓝色氧化态，颜色变化完全可逆。

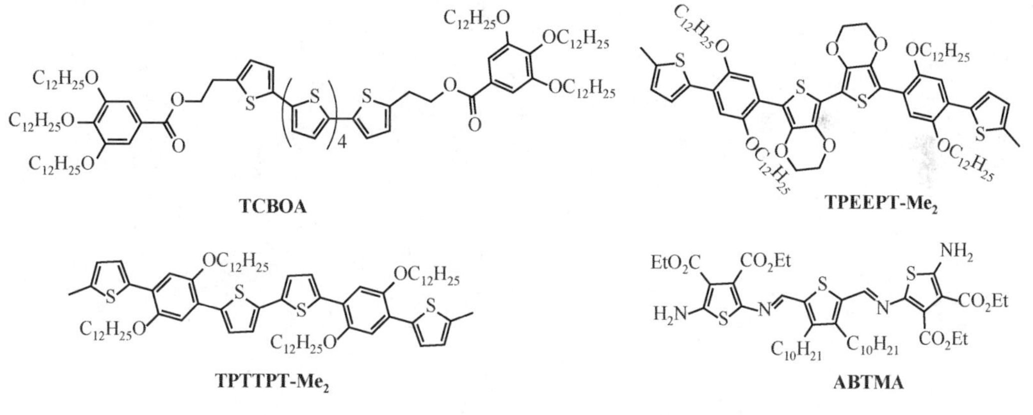

图 6-9　TCBOA、TPEEPT-Me2、TPTTPT-Me2 和 ABTMA 的分子结构

佛罗里达大学的 Reynolds 等合成了两种齐聚噻吩类的衍生物 TPTTPT-Me2 和 TPEEPT-Me2（图 6-9）[27]。两种化合物均为阳极着色材料，在不同电压下分别以阳离子自由基、双阳离子等形式存在。对 TPTTPT-Me2 来说，当其处于中性态时为亮黄色，阳离子自由基为淡天蓝色，双阳离子为接近透明的灰色；TPEEPT-Me2 中性态时为亮黄色，阳离子自由基为天蓝色，双阳离子为淡紫色。用这两种化合物制成的电致变色器件，以 TPEEPT-Me2 的性能较为优异。

加拿大蒙特利尔大学的 Skene 等合成了一系列以甲亚胺基连接的齐聚噻吩衍生物，并研究了这些化合物的光物理和电化学性能[28]。光谱电化学研究发现其中的一种化合物ABTMA（图 6-9）具有电致变色性能。ABTMA 的最大吸收峰出现在 504 nm 处，当施加 0.8 V 的电压时，在 792 nm 和 1630 nm 处分别出现两个新的吸收峰，而且随着电压增大，两个吸收峰也逐渐增大。

华南理工大学刘平课题组设计合成了一系列齐聚噻吩衍生物，结构如图 6-10 所示，并对这些化合物的电致变色性能进行了研究。研究结果发现，这些齐聚噻吩衍生物在电场作用下，均能发生可逆的颜色变化。在电化学掺杂时，DCN3T 由黄色变为天蓝色；DCN4T 由黄色变为黄绿色；DMO4T 由橙黄色变为水绿色；BP3T-DCOOH 由土黄色变为蓝紫色[29]。

在电化学掺杂时，OHC-3T-CHO 由黄色变为蓝绿色；XT 由橘黄色变为银灰色。同时，为了研究电致变色电解质层的多样性，本实验室尝试使用了两种新的电解质：PMMA 和高氯酸四正丁基铵质量比为 5∶1 配制成的凝胶（碳酸丙二酯为溶剂）及高氯酸四正丁基铵的乙醇溶液浸泡过的滤纸，并制备了 OHC-3T-CHO 的电致变色器件。结果发现，器件在电场作用下，均可发生可逆的颜色变化现象，表明这两种电解质均具有比较好的电荷传输能力[30]。I3T 膜是无色的，施加正电压时变为天蓝色；4T-2CHO 膜为橙黄色，施加正电压时变为红褐色；XT-2CN 膜为黄色，施加正电压时变为黄绿色[31, 32]。

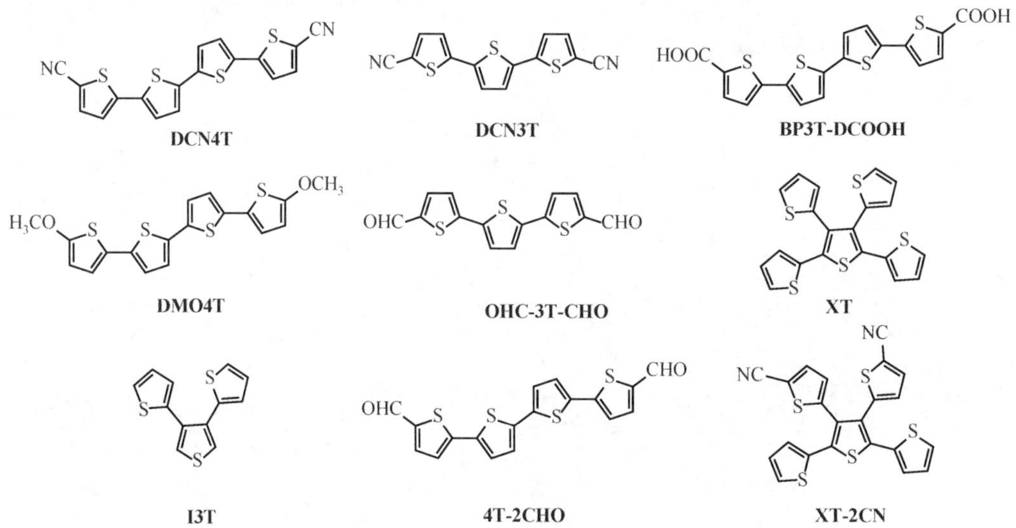

图 6-10　OHC-3T-CHO 和 XT 等分子结构

6.4　无机电致变色薄膜制备方法

电致变色薄膜的变色特性主要是由其微观结构和化学组成决定的，不同的薄膜制备方法及工艺所制得的薄膜的原子堆积密度不同，其变色性能也会完全不同。制备方法及工艺条件不同，得到的电致变色薄膜的微观结构、电致变色和电化学性能等有很大差异，因此 NiO 和 WO$_3$ 薄膜具有的优良电致变色和电化学性能很大程度上受到制备方法和后期的处理工艺影响。薄膜的制备方法有很多，其中最常用的是磁控溅射法、化学气相沉积法、脉冲激光沉积法、电沉积法和溶胶凝胶法。

6.4.1　磁控溅射法

磁控溅射法属于物理气相沉积法，是利用某种物理过程来实现物质粒子从源物质到薄膜的可控的原子转移过程。磁控溅射法的靶材可以是金属、合金和各种化合物。磁控溅射法制备薄膜的流程一般为：沉积粒子从靶中被溅射出来到达基底表面，被基底表面吸引、凝结；凝结后的沉积粒子在基底表面通过不同方向进行扩散、碰撞并结合形成稳定的晶核；晶核再通过进一步吸附长大成小岛，岛长大后互相连接聚结，最后形成连续状薄膜。磁控溅射法具有薄膜与基底黏附牢固、薄膜生长速率高、薄膜化学成分单一、杂质元素含量少和能实现大面积镀膜等优点，成为薄膜制备技术领域的研究热点，在电致变色 NiO 和 WO_3 薄膜制备中，受到了广大研究者的关注。其缺点是所需设备昂贵、技术复杂，这在一定程度上限制了其在薄膜制备上的大规模工业应用。Azens 等[33]采用磁控溅射制备 NiO 电致变色薄膜，可见光区内随光波波长的变化，着色态薄膜的透射率为 30%～52%，褪色态薄膜的透射率为 75%～94%，最大光调制范围达 39%～45%左右。

磁控溅射法是目前研究最多、最成熟的一种 NiO 薄膜制备方法，是建立在气体辉光放电基础上的一种薄膜制备技术。溅射是利用荷能粒子轰击靶材，使靶材原子或分子被溅射出来并沉积到衬底表面的一种工艺。

6.4.2　化学气相沉积法

化学气相沉积法，是指高温下的气相反应，例如，金属卤化物、有机金属、碳氢化合物等的热分解，氢还原或使它的混合气体在高温下发生化学反应以析出金属、氧化物、碳化物等无机材料的方法。这种技术最初是作为涂层的手段而开发的，但目前，不只应用于耐热物质的涂层，还应用于高纯度金属的精制、粉末合成、半导体薄膜制备等，是一个颇具特色的技术领域。与其他薄膜制备方法相比，化学气相沉积法具有很多优点：①可以在低温下合成高熔点物质；②可以制备多种物质形态，如单晶、多晶、晶须、粉末、薄膜等；③不仅可以在基片上进行涂层，而且可以在粉体表面涂层等。其中该方法可以在低温下制备高熔点物质，在节能方面做出了重大贡献，受到了人们的广泛青睐。

Kang 等[34]采用 $Ni(C_5H_5)_2/O_2$ 作原料气体，以 Ar 为载气体，在反应室内发生分解，NiO 沉积到基底上制备薄膜；以 $W(CO)_6$ 为原料，以 N_2 为载气体，在反应室内发生分解，WO_3 沉积到基底上制备薄膜。另外，在传统 CVD 法中发展起来的等离子体增强化学气相沉积（PECVD 法）能较大幅度地提高薄膜的沉积速率且制备出性能较好的 WO_3 电致变色薄膜[35]。化学气相沉积法制备薄膜纯度高，制备工艺可控，过程连续。但是该方法成本高，放大困难，不利于工业化规模生产。

6.4.3 脉冲激光沉积法

脉冲激光沉积（pulsed laser deposition，PLD）法是 20 世纪 80 年代后发展起来的一种先进的薄膜制备技术。脉冲激光沉积薄膜过程本质上说是一种激光等离子体作用过程，当脉冲激光轰击置于真空腔内的靶材时，脉冲激光巨大的功率密度使得靶材中的各种成分在瞬间被气化电离，并在靶材表面形成等离子体羽辉，当等离子体羽辉中的各种离子撞击到基地表面时，在基底表面沉积成膜。PLD 法在低温成膜方面具有一定的优越性。PLD 属于非平衡成膜方法，脉冲激光对靶材的烧蚀形成局部高温等离子体。烧蚀产物具有较高的动能和位能所引发的物理和化学过程能降低对基底温度的要求。由于具有高能量的脉冲激光对不同元素具有"脱出率"，沉积的薄膜具有较好的"保成分"性（膜和靶材的化学组分一致）。因而可制备复杂组成材料，容易控制成膜组成比及膜厚，可沉积高熔点材料，薄膜中原子之间结合力强。

Bouessay 等[36]采用 PLD 方法使用不同的纯氧压力和基板反应温度制备了 NiO_x 电致变色薄膜，并研究了不同氧气压和基板反应温度对氧化镍薄膜的结构、微观形态和电致变色性能的影响规律。结果表明，在可见光区域内，随光波波长变化，薄膜着色态透光率为 36%～65%，褪色态透光率为 46%～87%，光调制范围为 14%～25%。PLD 法沉积薄膜组分容易控制，生长速度快，沉积参数容易调节，沉积温度低，可以有效解决难熔材料（如硅化物、氧化物、碳化物、硼化物等），灵活的换靶装置便于实现事实及多层膜的超晶格生长，具有能够沉积高质量的纳米薄膜和沉积速率高等优点，其缺点是制备成本高，不易于制备大面积薄膜。

6.4.4 电沉积法

电沉积又称为电镀，指在一定电解质溶液（镀液）中，在电场的作用下阳极和阴极形成回路，溶液中的金属离子被沉积到镀件表面上的过程。电沉积法基本因素包括镀覆工艺、结合机理、技术原理、设备和镀液等。电沉积不但是一个氧化还原反应过程，还是一种电化学过程；其只是在镀件表面获得一层膜层来使基底表面性能改变，不会改变基底材料的主体性能。

电沉积分为阴极还原沉积和阳极氧化沉积。阴极还原沉积机理为：在电场作用下，溶液中均匀分布的金属离子在基底表面获得电子，还原成金属原子从而沉积在基底表面；Switzer[37]和 Gal-Or[38]提出阴极还原沉积机理认为，在 pH 较小的溶液中沉积时，电极表面上首先还原的是溶液中的还原剂，形成 OH^-，溶液中的金属离子或络合物随后与电极表面吸附的 OH^- 发生反应，生成的金属氢氧化物进一步脱水形成氧化物薄膜。大多数氧化物电沉积都是阴极电沉积，只有少数的氧化物是按照阳极氧化沉积机理进行的。阳极氧化沉积机理为：一定电压下，阳极附近金属低价离子放电，形成高价态离子与电极附近的 OH^- 反应生成羟基氧化物或氢氧化物，通过电结晶方式沉积在基底上，进一步脱水形成氧化物薄膜。沉积 NiO 使用的是阳极氧化沉积。与其他方法相比，电沉积法越来越受到关注，具有很多优点：

①常温制备，一般在室温或稍高温度下沉积；

②可在各种结构复杂的基底上均匀沉积，适用于各种形状的基体材料，特别是异型结构器件，满足了非规则基底沉积要求；

③控制工艺条件（溶液 pH、浓度、组成、沉积电流密度、电位、温度等）可精确控制沉积薄膜层的化学组成、结构和厚度等；

④设备成本低廉、操作容易、沉积工艺简单、无环境危害、生产方式灵活，适于工业化大面积生产。

6.4.5　溶胶凝胶法

溶胶凝胶法是指金属有化合物、无机化合物或两者混合物经过水解缩聚过程，逐渐凝胶化产生前驱体，然后进行相应的后处理，获得目标氧化物或其他化合物的新工艺。溶胶凝胶法在进行大面积、不同形状基底上制膜方面的巨大优势使其在电致变色薄膜制备上受到了人们的极大关注。与其他薄膜的制备工艺相比，溶胶凝胶法表现出许多优点：

①工艺设备简单，成本低廉，无需昂贵真空设备或真空条件。

②工艺过程温度低，尤其对于制备含有易挥发成分及在高温下易发生相分离的多元素组分的薄膜具有重大意义。

③工艺适用于大面积在各种不同形状和不同材料的基底上制备薄膜。尤其是较小材料基体，如粉体和纤维上镀膜等。

④易制得均匀多组分氧化物薄膜且易于定量掺杂，通过控制工艺条件可以有效地控制薄膜的成分和微观结构。

根据采用溶胶前驱体的不同，溶胶凝胶法制备 WO$_3$ 薄膜可分为钨酸盐的离子交换法、氯化钨的醇化法、钨的醇盐水解法、钨粉过氧化聚钨酸法等。

6.5　有机电致变色材料的颜色调节

经过几十年的发展，电致变色材料从最开始的单一颜色变化到现在的多种颜色间变化，从最初的无机材料到现在的有机材料及有机无机材料的复合。本章主要探讨有机电致变色材料在颜色方面的研究进展，包括 RGB 三原色及多种颜色间的变化，并分析化合物结构材料对颜色的影响。

6.5.1　三原色有机电致变色材料

三原色包括红（red）、绿（green）、蓝（blue）三种颜色。由它们相互间通过不同的比例叠加，产生丰富的颜色，所以称之为三原色。如果把 RGB 颜色空间以一个单位长度的立方体来表示颜色，那么就会有黑、红、黄、绿、青、蓝、品红（紫）、白 8 种颜色（图 6-11）。若以各颜色长度为 1，分为 256 等份，那么红绿蓝组成的颜色数量一共为 $256^3 = 16777216$，远超人类能分辨的颜色种类。

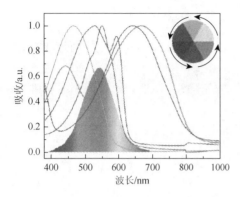

图 6-11　橙、红、紫、绿和蓝色聚合物
的紫外-可见光吸收光谱（后附彩图）

材料之所以显示不同的颜色是因为其在可见光区域（400～800 nm）间对光波有不同的吸收，而我们肉眼看到的颜色则是材料的反射和（或）透射的颜色。图 6-11 的曲线表示的是橙、红、紫、绿和蓝色聚合物所对应的紫外-可见光吸收光谱，曲线的颜色即聚合物的颜色。图下面的颜色区域是相对应的互补颜色。以黄色聚合物为例，图中黄色的曲线即黄色聚合物的紫外-可见光吸收光谱曲线，它在黄色区域（560～600 nm）有最小吸收，而在紫色区域（400～440 nm）有最大吸收峰，所以紫色为黄色的互补色。图右上角的颜色轮盘显示了各种颜色的互补颜色。但值得注意的是，绿色有 2 个吸收峰，分别在红色区域和蓝色区域，所以它的互补颜色不仅仅是红色，还有蓝色。

6.5.2　红色有机电致变色材料

2010 年，Reynolds 课题组以制备可以在红色和高透明态间可逆转变的电致变色材料为出发点，合成了两种以噻吩为主链，烷氧基为取代基的共轭聚合物（P1）和（P2）。其中 P1 为聚{3,4-二-（2-乙基己氧基}噻吩，而 P2 则是 3,4-二-（2-乙基己氧基）噻吩和 3,4-二甲氧基噻吩按摩尔比 1∶1 无规共聚的聚合物。研究发现，P1 可以在橙色和高透明暗蓝色间转变，而 P2 可以在红色和高透明暗蓝色间转变，且均具有良好的可逆性。一方面，电子给体烷氧基的引入，缩小了聚合物的带隙，导致掺杂态所需要的电压相对较低。另一方面，P2 中由长链段和短链段间无规共聚，减小了空间维族，延长了有效共轭长度（图 6-12）[39]。

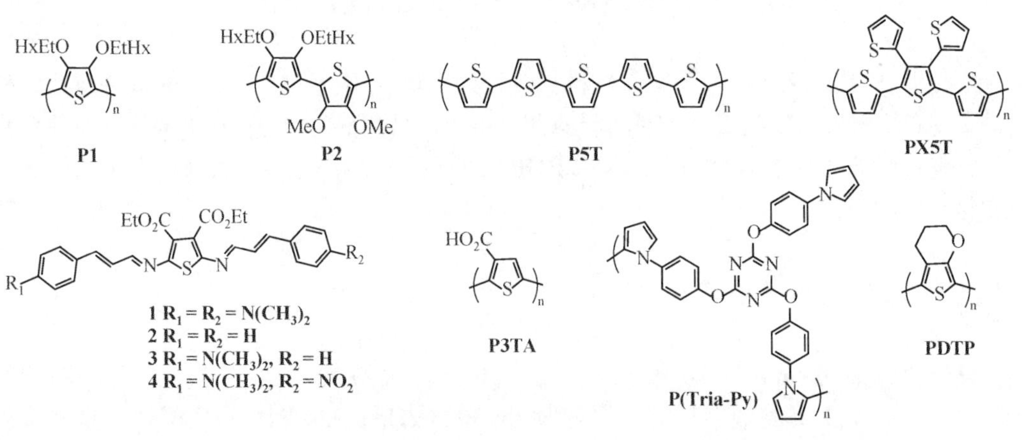

图 6-12　P1、P2、P5T、PX5T、肉桂醛衍生物、P3TA、P（Tria-Py）和 PDTP 的结构式

2013 年，刘平课题组利用电化学聚合方法将单体 5T 和 X5T 聚合得到相对应的聚合

物 P5T 和 PX5T（图 6-12）[40]。研究发现，P5T 可以在红色和蓝色间稳定、可逆转变；而 PX5T 则可以在黄色和蓝色间稳定、可逆转变。致使 P5T 和 PX5T 中性态颜色差别的原因是空间位阻。星型空间三维结构的 X5T 较线型结构的 5T 在聚合的时候有较大的空间位阻，导致链段的扭曲，降低链段的有序性及有效共轭程度，最终导致了 P5T 中性态为红色而 PX5T 中性态为黄色。

　　除了空间位阻对化合物的空间结构有影响外，不同极性的溶剂往往对同一化合物的空间结构也有一定的影响。因为溶剂极性的改变而颜色发生变化的现象称为溶剂化显色效应。2013 年，加拿大 Montréal 大学的 Skene 课题组制备了 4 种以肉桂醛为主链的对称/非对称齐聚物（图 6-12）[41]。研究发现，这 4 种化合物都具有良好的颜色可逆性。其中齐聚物 1，3 和 4 可以在红色和蓝色间可逆转变；而齐聚物 2 则可以在黄色和红色间可逆转变。随着溶剂极性的增加，齐聚物 1 和齐聚物 3 呈现出不同程度的红移现象。

　　经过长时间的研究，在电致变色材料中已经有很多中性态为红色的共轭材料，包括可以在红色和蓝紫色间稳定可逆转变的 P3TA[42]、在红色和蓝绿色间稳定可逆转变的 P（Tria-Py）[43] 及在红色和蓝黑色间稳定可逆转变的 PDTP[44]等（图 6-12）。

6.5.3　蓝色有机电致变色材料

　　2010 年，Reynolds 课题组利用给体-受体（D-A）法制备了 4 种共轭聚合物（图 6-13）以调配出中性态为蓝色的化合物[45]。其思路是将苯并噻唑（BTD）和双氧噻吩（DOTs）以不同比例进行共聚，再引入富电子烷氧基提高 HOMO，从而缩小带隙。从图 6-13 可以看出，当 3,4-丙烯基双氧噻吩比例越低的时候，化合物在短波长上会产生蓝移；与之相对应的，随着苯并噻二唑比例的增加使得化合物在长波上产生红移，从而拉开了两个最高吸收峰间的距离，最终得到蓝色的 P4a。通过这种方法，也可以制备中性态为绿色的化合物。之后，他们又通过改变双氧噻吩上的取代基得到 P4b 和 P4c。其中 P4a、P4b 和 P4c 均可以在蓝色和高透明态间稳定转变，且具有良好的可逆性。值得一提的是，为了延长器件的寿命，研究人员利用皂化反应处理了 P4c 膜。图 6-14 左边为未皂化反应前膜的溶解情况。可以看出，数个电致变色循环后，未皂化的 P4c 膜便溶于有机溶剂中，最终破坏器件。而右边则是 P4c 膜经过皂化反应后的溶解情况。皂化反应缩短了 P4c 支链的长度，使其不易溶于溶剂中，最终延长了 P4c 器件的寿命。而且皂化反应的引入是解决可溶解加工的有效手段之一。

　　2012 年，Reynolds 课题组又研究出 4 种 D-A 型共轭聚合物（图 6-13）。其中 ECP-Blue-A 和 WS-ECP-Blue-A-acid 中性态为蓝色，而 ECP-Blue-R 和 WS-ECP-Blue-R-acid 中性态则为蓝黑色[21]。从它们的 UV-vis-NIR 光谱图可以看出，后者比前者在可见光区域内有更宽广的吸收范围。这主要是因为 ECP-Blue-R 和 WS-ECP-Blue-R-acid 中给体-受体间的排列方式是无规的，而 ECP-Blue-A 和 WS-ECP-Blue-A-acid 则是给体-受体交替的。这就导致前者的链段更加舒展，从而使得有效共轭程度要比后者高，更有效地提高了 HOMO 能级。这种方式也是制备黑色化合物的有效手段之一。ECP-Blue-A 和 WS-ECP-Blue-A-acid 可以在蓝色和高透明态间转换，而 ECP-Blue-R 和 WS-ECP-Blue-R-acid 则可以在蓝黑色

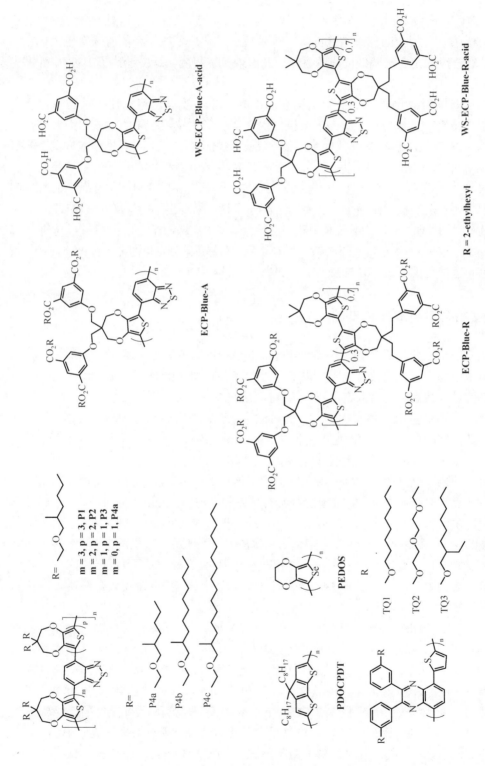

图 6-13　P1、P2、P3、P4a、P4b、P4c、ECP 衍生物、PDOCPDT、PEDOS 和 P（TQ）的结构式

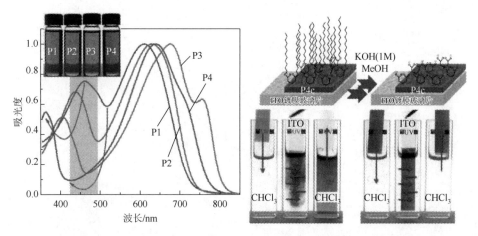

图 6-14　P1，P2，P3 和 P4 的紫外-可见光吸收光谱（左）和皂化前后膜的溶解图（右）[45]（后附彩图）

和高透明态间转换，且它们都具有良好的可逆性，响应时间均达到了毫秒级别。跟之前该课题组报道的含酯基化合物一样，WS-ECP-Blue-A-acid 和 WS-ECP-Blue-R-acid 均是由 ECP-Blue-A 和 ECP-Blue-R 经过皂化反应后得到的相对应的羧酸化合物，且具有良好的水溶性。

　　除了这些能在蓝色和高透明态间稳定、可逆转变的化合物外，还有很多可以在蓝色和其他颜色间转变的化合物，例如，在蓝色和高透明间稳定、可逆转变的 PDOCPDT[46]，在深蓝色和高透明态灰色间稳定、可逆转变的 PEDOS[47]，以及在蓝色和黄棕色间稳定、可逆转变的 P（TQ）[48]等（图 6-13）。

6.5.4　绿色有机电致变色材料

　　从图 6-11 中我们可以看到，中性态为红色或蓝色的共轭化合物在紫外-可见光区域只有一个相对应的吸收峰，而中性态为绿色的共轭化合物在紫外-可见光区域必须同时有 2 个明显的吸收峰（红色和蓝色区域），所以这就是中性态为绿色的共轭化合物难以制备的原因。

　　2004 年，Sonmez 等[49]首次成功制备第一个中性态为绿色的聚合物 PDDTP（图 6-15），其设计思路是利用给体-受体交替结合作主链，从而减小带隙，以至于在 600 nm 以上产生吸收峰，再引入共轭支链，从而在 500 nm 以下产生吸收峰，最终得到中性态为绿色的聚合物。研究发现，PDDTP 能在绿色和高透明黄棕色间稳定、可逆转变，掺杂电压低至 0.58 V（vs. Ag/Ag+），响应时间只需要 0.5 s，在循环 10 000 次后仍无明显变化。

　　2007 年，Toppare 课题组制备出了第二个中性态为绿色的聚合物 PBDT（图 6-15）[50]，同年该课题组又制备出了中性态为绿色，且可以在绿色和高透明黄色间稳定、可逆转变的聚合物 PDETQ[51]。随后，该课题组又合成了一系列窄带隙且中性态为绿色的聚合物 PTTQ、PDPEQ、PTPPEQ、PDOPEQ 等（图 6-15）[52]。

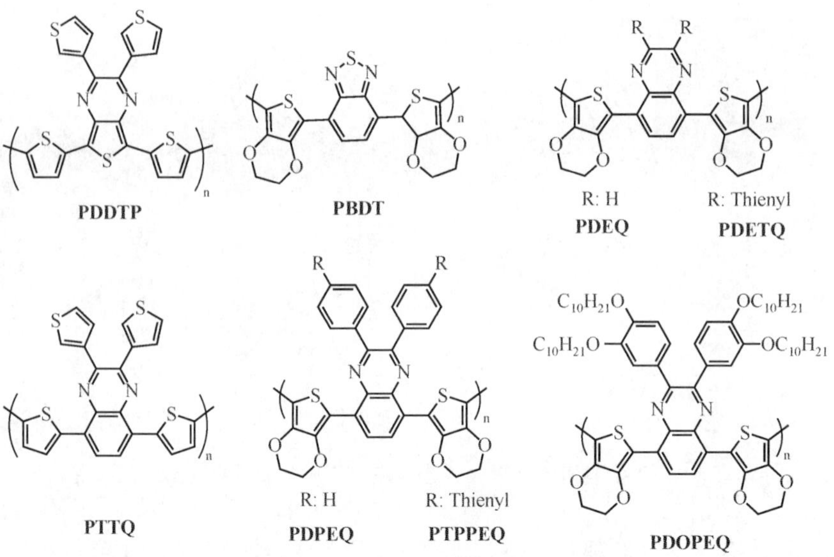

图 6-15　绿色电致变色聚合物的结构式

中性态为绿色的有机电致变色材料的成功制备填补了 RGB 三色中纯绿色电致变色材料的空缺，使得电致变色显示器的诞生成为可能，是电致变色材料发展史上的里程碑。

6.5.5　多色电致变色材料

研究人员发现在酸性条件下通过电化学聚合后所得到的聚苯胺（PANI）能够在黄色、绿色、蓝色和紫色间稳定可逆转变[53]。自此，寻找能够在多种颜色间转变的电致变色材料成为材料研究人员的热点之一。

2014 年，Liou 课题组将含有二元胺的三苯胺和环氧树脂结合，制备出 2 种具有良好热学性能和电致变色性能的热固性环氧树脂Ⅰ和Ⅱ（图 6-16）[54]。其中Ⅰ可以在无色、绿色、蓝绿色和蓝色 4 种颜色间稳定转变，而Ⅱ可以在无色、浅绿色、蓝色、深蓝色和蓝黑色 5 种颜色间稳定转变，且都具有良好的可逆性（图 6-17）。研究人员认为，它们之所以在中性态呈现无色，主要是因为它们在 400～800 nm 的透过率分别高达 92.2%和88.6%。而氨基的引入是聚合物可以在多种颜色间变化的主要原因，随着处于不同化学环境下的氨基逐个被氧化，材料显示不同的着色状态。烷氧烃的引入则使化合物具有较小的带隙且在不同颜色状态下具有良好的稳定性和热学性能。

2014 年，Hsiao 课题组合成 4 种以含有二元胺的三苯胺为单体的聚合物 PPIs3a，PPIs3′a，PNIs3b 和 PNIs3′b（图 6-16）[55]。它们均可以在多种颜色间转变，其中 PPIs3a 可以在红紫色、浅绿色、无色、黄色、绿色及蓝色 6 种颜色间可逆转变；PPIs3′a 可以在浅紫色、浅绿色、无色、灰绿色和浅蓝色 5 种颜色间可逆转变；PNIs3b 可以在黄色、无色、浅黄色和蓝色 4 种颜色间可逆转变；PNIs3′b 可以在橙黄色、无色、黄绿色和深蓝色 4 种颜色间可逆转变。值得一提的是，它们均具有较高的对比度和循环次数及较快的响应速度。

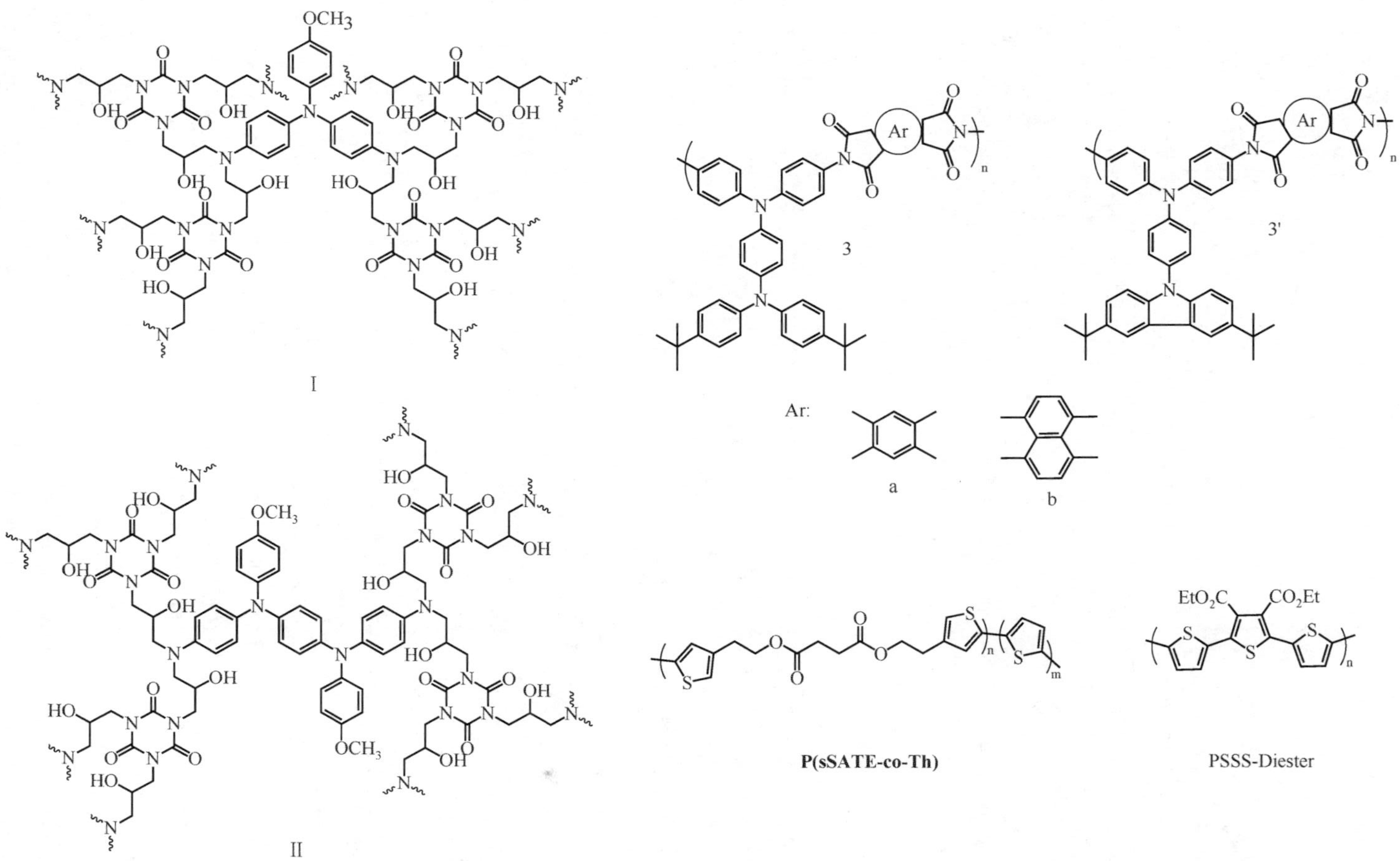

2222222222222222

图 6-16　热固性环氧树脂 I 和 II、PPIs3'a、PPIs3a、PNIs3b 和 PNIs3'b、P(sSATE-co-Th)和 PSSS-Diester 的结构式

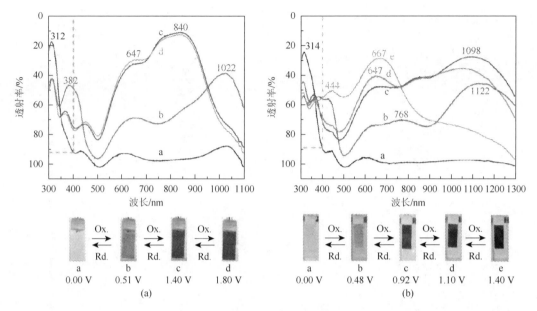

图 6-17　热固性环氧树脂Ⅰ（A）和Ⅱ（B）在不同电压下的颜色及其对应的透射光谱[52]（后附彩图）

不难发现，含有氨基的芳香族化合物容易制备出具有较好电致变色性能的变色材料，例如，具有多种颜色，高着色率，高对比度，响应速度快和良好的循环稳定性等优点。除了含有氨基芳香族的化合物外，还有可以在橙色、绿色和蓝色间转变的 P（SATE-co-Th）及在红色、橙色和棕绿色间转变的 PSSS-Diester[56]（图 6-16）等。

6.6　电致变色显示应用

目前，关于显示的研究已经扩展到多种技术领域，如电润湿、液晶、电泳等。但基于电致变色材料制成的电致变色显示器件，与其他技术相比，几乎不存在视角限制，对比度高、色彩丰富，易实现灰度控制，工作电压低、安全性好，且可大面积制作等优点。此外，电致变色显示器容易与微电子电路兼容，使其在显示器领域发挥越来越大的作用。近年来通过丝网印刷技术制备的电子标签（图 6-18）、卡片等已经走向市场。但目前还存在响应慢、使用时间短等弊端，使其还没有实现大规模的应用。相信在材料与技术的不断推陈出新中，必定会实现电致变色显示器的大范围应用。

图 6-18　珠海凯为光电科技有限公司生产的电致变色标签

电致变色电子纸是一种将电致变色材料嵌入纸张中制备的变色器件（图 6-19）。1989 年，Rosseinsky 和 Monk[57]用纸张浸润普鲁士蓝和紫精及液态的离子电解质，在施加电压后，在纸张内部发生电致变色现象。NTera 公司也开发出一款基于紫精的电致变色纸。2011 年理光集团发布了 3.5 in 的电致变色显示器，通过叠加三原色采用黄色、蓝绿色与深红色实现全彩显示，以低温多晶硅为背板，像素达到 320×240，最快几秒钟擦写一次。而将聚合物作为像素电极与电致变色材料制备电致变色电子纸，更有利于实现全柔性、卷对卷的连续生产。

在经过几十年的发展之后，电致变色在汽车安全、建筑节能等方面已经发挥了重要的作用。法国圣戈班集团是国外主要的电致变色生产商之一；美国 Gentex 公司是全球最大的电致变色后视镜生产商，其产品已经安装在了世界各地超过 220 款车型中；美国 Sage 公司致力于研发和生产持久、稳定、高性能的节能型建筑物电致变色玻璃；珠海凯为光电科技有限公司主要从事电致变色材料、电致变色器件电致变色产品及相关配件的技术研发与产业化应用研究；常州雅谱智能变色光学器件有限公司致力于智能变色材料、智能变色技术研发，已经建成了世界上第一条新型智能材料和器件的生产线，主要生产"挡光不挡路，白天防烈日，晚上防大灯"的汽车用全天候多功能前视防眩光镜、后视防眩光镜及变色眼镜。

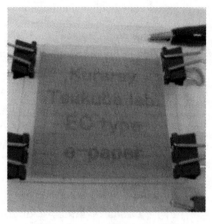

图 6-19　电致变色电子纸[58]

除此之外，国内对电致变色的研究主要集中在高校和科研院所，如中国科技大学、中科院化学研究所、北京大学、华南理工大学、华东师范大学、厦门大学、浙江大学、武汉大学、中国海洋大学、华东理工大学等。同时，也应促进高校与企业的深入合作。一方面，企业研发的产品具有自主知识产权；另一方面，高校可以更加清晰地了解市场的需求、技术壁垒等，有助于产品的更新换代与推陈出新。

参 考 文 献

[1] DEB S K. A novel electrophotographic system[J]. Applied Optics，1969，8：192-195.

[2] BLANC J，STAEBLER D L. Electrocoloration in SrTiO₃: vacancy drift and oxidation-reduction of transition metals[J]. Physical Review B，1971，4：3548-3557.

[3] BEEGLE L C. Electrochromic device having identical display and counter electrodes[P]：US，3704057. 1972(28 November).

[4] DEB S K. Optical and photoelectric properties and colour centres in thin films of tungsten oxide[J]. Philosophical Magazine，1973，27，801-822.

[5] FAUGHNAN B W，CRANDALL R S，HEYMAN P M. Electrochromism in WO₃ amorphous films[J]. RCA Review，1975，36：177-197.

[6] RONLAN A，COLEMAN J，HAMMERICH O，et al. Anodic oxidation of methoxybiphenyls: the effect of the biphenyl linkage on aromatic cation radical and dication stability[J]. Journal of the American Chemical Society，1974，96：845-849.

[7] KAUFMAN F B，SCHROEDER A H，ENGLER E M，et al. Polymermodified electrodes: a new class of electrochromic materials[J]. Applied Physics Letters，1980，36：422-425.

[8] KANAZAWA K K，DIZA A F，GEISS R H，et al. 'Organic metals': polypyrrole, a stable synthetic 'metallic' polymer[J]. Journal of the Chemical Society Chemical Communications，1979，854-855.

[9] 冯博学，陈冲，何毓阳，等. 电致变色材料及器件的研究进展[J]. 功能材料，2004，35：145-150.

[10] YANG G，ZHANG Y M，CAI Y，et al. Advances in nanomaterials for electrochromic devices[J]. Chemical Society Reviews，2020，49：8687-8720.

[11] 牛微，毕孝国，孙旭东. WO₃薄膜电致变色机理的研究[A]. 第七届中国功能材料及其应用学术会议论文集（第5分册）[C]；2010年.

[12] 沈庆月，陆春华，许仲梓. 电致变色材料的变色机理及其研究进展[J]. 材料导报，2007，21：284-292.

[13] 曹良成，王跃川. 紫精类电致变色材料的制备和机理[J]. 化学进展，2008，20：353-1360.

[14] YASUDA A，MORI H，TAKEHANA Y，et al. Electrochromic properties of the n-heptyl viologen-ferrocyanide system[J].

Journal of Applied Electrochemistry，1984，14：323-327.

[15] CAMURLU P. Polypyrrole derivatives for electrochromic applications[J]，RSC Advances，2014，4：55832-55845.

[16] TOURILLON G，GARNIER F. Electrochemical doping of polythiophene in aqueous medium：Electrical properties and stability[J]. Journal of Electroanalytical Chemistry and Interfacial Electrochemistry，1984，161：407-414.

[17] DYER A L，CRAIG M R，BABIARZ J E，et al. Orange and red to transmissive electrochromic polymers based on electron-rich dioxythiophenes[J]. Macromolecules，2010，43：4460-4467.

[18] GUSTAFSSON-CARLBERG J C，INGANAS O，et al. Tuning the band gap for polymeric smart windows and displays[J]，Electrochimica Acta，1995，40：2233-2235.

[19] WELSH D M，KLOEPPNER L J，MADRIGA L，et al. Regiosymmetric dibutyl-substituted poly(3,4-propylenedioxythiophene)s as highly electron-rich electroactive and luminescent polymers[J]. Macromolecules，2002，35：6517-6525.

[20] DEAN M W，KLOEPPNER L J，MADRIGAL L M，et al. Regiosymmetric dibutyl-substituted poly(3,4-propylenedioxythiophene)s as highly electron-rich electroactive and luminescent polymers[J]. Macromolecules，2002，35：6517-6525.

[21] SHI P，AMB C M，DYER A L，et al. Fast switching water processable electrochromic polymers[J]. ACS Applied Materials & Interfaces，2012，4：6512-6521.

[22] KAWAHARA J，ERSMAN P A，ENGQUIST I，et al. Improving the color switch contrast in PEDOT：PSS-based electrochromic displays[J]. Organic Electronics，2012，13：469-474.

[23] YEN H J，LIOU G S. Solution-processable triarylamine-based electroactive high performance polymers for anodically electrochromic applications[J]. Polymer Chemistry，2012，3：255-264.

[24] HUANG L T，YEN H J，CHANG C W，et al. Red，green，and blue electrochromism in ambipolar poly(amine-amide-imide)s based on electroactive tetraphenyl-p-phenylenediamine units[J]. Journal of Polymer Science：Part A：Polymer Chemistry，2010，48：4747-4757.

[25] EVANS G P. Advances in Electrochemical Science and Engineering[M]. New York：Wiley-VCH Verlag GmbH，2008：1-74.

[26] MORTIMER R J. Spectroelectrochemistry of electrochromic poly(o-toluidine) and poly(m-toluidine) films[J]. Journal of Materials Chemistry，1995，5：969-973.

[27] NIELSEN C B，ANGERHOFER A，REYNOLDS J R. Discrete photopatternable π-conjugated oligomers for electrochromic devices[J]. Journal of the American Chemistry Society，2008，130：9734-9746.

[28] BOURGEAUS M，SKENE W G. Photophysics and electrochemistry of conjugated oligothiophenes prepared by using azomethine connections[J]. Journal of Organic Chemistry，2007，72：8882-8892.

[29] LA M，LIU M M，LIU P，et al. Electrochromic properties based on oligothiophene derivatives[J]. Chinese Journal of Chemistry，2008，26：1523-1526.

[30] YIN B B，JIANG C Y，LIU P，et al. Synthesis and electrochromic properties of oligothiophene derivatives[J]. Synthetic Metals，2010，160：432-435.

[31] GUAN L，WANG J，LA M，et al. Synthesis and electrochromic properties of novel oligothiophene derivatives[J]. Materials Science Forum，2011，663-665：369-372.

[32] 刘平，王娟，关丽，等. 电致变色聚噻吩及其固态电致变色器件的制备[J]. 华南理工大学学报（自然科学版），2010，38（7）：97-100.

[33] AZENS A，KULLMAN L，VAIVARS G，et al. Sputter-deposited nickel oxide for electrochromic applications[J]. Solid State Ionics，1998，113：449-456.

[34] KANG J K，RHEE S W. Chemical vapor deposition of nickel oxide films from $Ni(C_5H_5)_2/O_2$[J]. Thin Solid Films，2001，391：57-61.

[35] UBRAHMANYAM A，KARUPPASAMY A. Optical and electrochromic properties of oxygen sputtered tungsten oxide (WO_3) thin films[J]. Solar Energy Materials & Solar Cells，2007，91：266-274.

[36] BOUESSAY I，ROUGIER A，BEAUDOIN B，et al. Pulsed laser-deposited nickel oxide thin films as electrochromic anodic materials[J]. Applied Surface Science，2002，186：490-495.

[37] SWITZER J A. Electrochemical synthesis of ceramic films and powders[J]. American Ceramic Society Bulletin，1987，66：1521.

[38] GAL-OR L，SILBERMAN I，CHAIM R. Electrolytic ZrO_2 Coatings：I. Electrochemical Aspects[J]. Journal of The Electrochemical Society，1991，138：1939-1942

[39] AMB C M，DYER A L，Reynolds J R. Navigating the color palette of solution-processable electrochromic polymers[J]. Chemistry of Materials，2011，23：397-415.

[40] ZHONG Y P，ZHAO X Q，GUAN L，et al. Preparation and electrochromic properties of polythiophene derivatives[J]. Key Engineering Materials，2013，538：7-10.

[41] NAVARATHNE D，SKENE W G. Towards electrochromic devices having visible color switching using electronic push-push and push-pull cinnamaldehyde derivatives[J]. ACS Applied Materials & Interfaces，2013，5：12646-12653.

[42] GIGLIOTI M，TRIVINHO-STRIXINO F，MATSUSHIMA J T，et al. Electrochemical and electrochromic response of poly(thiophene-3-acetic acid) films[J]. Sol. Energy Mater. Sol. Cells，2004，82：413-420.

[43] Ak M，Ak M S，TOPPARE L. Electrochemical properties of a new star-shaped pyrrole monomer and its electrochromic applications[J]. Macromolecular Chemistry and Physics，2006，207：1351-1358.

[44] INAGI S，FUCHIGAMI T. Electronic property and reactivity of novel fused thiophene[J]. Synthetic Metals，2008，158：782-784.

[45] AMB C M，BEAUJUGE P M，REYNOLDS J R. Spray-processable blue-to-highly transmissive switching polymer electrochromes via the donor-acceptor approach[J]. Advanced Materials，2010，22：724-728.

[46] WU C G，LU M I，CHANG S H，et al. A solution-processable high-coloration-efficiency low-switching-voltage electrochromic polymer based on polycyclopentadithiophene[J]. Advanced Functional Materials，2007，17：1063-1070.

[47] PATRA A，WIJSBOOM Y H，ZADE S S，et al. Poly(3,4-ethylenedioxyselenophene)[J]. Journal of the American Chemical Society，2008，130：6734-6736.

[48] HELLSTROM S，HENRIKSSON P，KROON R，et al. Blue-to-transmissive electrochromic switching of solution processable donor-acceptor polymers[J]. Organic Electronics，2011，12：1406-1413.

[49] SONMEZ G，SHEN C K F，RUBIN Y，et al. A red，green，and blue (RGB) polymeric electrochromic device (PECD)：the dawning of the PECD era[J]. Angewandte Chemie International Edition，2004，43：1498-1502.

[50] DURMUS A，GUNBAS G E，CAMURLU P，et al. A neutral state green polymer with a superior transmissive light blue oxidized state[J]. Chemical Communications，2007，31：3246-3248.

[51] DURMUS A，GUNBAS G E，TOPPARE L. New，Highly stable electrochromic polymers from 3,4-ethylenedioxythiophene-bis-substituted quinoxalines toward green polymeric materials[J]. Chemistry of Materials，2007，19：6247-6251.

[52] UDUM Y A，YILDIZ E，GUNBAS G，et al. J. A new donor-acceptor type polymeric material from a thiophene derivative and its electrochromic properties[J]. Journal of Polymer Science Part A：Polymer Chemistry，2008，46：3723-3731.

[53] WANG J Y，YU C M，HWANG S C，et al. Influence of coloring voltage on the optical performance and cycling stability of a polyaniline-indium hexacyanoferrate electrochromic system[J]. Solar Energy Materials and Solar Cells，2008，92：112-119.

[54] CHUANG Y W，YEN H J，WU J H，et al. Colorless Triphenylamine-Based Aliphatic Thermoset Epoxy for Multicolored and Near-Infrared Electrochromic Applications[J]. ACS Applied Materials & Interfaces，2014，6：3594-3599.

[55] WANG H M，HSIAO S H. Ambipolar，multi-electrochromic polypyromellitimides and polynaphthalimides containing di(tert-butyl)-substituted bis(triarylamine) units[J]. Journal of Materials Chemistry C，2014，2：1553-1564.

[56] ASIL D，CIHANER A，ALGI F，et al. A novel conducting polymer based on terthienyl system bearing strong electron-withdrawing substituents and its electrochromic device application[J]. Journal of Electroanalytical Chemistry，2008，618：87-93.

[57] ROSSEINSKY D R，MONK J L. Thin layer electrochemistry in a paper matrix：electrochromography of Prussian Blue and two bipyridilium systems[J]. Journal of Electroanalytical Chemistry and Interfacial Electrochemistry，1989，270：473-478.

[58] KONDO Y，TANABE H，KUDO H，et al. Electrochromic type e-paper using poly(1H-thieno[3,4-d]Imidazol-2(3H)-one) derivatives by a novel printing fabrication process[J]. Materials，2011，4：2171-2182.

第7章 光子晶体显示

7.1 光子晶体原理

光子晶体（photonic crystals，PCs）是指具有各自带隙（photonic band-gap）特性的人造周期性电介质结构材料，一般是由不同折射率的介质周期性排列而成的人工微结构。因此，光子晶体材料也被称为光子禁带材料。从材料结构上看，其对光子的调控与半导体晶格对电子波函数的调制类似。光子带隙材料能够调制具有相应波长的电磁波，当电磁波在光子带隙材料中传播时，由于布拉格散射而受到调制，电磁波能量形成能带结构，当能带之间出现带隙，即光子带隙，能量在光子带隙内的光子，不能进入光子晶体材料中，因此，光子晶体具有波长选择性，可以有选择地阻止某个波段的光通过其中。

当光子晶体材料的 PBG 位于可见光范围内时，基于光的布拉格衍射（Bragg diffraction）原理，可以呈现出绚丽的结构色彩，被称为结构色[1]。布拉格衍射最早由威廉·劳伦斯·布拉格及威廉·亨利·布拉格在 1913 年提出[2]。光子晶体结构对光子传播的作用，其光学性质遵守布拉格衍射定律，即公式（7-1）：

$$m\lambda = 2nd\sin\theta \tag{7-1}$$

其中，m 表示衍射级数；λ 表示衍射峰的波长；n 表示材料的折射系数；d 表示晶格间距；θ 表示入射光与法线之间的夹角。散射光的波长满足布拉格条件，就会产生相长干涉，反之则产生相消干涉。自然界中观察到的基于光子晶体结构的结构色例子非常多，包括蝴蝶[3]、孔雀[4]、昆虫[5, 6]和蛋白石[7, 8]等，它们具有的鲜艳虹彩颜色都与它们表面的微结构相关。

光子晶体的光子禁带在空间中的维数，可以将其分为一维（1D）光子晶体、二维（2D）光子晶体和三维（3D）光子晶体[9]。一维光子晶体，通常是由不同折射率材料组成的层状结构，折射率在一个方向上产生周期性变化；二维光子晶体，具有两个方向的结构周期性；三维光子晶体，具有在三个空间方向上周期性排列的结构[10]。在三维方向上都存在周期结构，可以出现全方位的光子带隙，特定频率的光进入光子晶体后将在各个方向上都禁止传播。

用于构建光子晶体的材料主要包括硅（Si）、氧化硅、聚合物、胶体和丝绸等。由于其独特的结构和光电性能，已被广泛用于光子学器件中，如光子晶体光纤[11]、低损耗光波导[12]、新型显示器件[13]、光子晶体防伪技术[14]、环保印刷和绘画墨水材料[15]及高性能传感器[16]等。

7.2 光子晶体的加工制备方法

光子晶体材料的制造方法主要分为自上而下（top-down）和自下而上（bottom-up）两

种策略[17]。自上而下的光子晶体制备技术是指先设计结构方案，直接使用物理或化学等方法在材料上加工制备设计的结构，主要采用机械加工[18]、层层叠加[18]、激光束直写、激光全息干涉[19]和掠角沉积[20]等技术来实现。自下而上法则是通过选择基本构建单元，再通过弱键相互作用下组装而形成具有周期性光子晶体结构，主要方法包括重力沉降法[21, 22]、离心法[23]、真空抽滤法[24]、垂直沉积法[25]和限定组装法[26]等。两者相比，自上而下的方法在加工制造控制和精度上更加可靠稳定，但是需要精密设备和环境控制，特别是用于大面积加工时价格相对昂贵；而自下而上法，在精密度和可重复性方面略显逊色，但是，更低的成本和制造的简易性使其常被用作一种快速和实用的可行性方案。

7.3　光子晶体显示原理和应用

基于光子晶体的布拉格衍射特性，可以通过改变粒子（晶格）之间的距离或材料的折射率来调制光子晶体的散射光波长。当光子晶体的空间结构发生变化时，其晶格常数也会发生改变，从而引起衍射峰波长位移[27, 28]；因此，当可调制的波长落在肉眼可识别的可见光的范围内，便可以观察到颜色变化，可用作显示材料。特别是，当组成光子晶体的材料具有刺激响应性时，则可以通过外场刺激来调节其光学特性，实现可控的结构色变化。宏观上，可以将其分为物理响应型，如机械力响应型[29-32]、温度响应型[13, 33-36]、电场响应型[37]和磁场响应型[28, 38-40]等；化学响应型，如溶剂响应型[41]、气体响应型[42-44]和 pH/离子响应型[45-47]等，以及生物响应型，如对小分子物质[48-52]、蛋白质[53-57]和核酸[58-61]具有响应性等。作为显示用的材料，以胶体光子晶体材料为主，主要通过改变晶格间距的方式来实现，其基本原理如图 7-1 所示。

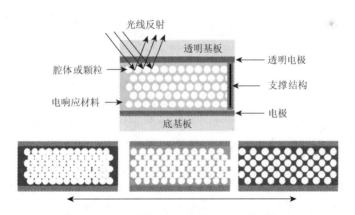

图 7-1　基于胶体光子晶体的显示原理示意图

在电子显示领域，光子晶体显示技术主要基于电场响应型光子晶体材料。2007 年，加拿大多伦多大学的 Ozin 课题组提出并实现了基于光子晶体的全色彩显示材料和技术，其基本结构如图 7-2 所示[62]。每个像素单元几百微米，包含成千上万个粒径为几十至几百纳米的胶体颗粒，通过自下而上组装的方式在 ITO 导电玻璃表面形成有序光子晶体结构，纳米颗粒之间填充电响应型的聚合物材料，交联形成光子晶体膜，再通过电解质溶液与导电玻璃上极板相连接，上下极板之间再通过热塑型离子交联聚合物进行封装，形成显示器件。在上下极板之间施加电压，电解质会进入聚合物，使之膨胀，推动纳米颗粒运动扩大颗粒间的间距，从而改变晶格常数值，反射光的波长增加，发生红移，颜色从绿色逐渐变成蓝色和红色。每个像素的颜色均可控，因此可以通过颜色搭配实现全彩色的显示。另外，这种结构中，某个像素一旦被调校到某种颜色，该像素可以在数天内保持这种颜色，因此具有准半稳态的特性，并且这种多组分的光子晶体材料不但可以通过调整材料本身的折射率，还可以预先采用不同粒径的纳米颗粒来实现对不同波长光的调控。

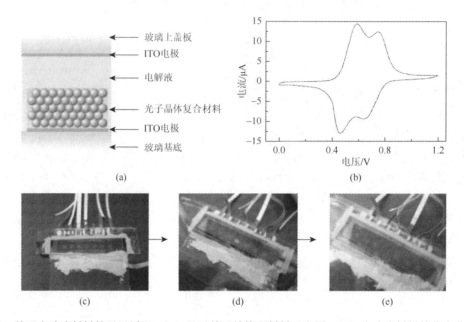

图 7-2　基于电响应材料的显示原理。（a）显示单元结构和材料示意图；（b）电响应材料的伏安曲线图；（c）～（e）光子晶体显示器件在不同驱动电压驱动下的颜色显示图[62]

这种用于显示的光子晶体材料也被称为光子晶体墨水（Photonic-Ink，P-Ink），通过外加电场调控光子晶体的间距从而实现对其显示出的结构色光波长进行操控。光子晶体墨水的像素开关时间约为 1 s，在视频显示方面达不到要求。另外，其色彩饱和度和用于光子晶体结构构筑的材料直接相关，常用的氧化硅纳米颗粒和聚合物材料复合，因为其介电常数差别不大，所以可调控的色彩亮度有限。

科学家们通过采用具有高折射率的颗粒来提高光子晶体的色彩饱和度和可调节彩色范围[63]。Xiao 等[64]基于聚多巴胺合成黑色素纳米粒，通过自组装方式形成彩色的薄膜，这种黑色素纳米颗粒具有非常高的折射率，所以可以显示出从紫外线到可见光波长的光波调控范围。

7.4　用于显示的两种光子晶体结构

光子晶体材料根据材料折射率的比，可以分为蛋白石结构和反蛋白石结构两种。通常所说的光子晶体结构，主要是由纳米颗粒自组装形成的致密有序结构，纳米颗粒（高折射率材料）的间隙中填充空气或其他（低折射率）材料，如聚合物或电解质等，形成蛋白石结构的光子晶体，其中颗粒的折射率大于其他材料的折射率，被称作蛋白石结构。另外一种被称作反蛋白石结构[65]，如图 7-3 所示，其结构和蛋白石结构正好相反，主要由低折射率的空穴有序地嵌入在高折射率的材料中形成的有序多孔网络结构，也可以形成非常稳定的颜色显示效果。反蛋白石结构中，一般空穴的折射率小于周围体相材料的折射率；另外，这种网络状的薄膜结构，相比于蛋白石结构，具有更好的柔性。

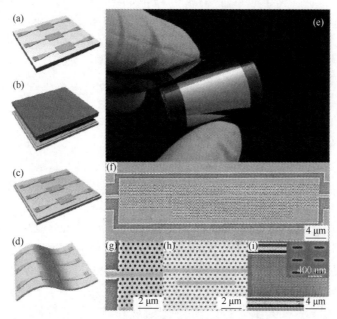

图 7-3　反蛋白石结构光子晶体。（a）～（d）是薄膜的制备过程示意图；（e）通过转膜到聚酰亚胺薄膜表面的 2 cm×2 cm 的柔性显示光子晶体薄膜；（f）～（i）光子晶体薄膜的内部微观结构图[65]

反蛋白石结构可以通过自上而下法直接在硅或玻璃材料的表面通过微纳加工技术来制备；另外，也可以通过自下而上法先形成蛋白石结构，然后在纳米颗粒的缝隙中填充其他材料，固化后再通过选择性刻蚀等方法去除纳米颗粒，留下空穴（空气），从而形成反蛋白石结构。

7.5　可用于显示的响应型光子晶体

应用于显示的光子晶体结构，主要基于外场刺激从而实现材料的响应来实现对可见光波长范围内的光即颜色的调控。根据外场调控的种类，可以将其分为电响应型、热响应型、磁响应型、应力响应型及化学响应型等。

1. 电响应型光子晶体

电响应型光子晶体在电场刺激下，其结构中的颗粒可以发生运动或者材料发生膨胀和收缩，从而实现对光子晶体晶格常数的改变。如前所述的 P-Ink，主要基于交联的铁基聚合物——聚二茂铁硅烷（PFS），它具有氧化还原特性，在电场作用下具有不同的氧化还原程度，从而可以调控其膨胀和收缩的程度，实现光子晶体内的有序排列的纳米颗粒之间的间隙，即晶格参数，从而显示出不同的结构色变化[62]。Puzzo 等[37]采用 SiO_2 制备光子晶体模板，模板中分别加入聚二茂铁基硅烷（PFS）及其衍生物聚二茂铁甲基乙烯基硅烷（PFMVS）和聚二茂铁基二乙烯基硅烷（PFDVS），聚合物会逐渐渗透到光子晶体模板中 SiO_2 粒子之间的缝隙中。然后通过紫外线进行水凝胶前聚体的固化，形成光子晶体-聚合物杂交体。最后将光子晶体-聚合物杂交体浸泡在氢氟酸（HF）溶液中，腐蚀杂交体中的 SiO_2 粒子，获得反蛋白石聚合物光子晶体膜，夹在两块 ITO 玻璃之间组成电解池，当施加电压发生氧化反应时，电解液扩散至聚合物中时，聚合物发生膨胀，导致衍射峰红移。相反，当发生还原电压时，阴离子被排出至电解液，使聚合物收缩，导致衍射峰蓝移。该器件在 2.8 V 电压差时，能产生 300 nm 衍射峰的变化。

2. 热响应型光子晶体

1996 年，有研究将聚异丙基丙烯酰胺（PNIPAM）与光子晶体相结合，成功制备了对温度响应的凝胶光子晶体。PNIPAM 是一种热敏聚合物，当温度高于或低于 32 ℃的低临界共溶温度（lower critical solution temperature，LSCT）时，会发生可逆的体积相转变。当温度高于 LSCT 时，聚合物的疏水官能团之间发生相互作用，易脱水收缩，导致聚合物光子晶体的晶格间距减小，布拉格衍射峰发生蓝移；而当温度低于 LSCT 时，聚合物上的亲水基团易与水分子之间形成氢键，从而发生溶胀现象，导致聚合物光子晶体的几个间距增加，布拉格衍射峰发生红移。Debord 等[13]利用热响应性水凝胶纳米粒子自组装形成紧密排列的光子晶体材料，当温度升高和下降时，这些热响应的纳米颗粒组装单元可以实现可逆的有序-无序相变。在有序状态下，材料具有明亮的色彩、较强的黏性及锐利的布拉格衍射峰。当加热至相变温度后，光子晶体变成无序、混浊、无色的流体；当溶液冷却回到室温时，又会自发地重新排序到等于或大于原始光子晶体的有序度，从而可以实现有色和无色的显示效果。

3. 磁响应型光子晶体

Liu 等[28]开发了一种基于磁性颗粒自组装形成的光子晶体材料，该方法可以快速和有效地制备高品质的光子晶体，在 438～463 mT 的外加磁场强度范围内，衍射峰在 454～621 nm 范围内可以有效调谐，并且随着场强的降低，反射波长逐渐红移。Ge 等[40]利用聚丙烯酸酯和 Fe_3O_4 制备出粒径在 30～180 nm 的磁性胶体纳米团簇，再通过自组装形成光子晶体结构。在磁场作用下，磁性颗粒可以组装形成胶体光子晶体，随着磁场强度的增加，肉眼可观察到衍射峰从红色到蓝色的变化；另外，当胶体纳米团簇尺寸在 120 nm 时，衍射峰在 450～800 nm 范围内可调。

4. 应力响应型光子晶体

Asher 等[66]将聚苯乙烯胶体颗粒掺杂至 N-乙烯基吡咯烷酮、丙烯酰胺和 N, N'-亚甲基双（丙烯酰胺）中进行共聚，制备得到凝胶光子晶体薄膜，通过对薄膜施加单轴拉伸力时，由于晶格中粒子之间的距离减小，衍射峰发生变化。Foulger 等[6]用丙烯酸 2-甲氧基乙酯对甲基丙烯酸聚乙二醇酯（PEGMA）凝胶进行改性，得到了一种无水、坚固、快速响应的复合材料，并用压电调制器进行测试，发现其衍射峰移动范围可以达到 172 nm，不但可以用于颜色显示，而且对 200 Hz 的调制频率非常敏感[31]。

5. 化学响应性型光子晶体

Fenzl 等[67]将聚苯乙烯（PS）纳米粒子制备得到的光子晶体薄膜嵌入在聚二甲基硅氧烷（PDMS）薄膜中，在不同极性溶剂介质中，会导致材料不同程度的膨胀。因此，衍射峰波长的变化可以通过环境介质的极性进行可逆调节，响应时间可以达到 1 s，不但可以用于颜色显示，还可以用于检测环境极性的变化。Lee 等[46]采用单分散性好的聚苯乙烯纳米颗粒在聚丙烯酰胺水凝胶（PAM）中自组装形成光子晶体聚合物阵列，通过酰胺基团的水解产生羧基，从而得到 pH 响应性的光子晶体膜。随着 pH 的升高，电离增加，凝胶膨胀，衍射峰发生红移，当 pH 从 2 变化至 9.6 时，衍射峰可以从 506 nm 红移至大约 720 nm。Xue 等[45]采用气/液界面自组装法制备二维单层阵列 PS 颗粒光子晶体，再将其甲基丙烯酸羟基乙酯（HEMA）、丙烯酸（AA）和双甲基丙烯酸乙二醇酯（EDMA）组成的混合物引入光子晶体模板中，利用紫外线固化后，再刻蚀去除 PS 颗粒，得到 23 μm 厚的 pH 响应的反蛋白石光子晶体膜。pH 从 2 变化至 7 时，衍射峰位变化范围为 595～745 nm，位移可以达到 150 nm。

7.6　产业化尝试

由加拿大多伦多大学 Ozin 教授课题组研究的电响应光子晶体材料，曾经通过其孵化的企业 Opalux 高新技术企业进行产业化尝试。器件的结构和材料如图 7-2 所示。其优势在于，光子晶体显示出的结构色通过电场直接调控，因此不需要滤光片或子像素结构来实现复杂的彩色显示；同时，通过聚合物材料的引入，光子晶体结构薄膜柔性特性优异，并且容易实现转膜等工艺，易于器件加工和集成应用。所以，对于简单的显示应用，包括基于颜色变化的传感器应用方面具有前景。但是，要真正实现高品质的显示，还需要克服其材料方面的缺陷，例如，响应时间长，难以实现视频显示速度；材料的稳定性还有待进一步改善等，以满足实际复杂环境下的显示应用。

光子晶体由于其独特的光子带隙结构性能，可以通过结构和材料相结合调控光子晶体的晶格常数与有效折射率，从而实现结构色的变化，实现显示效果。尽管最近几年人们对光子晶体作为显示应用的关注热度逐渐下降，但是其作为反射式的颜色显示具有双稳态和柔性化等优势，在一些特定的场合具有应用价值，如兼具传感和颜色显示效果的标签等。实用器件的发展与材料和技术的进步直接相关，未来，随着新型加工技术（特别是廉价而稳定的大面积纳米加工技术）和材料（高品质和折射率的纳米材料）的发展，可以进一步提高光子晶体显示技术的快速响应性、稳定可靠性和寿命等，从而在一些定制领域得到应用，例如，具有传感功能的环境、食品和疾病诊断等场合的简单信息显示效果。

参 考 文 献

[1]　HOU J，LI M，SONG Y. Patterned colloidal photonic crystals[J]. Angew Chem Int Ed Engl，2018，57（10）：2544-2553.

[2]　BRAGG W L. The structure of some crystals as indicated by their diffraction of X-rays[J]. Proceedings of the Royal Society of London，1913，89：248-277.

[3]　WANG W L，ZHANG W，FANG X T，et al. Demonstration of higher colour response with ambient refractive index in Papilio blumei as compared to Morpho rhetenor[J]. Sci Rep，2014，4：5591.

[4]　ZI J，YU X D，LI Y Z，et al. Coloration strategies in peacock feathers[J]. Proc Natl Acad Sci U S A，2003，100（22）：12576-12578.

[5]　VIGNERON J P，COLOMER J F，VIGNERON N，et al. Natural layer-by-layer photonic structure in the squamae of Hoplia coerulea（Coleoptera）[J]. Phys Rev E Stat Nonlin Soft Matter Phys，2005，72（6 Pt 1）：061904.

[6]　FOULGER S H，LATTAM A C，JIANG P，et al. Integration of photonic bandgap composites with piezoelectric actuators for rejection wavelength tuning[J]. Nanoscale Optics & Applications，2016：4809.

[7]　MARLOW F，SHARIFI P，BRINKMANN R，et al. Opals：Status and prospects[J]. Angew Chem Int Ed Engl，2009，48（34）：6212-6233.

[8]　BRAUN P V. Materials science：colour without colourants[J]. Nature，2011，472（7344）：423-424.

[9]　JOANNOPOULOS J D，VILLENEUVE P R，FAN S. Photonic crystals[J]. Solid State Communications，1997，102（s 2-3）：165-173.

[10]　HOU J，LI M，SONG Y. Recent advances in colloidal photonic crystal sensors：Materials，structures and analysis methods[J]. Nano Today，2018，22：132-144.

[11]　CORDEIRO C M B，FRANCO M A R，CHESINI G C，et al. Microstructured-core optical fibre for evanescent sensing applications[J]. Optics express，2006，14（26）：13056.

[12]　VLASOV Y A，O'BOYLE M，HAMANN H F，et al. Active control of slow light on a chip with photonic crystal waveguides[J]. Nature，2005，438（7064）：65-69.

[13]　YANG J，CHOI M K，KIM D H，et al. Designed assembly and integration of colloidal nanocrystals for device applications[J]. Adv Mater，2016，28（6）：1176-1207.

[14]　WU S，LIU B Q，SU X，et al. Structural color patterns on paper fabricated by inkjet printer and their application in anticounterfeiting[J]. J Phys Chem Lett，2017，8（13）：2835-2841.

[15]　ZHOU J M，HAN P，LIU M J，et al. Self-healable organogel nanocomposite with angle-independent structural colors[J]. Angew Chem Int Ed Engl，2017，56（35）：10462-10466.

[16]　WANG Z，Fu Z Y，SUN F J，et al. Simultaneous sensing of refractive index and temperature based on a three-cavity-coupling photonic crystal sensor[J]. Opt Express，2019，27（19）：26471-26482.

[17]　YADAV A，KAUSHIK A，MISHRA Y K，et al. Fabrication of 3D polymeric photonic arrays and related applications[J]. Materials Today Chemistry，2020. 15：100208.

[18]　HO K M，CHAN C T，SOUKOULIS C M. Existence of a photonic gap in periodic dielectric structures[J]. Phys Rev Lett，1990，65（25）：3152-3155.

[19]　SHARP D N，TURBERFIELD A J，CAMPBELL M，et al. Photonic crystals for the visible spectrum by holographiclithography[C]// in Conference on Lasers & Electro-optics Europe. 2000.

[20]　ROBBIE K，BRETT M J. Sculptured thin films and glancing angle deposition_Growth mechanics and applications[J]. Journal of Vacuum Science & Technology A：Vacuum，Surfaces，and Films，1997，15（3）：1460-1465.

[21]　SALVAREZZA R C，VAZQUEZ L，MIGUEZ H，et al. Edward-Wilkinson behavior of crystal surfaces grown by sedimentation of SiO_2 nanospheres[J]. Physical Review Letters，1996，77（22）：4572-4575.

[22]　PUSEY P N，VAN MEGEN M W. Phase behaviour of concentrated suspensions of nearly hard colloidal spheres[J]. Nature，1986，320：340-342.

[23]　ARMSTRONG E, KHUNSIN W, OSIAK M, et al. Ordered 2D colloidal photonic crystals on gold substrates by surfactant-assisted fast-rate dip coating[J]. Small, 2014, 10（10）: 1895-1901.

[24]　VELEV O D, JEDE T A, LOBO R F, et al. Porous Silica Via Colloidal Crystallization[J]. Nature, 1997, 389（6650）: 447-448.

[25]　VLASOV Y A, BO X Z, STURM J C, et al. On-chip natural assembly of silicon photonic bandgap crystals[J]. Nature, 2001, 414（6861）: 289-293.

[26]　ZHANG J, WANG M, GE X, et al. Facile fabrication of free-standing colloidal-crystal films by interfacial self-assembly[J]. J Colloid Interface Sci, 2011, 353（1）: 16-21.

[27]　HONG X D, PENG Y, BAI J L, et al. A novel opal closest-packing photonic crystal for naked-eye glucose detection[J]. Small, 2014, 10（7）: 1308-1313.

[28]　LIU H, WANG C Q, WANG P X, et al. A two-step strategy for fabrication of biocompatible 3D magnetically responsive photonic crystals[J]. Front Chem, 2019: 7.

[29]　TAO S B, CHEN D Y, WANG J B, et al. A high sensitivity pressure sensor based on two-dimensional photonic crystal[J]. Photonic Sensors, 2016, 6（2）: 137-142.

[30]　VIJAYA SHANTHI K, ROBINSON S. Two-dimensional photonic crystal based sensor for pressure sensing[J]. Photonic Sensors, 2014, 4（3）: 248-253.

[31]　FOULGER S J, JIANG P, IATTAM A, et al. Photonic crystal composites with reversible high-frequency stop band shifts[J]. Advanced Materials, 2003, 15（9）: 685-689.

[32]　YU C L, KIM H, DE LEON N, et al. Stretchable photonic crystal cavity with wide frequency tunability[J]. Nano Letters, 2013, 13（1）: 248-252.

[33]　KREDEL J, GALLEI M. Compression-responsive photonic crystals based on fluorine-containing polymers[J]. Polymers （Basel）, 2019, 11（12）.

[34]　YUAN S, GE F, YANG X. Self-assembly of colloidal photonic crystals of PS@PNIPAM nanoparticles and temperature-responsive tunable fluorescence[J]. Journal of Fluorescence, 2016, 26（6）: 2303-2310.

[35]　HELLWEG T, DEWHURST C C, EIMER W, et al. PNIPAM-co-polystyrene core-shell microgels: structure, swelling behavior, and crystallization[J]. Langmuir, 2004, 20（11）: 4330-4335.

[36]　XING H, LI J, SHI Y, et al. Thermally driven photonic actuator based on silica opal photonic crystal with liquid crystal elastomer[J]. ACS Appl Mater Interfaces, 2016, 8（14）: 9440-9445.

[37]　PUZZO D P, ARSENAULT A C, MANNERS I, et al. Electroactive inverse opal: a single material for all colors[J]. Angew Chem Int Ed Engl, 2009, 48（5）: 943-947.

[38]　LI Z W, WANG M S, ZHANG X L, et al. Magnetic assembly of nanocubes for orientation-dependent photonic responses[J]. Nano Lett, 2019, 19（9）: 6673-6680.

[39]　YANG P, HAI L, ZHANG S, et al. Gram-scale synthesis of superparamagnetic Fe_3O_4 nanocrystal clusters with long-term charge stability for highly stable magnetically responsive photonic crystals[J]. Nanoscale, 2016, 8（45）: 19036-19042.

[40]　GE J, HU Y, YIN Y. Highly tunable superparamagnetic colloidal photonic crystals[J]. Angew Chem Int Ed Engl, 2007, 46（39）: 7428-7431.

[41]　KOU D, MA W, ZHANG S, et al. BTEX vapors detection with flexible MOF and functional polymer by means of composite photonic crystal[J]. ACS Appl Mater Interfaces, 2020, 12（10）: 11955-11964.

[42]　PENG Y S, XU B, YE XL, et al. Characterization and analysis of two-dimensional GaAs-based photonic crystal nanocavities at room temperature[J]. Microelectronic Engineering, 2010, 87（10）: 1834-1837.

[43]　GEPPERT T M, SCHWEIZER S L, SCHILLING J, et al. Photonic crystal gas sensors[C]//Proceedings of SPIE, 2004, 5511: 61-70.

[44]　WANG X L, LU N G, ZHU J, et al. An ultracompact refractive index gas-sensor based on photonic crystal microcavity[C]// Conference on Nanophotonics, Nanostructure, & Nanometrology, Beijing, 2007, 6831: 68310D-2.

[45]　XUE F, MENG Z H, QI F L, et al. Two-dimensional inverse opal hydrogel for pH sensing[J]. Analyst, 2014, 139（23）: 6192-6196.

[46]　LEE K，ASHER S A. Photonic crystal chemical sensors：pH and ionic strength[J]. Journal of the American Chemical Society，2000，122（39）：9534-9537.

[47]　LI L，LONG Y，GAO J M，et al. Label-free and pH-sensitive colorimetric materials for the sensing of urea[J]. Nanoscale，2016，8（8）：4458-4462.

[48]　CHEN C，DONG Z Q，SHEN J H，et al. 2D photonic crystal hydrogel sensor for tear glucose monitoring[J]. ACS Omega，2018，3（3）：3211-3217.

[49]　YAN Z Q，XUE M，HE Q，et al. A non-enzymatic urine glucose sensor with 2-D photonic crystal hydrogel[J]. Anal Bioanal Chem，2016，408（29）：8317-8323.

[50]　XUE F，MENG Z，WANG F，et al. A 2-D photonic crystal hydrogel for selective sensing of glucose[J]. J. Mater. Chem. A，2014，2（25）：9559-9565.

[51]　SMITH N L，HONG Z，ASHER S A. Responsive ionic liquid-polymer 2D photonic crystal gas sensors[J]. Analyst，2014，139（24）：6379-6386.

[52]　HONG X D，PENG Y，BAI J L，et al. A novel opal closest-packing photonic crystal for naked-eye glucose detection[J]. Small，2014，10（7）：1308-1313.

[53]　SANCHO-FORNES G，AVELLA-LLIVER M，CARRASCOSA J，et al. Disk-based one-dimensional photonic crystal slabs for label-free immunosensing[J]. Biosensors and Bioelectronics，2019，126：315-323.

[54]　SAI N，SUN Z，WU Y，et al. Antibody recognition by a novel microgel photonic crystal[J]. Bioorganic Chemistry，2019，84：389-393.

[55]　ABD EL-AZIZ O A，ELSAYED H A，SAYED M I. One-dimensional defective photonic crystals for the sensing and detection of protein[J]. Appl Opt，2019，58（30）：8309-8315.

[56]　COUTURIER J P，SUTTERLIN M，LASCHEWSKY A，et al. Responsive inverse opal hydrogels for the sensing of macromolecules[J]. Angew Chem Int Ed Engl，2015，54（22）：6641-6644.

[57]　ZHAO Y，ZHAO X，HU J，et al. Encoded porous beads for label-free multiplex detection of tumor markers[J]. Advanced Materials，2009，21（5）：569-572.

[58]　HAN S，CHENG X R，ENDO T，et al. Photonic crystals on copolymer film for label-free detection of DNA hybridization[J]. Biosensors and Bioelectronics，2018，103：158-162.

[59]　ZHANG B L，SHATHA D，RALPH P，et al. Detection of anthrax lef with DNA-based photonic crystal sensors[J]. Journal of Biomedical Optics，2011，16（12）：127006.

[60]　MARTIRADONNA L，PISANELLO F，QUALTIERI A，et al. Parallel and high sensitive photonic crystal cavity assisted read-out for DNA-chips[J]. Microelectronic Engineering，2010，87（5-8）：747-749.

[61]　LI Q，ZHOU S，ZHANG T，et al. Bioinspired sensor chip for detection of miRNA-21 based on photonic crystals assisted cyclic enzymatic amplification method[J]. Biosensors and Bioelectronics，2020，150：111866.

[62]　ARSENAULT A C，PUZZO D P，MANNERS I，et al. Photonic-crystal full-colour displays. nature photonics[J]. Nature Photonics，2007，1：468-472.

[63]　XIAO M，HU Z，WANG Z，et al. Bioinspired bright noniridescent photonic melanin supraballs[J]. Sci Adv，2017，3（9）：e1701151.

[64]　XIAO M，LI Y，ALLEN M C，et al. Bio-inspired structural colors produced via self-assembly of synthetic melanin nanoparticles[J]. ACS Nano，2015，9（5）：5454-5460.

[65]　XU X C，SUBBARAMAN H，CHAKRAVARTY S，et al. Flexible single-crystal silicon nanomembrane photonic crystal cavity[J]. ACS Nano，2014，8（12）：12265-12271.

[66]　ASHER S A，HOLTZ J，LIU L，et al. Self-assembly motif for creating submicron periodic materials. polymerized crystalline colloidal arrays[J]. Journal of the American Chemical Society，1994，116（11）：4997-4998.

[67]　FENZL C，HIRSCH T，WOLFBEIS O S. Photonic crystal based sensor for organic solvents and for solvent-water mixtures[J]. Sensors，2012，12（12）：16954-16963.

彩　　图

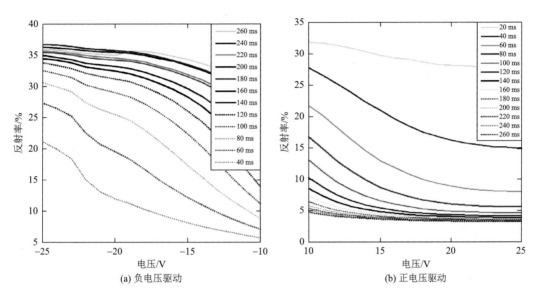

(a) 负电压驱动　　　　　　　　　(b) 正电压驱动

图 2-29　在不同长度的驱动波形下，驱动电压与反射率的关系

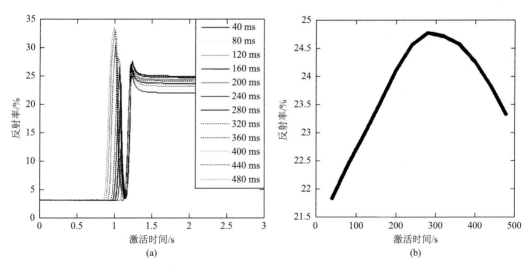

(a)　　　　　　　　　　　　　　　(b)

图 2-37　（a）不同的激活时间长度所驱动的电泳显示屏反射率变化过程；
（b）激活时间长度与电泳显示屏反射率的关系

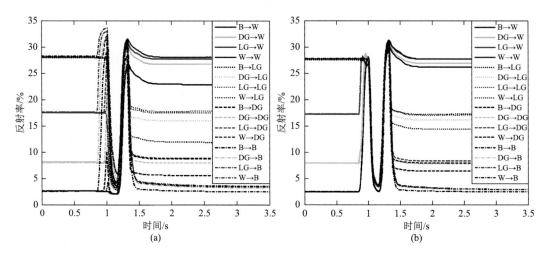

图 2-57　在驱动波形的驱动下，电泳显示屏的反射率变化及驱动结果：（a）传统驱动波形所得到的目标灰阶；（b）基于补偿擦除的驱动波形所得到的目标灰阶

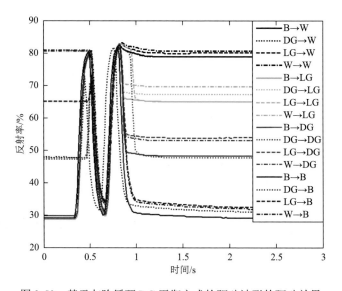

图 2-59　基于灰阶循环 DC 平衡方式的驱动波形的驱动效果

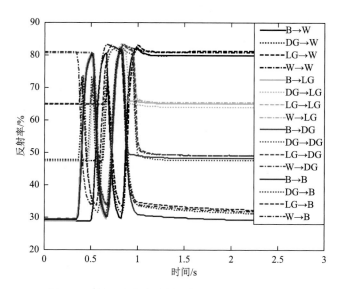

图 2-62　基于参考灰阶校正的驱动波形驱动效果

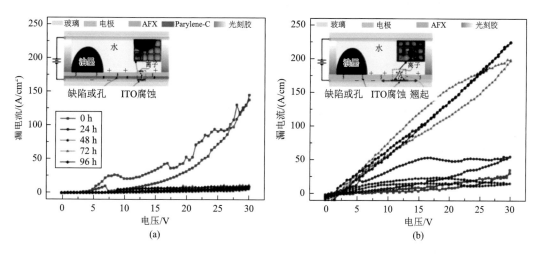

图 3-17　（a）AFX/Parylene 双层绝缘层结构 96 h 可靠性测试漏电流变化曲线；（b）单层 AFX 绝缘层
结构 96 h 可靠性测试漏电流变化曲线三层叠加[40]

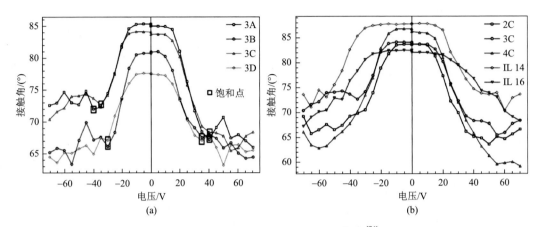

图 3-32　为几种离子液体的电润湿曲线 [74]

（a）四种离子液体的阳离子端基 R 基不同，连接链碳数为 6C；（b）2C、3C、4C 三种离子液体的阳离子
连接链碳数不同，端基 R 基相同为 C 类 R 基

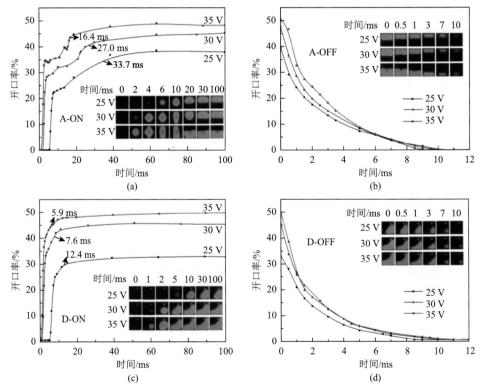

图 3-55　不同施加电压下无 EPS 结构的 A 类参比像素（a、b）与 EPS 位于不对称位置的 D 类像素（c、d）
的开口率随时间的变化曲线，包括施加电压的像素打开过程（a、c）与取消电压的像素关闭过程（b、d）。
施加电压包括 25 V、30 V、35 V。插图所示为高速摄像机获得的打开或关闭过程不同时间的油墨状态 [102]

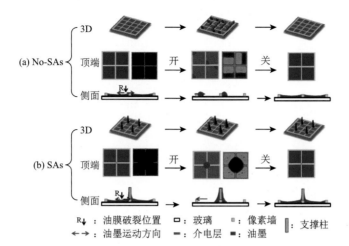

图 3-58 电润湿器件背板在 3D、顶端（top）、侧面（side）三个角度下的像素打开（opening）和像素关闭（closing）示意图[104]

（a）无支撑柱阵列（No-SAs）的像素；（b）有支撑柱阵列（SAs）的像素。R 指示了油膜破裂的位置，红色箭头指示油墨在油膜破裂后的运动方向或者取消电压后油墨的运动方向，插图为四个像素打开前后的显微镜照片

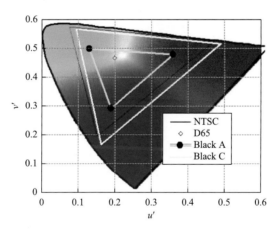

图 3-86 基于彩色滤光片的透射式全彩电润湿显示屏色域[119]

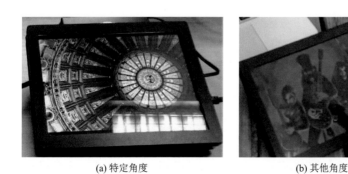

(a) 特定角度   (b) 其他角度

图 3-87 基于彩色滤光片的反射式全彩电润湿显示屏

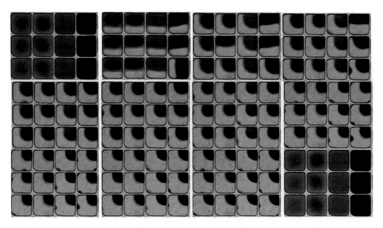

图 3-90　不同电压下各色像素的开口

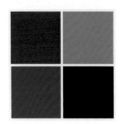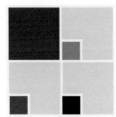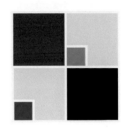

图 3-91　红色显示效果示意图

图 3-94　相减混色原理

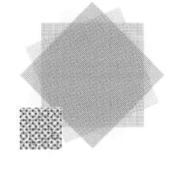

图 3-95　彩色印刷实现方法

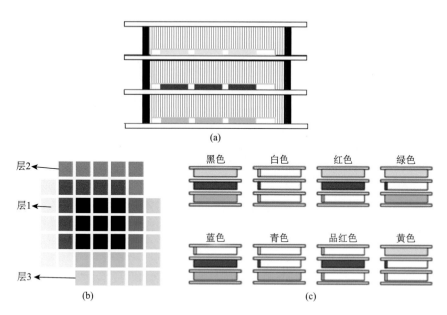

图 3-96 三层叠加彩色电润湿显示器原理图及混色方法

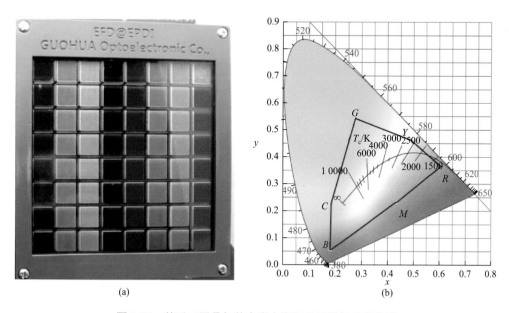

图 3-97 基于三层叠加的全彩电润湿显示样机及其色域

图 3-98　黑色油墨辅助单层三原色油墨的彩色电润湿显示

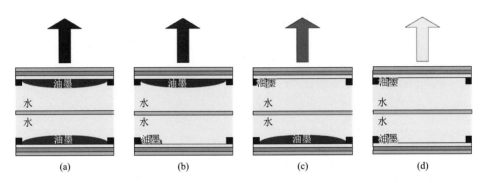

图 3-99　采用红色、蓝色油墨的双层彩色电润湿显示机理[122]

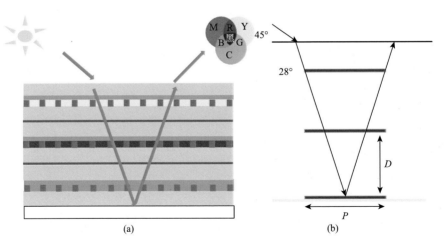

图 3-100　三层叠加电润湿显示器件串色问题

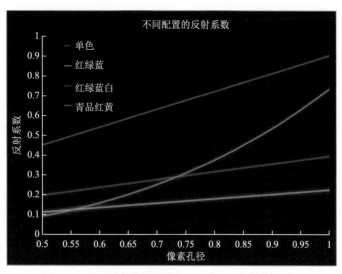

图 3-103　电润湿彩色化方案反射率对比

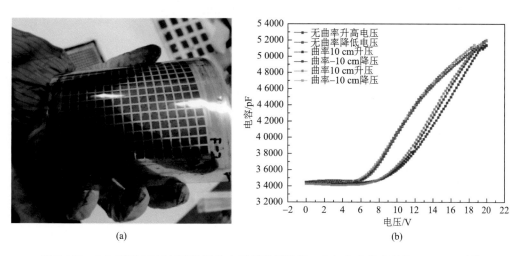

(a)　　　　　　　　　　　　　　　　　(b)

图 3-122　（a）基于 PEN 衬底的柔性电子纸显示样机；（b）在曲率半径为 ±10 cm 下的
器件电容随电压变化曲线

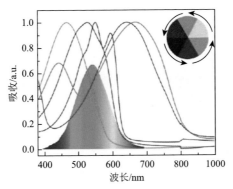

图 6-11　橙、红、紫、绿和蓝色聚合物的紫外 - 可见光吸收光谱

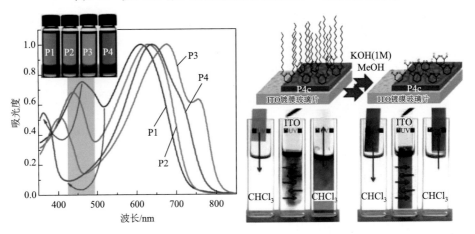

图 6-14　P1，P2，P3 和 P4 的紫外 - 可见光吸收光谱（左）和皂化前后膜的溶解图（右）[45]

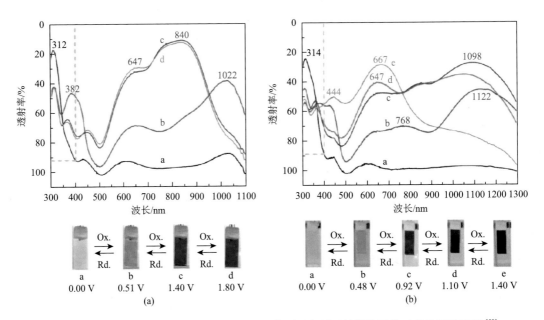

图 6-17　热固性环氧树脂Ⅰ（A）和Ⅱ（B）在不同电压下的颜色及其对应的透射光谱[52]